Bernhard Kegel

Rettung durch schnelle Evolution

Bernhard Kegel

Rettung durch schnelle Evolution

Warum Arten unerwartet überleben

DUMONT

Von Bernhard Kegel sind bei DuMont außerdem erschienen:

Die Ameise als Tramp
Tiere in der Stadt
Epigenetik
Die Herrscher der Welt
Ausgestorben, um zu bleiben
Ausgestorbene Tiere
Die Natur der Zukunft
Mit Pflanzen die Welt retten

1. Auflage 2026

Amsterdamer Straße 192, 50735 Köln, info@dumont-buchverlag.de

Lektorat: Kerstin Thorwarth
Umschlaggestaltung: Lübbeke Naumann Thoben, Köln
Satz: Fagott, Ffm
Gesetzt aus der DTL Documenta
Druck und Verarbeitung: GGP Media GmbH, Pößneck
Printed in Germany
ISBN 978-3-7558-0083-5

www.dumont-buchverlag.de

Wenn Sie dieses Buch mit der Geschwindigkeit von etwa einem Kapitel pro Tag lesen, werden sich am Ende Ihrer Lektüre einige Arten entwickelt haben.

John N. Thompson, *Relentless Evolution*, 2013

Es ist eine herrliche Zeit, Evolutionsbiologe zu sein – eine goldene Ära.

Jonathan B. Losos, *Improbable Destinies*, 2017

Inhalt

1
Einleitung

Seit Charles Darwins *On the Origin of Species* (1859; dt.: *Über die Entstehung der Arten*) bildet die biologische Evolution eine der tragenden Säulen unseres naturwissenschaftlichen Weltbilds und wird Umfragen zufolge auch von der überwiegenden Mehrzahl der Menschen als Tatsache akzeptiert, in Deutschland von stolzen 81 Prozent.[1] Viele Erkenntnisse der modernen Evolutionsbiologie sind einer größeren Öffentlichkeit jedoch unbekannt, Missverständnisse und Fehleinschätzungen sehr verbreitet.

Damit meine ich nicht die Menschen, die, wie die Kreationisten in den USA und große Teile der muslimischen Welt, die Evolutionslehre aus weltanschaulich-religiösen Gründen ablehnen und sie sogar aus den Lehrplänen der Schulen verbannen, als haftete ihr etwas teuflisch Ansteckendes an, das Kinder schon beim geringsten Kontakt mit diesen Ideen verderben würde.

John Endler, ein prominenter Evolutionsbiologe, von dem später noch die Rede sein wird, berichtete in diesem Zusammenhang von einem aufschlussreichen Erlebnis.[2] Er saß im Flugzeug und las in einem Buch über die Entstehung neuer Arten. Sein Sitznachbar wurde neugierig und fragte ihn, was er denn lese. Daraufhin entspann sich ein angeregtes Gespräch, in dem Endler natürliche Selektion, Evolution und Artbildung erklärte, jedoch ohne diese Begriffe zu verwenden. Sein Nachbar zeigte sich fasziniert, stellte interessierte und gute Fragen und bat ihn schließlich um Lektüretipps. Nun, am besten sei es, mit Darwin zu beginnen, antwortete Endler. Kaum hatte er den Namen ausgesprochen, errötete der Mann, wandte sich ab und sagte bis zur Landung kein Wort mehr.

Es geht also nicht um Argumente, nicht einmal um die zugrunde liegenden Phänomene. Manche Begriffe und Namen sind wider jede Vernunft derart vergiftet worden, dass man sie gegenüber bestimmten Menschen nicht mehr verwenden kann, ohne Abwehrreflexe auszulösen.

Hier geht es aber um etwas anderes. Viele Menschen, die von der Existenz einer Evolution überzeugt sind, glauben, sie habe sich vor allem in der fernen Vergangenheit abgespielt und werde wohl auch in der weiten Zukunft stattfinden. Sie sei aber ganz sicher nichts, was sich für uns wahrnehmbar auch in der Gegenwart vollziehe, dafür sei Evolution viel zu langsam und gehe in zu kleinen Schritten vonstatten.

Evolutionärer Wandel, so die weitverbreitete Meinung, benötigt lange Zeiträume, Äonen. Er ist keine Sache von Monaten oder Jahren, sondern von Jahrtausenden oder Jahrmillionen. So dachte auch Charles Darwin. Sein Sohn Leonard berichtete zwar, sein Vater sei davon ausgegangen, dass evolutionäre Veränderungen mindestens fünfzig Generationen benötigten, um feststellbar zu werden;[3] bei kurzer Generationsdauer würde das also gerade noch in ein Menschenleben passen. Ansonsten aber gilt in der Regel Darwins Satz aus *On the Origin of Species*: »Wir sehen nichts von diesen langsam fortschreitenden Veränderungen, bis die Hand der Zeit auf eine abgelaufene Welt-Periode hindeutet (…).«[4]

Also doch: Äonen, »Welt-Perioden«. Beweise für evolutionären Wandel kann demnach nur die Paläontologie mit ihren Fossilien liefern.

Es ist, als spielte sich beides auf völlig verschiedenen Zeitskalen ab: Auf der einen Seite der tägliche Überlebenskampf im Hier und Jetzt, die Auseinandersetzung mit den Elementen, mit Fressfeinden und Konkurrenten, die Suche nach Nahrung, nach Nist- und Ruheplätzen, das Werben um Partner, das biologische Alltagsgeschäft sozusagen, kurz: Tiere und Pflanzen in Wechselwirkung mit ihrer belebten und unbelebten Umwelt – das große Thema der Ökologie.

Auf der anderen Seite die Evolution, zuständig für Veränderung und das Überleben in erdgeschichtlichen Zeiträumen. In winzigen Schritten hat sie aus einfachen immer komplexere Lebewesen geformt und sich so lange an deren Details abgearbeitet, bis die Organismen perfekt zu den jeweiligen Lebensumständen passten. Sie spürt Ressourcen auf, die niemand zu nutzen weiß, und perfektioniert dann mit unendlich langem Atem alles, was es braucht, um sie so effektiv wie möglich auszubeuten.

Belegt wird dieser Wandel der Arten durch Abertonnen von Fossilien, die die Ausstellungsräume und Magazine der naturhistorischen Museen füllen. Sie dokumentieren die Fauna und Flora früherer Erdzeitalter, und manchmal zeigen sie, zum Beispiel in Form der berühmten Pferdereihe, die in hervorragend erhaltenen Fossilien alle Entwicklungsschritte vom Urpferdchen bis zum gegenwärtigen Hauspferd illustriert, wie Arten sich über lange Zeiträume veränderten und schließlich zu dem wurden, was wir heute kennen. Unterbrochen wurde die Entwicklung immer wieder durch katastrophale Ereignisse, die jeweils einen Großteil der existierenden Lebewesen ausradierten. Danach entwickelte sich das Leben jedes Mal über Millionen von Jahren zu neuer, noch reicherer Blüte.

Gerade bewegt sich die Erde mit vergleichsweise rasender Geschwindigkeit auf ein weiteres großes Massenaussterben zu, das sechste. Wie schlimm es werden wird, ist nicht abzusehen, zumal wir auf die Entwicklung noch maßgeblichen Einfluss nehmen können. Aber dass es geschieht, dass die biologische Vielfalt unseres Planeten in größter Gefahr schwebt, darüber kann kein Zweifel bestehen. Das dramatische Schwinden der Flora und Fauna ist eine Folge unserer zerstörerischen Landnutzung, der offenbar unkontrollierbaren weltweiten Verschleppung von Pflanzen- und Tierarten, das Ergebnis von Jagd und Wilderei und dem massiven Einsatz von Pflanzenschutzmitteln. Der Klimawandel wird diese globale Krise der biologischen Vielfalt noch verschärfen. Schon jetzt werden die Listen der vom Aussterben bedrohten Arten immer länger. Es ist aber nicht nur das Schicksal der seltenen Spezies, das uns Sorgen machen muss. Die Tierwelt stirbt in ganzer Breite, auch und gerade die häufigen Arten.[5] Evolutionäre Prozesse als ein möglicher Ausweg aus diesen Krisen wurden und werden jedoch in der Öffentlichkeit kaum diskutiert.

Auch hier werden die unterschiedlichen Geschwindigkeiten angeführt: Biodiversitätsverlust und Klimawandel kämen in nie da gewesenem Tempo, Evolution gehe jedoch langsam vonstatten. Rettung für Pflanzen- und Tierarten sei deshalb aus dieser Richtung nicht zu erwarten.

Doch was wäre, wenn wir uns täuschten? Wenn wir die Macht der Evolution unterschätzten? Natürlich sind aus rattengroßen nachtaktiven Ursäugetieren nicht innerhalb weniger Jahre Blauwale, Tiger und Elefanten entstanden oder aus relativ kleinen Echsen die Dinosaurier, die größten und schwersten Landtiere aller Zeiten, sowie die Vögel. Für derart massive Veränderungen – die Fachleute sprechen von »Makroevolution« – brauchte es tatsächlich lange Zeiträume und viele Generationen.

Aber könnte Evolution nicht auch viel schneller ablaufen?

Haben Ökologie und Evolution keine Berührungspunkte? Ist Evolution im Hier und Jetzt wirklich eine zu vernachlässigende Größe?

Die moderne Evolutionsbiologie beantwortet diese Frage mit einem entschiedenen Nein. Wo Leben existiert, vollzieht sich Evolution. Sie ist eine grundlegende Eigenschaft alles Lebendigen. Leben evolviert – immer, überall, zu jeder Zeit und an jedem Ort, unabwendbar, gestern, heute, morgen. Neu ist nur, dass in den letzten Jahrzehnten immer mehr Wissenschaftlerinnen und Wissenschaftler dabei zugesehen haben. Sie haben die Veränderungen beobachtet, vermessen, analysiert und dokumentiert und eine Unmenge an Beweisen angesammelt. Um die Bedeutung dieser Erkenntnisse hervorzuheben, sprechen manche sogar von einem »Paradigmenwechsel«. Aus dem unendlich trägen, in uralten Steinen überlieferten Phänomen von gestern ist etwas völlig anderes geworden: etwas Gegenwärtiges, Schnelles, Unerbittliches, nie Ruhendes, Effizientes und überaus Empfindliches. Davon handelt dieses Buch.

»Wir sollten nicht nur Dinosaurier im Kopf haben, wenn wir an Evolution denken«, empfiehlt der bekannte niederländische Evolutionsbiologe Menno Schilthuizen.[6]

Recht hat er. Vielleicht denken wir in Zukunft auch an Guppys, diese kleinen Fische mit den langen, bunten Schwanzflossen, die jeder Aquarianer kennt, an *Anolis*-Echsen, Finken, Mäuse oder Schmetterlinge oder, wenn das alles zu klein und zu unspektakulär klingt, an Elefanten, die größten Landtiere unserer Zeit. Warum? Sie werden sehen …

Oder wir denken an Grillen. Dafür gäbe es gute Gründe. In China wird ihnen zum Beispiel besondere Wertschätzung entgegengebracht. Schon vor tausend Jahren sollen edle chinesische Damen am kaiserlichen Hof kleine goldene Käfige mit einer Grille in ihren seidenen Kissen verborgen haben, um sich durch deren andauernden Zirpgesang in einsamen Nächten Trost und Gesellschaft zu verschaffen. Kunstvoll geformte Grillenkäfige aus Bambus gehörten später in jeden guten chinesischen Haushalt.

Auch bei den im Folgenden geschilderten Ereignissen geht es ums Zirpen. Sie haben sich weitgehend unbeachtet vom Rest der Welt seit Anfang des Jahrhunderts im tropischen Pazifik zugetragen.

2
Die Grille und die Fliege

Zur Arbeit von Marlene Zuk als Evolutionsbiologin gehörten mehrmals im Jahr Ausflüge, um die sie viele beneidet haben dürften. Sie verließ dann, oft in Begleitung ihres Mannes und Kollegen John Rotenberry, ihr Labor an der University of California in Riverside und flog fast 3700 Kilometer weit quer über den Pazifik nach Hawaii, um Grillen zu fangen.

Pazifische Feldgrillen (*Teleogryllus oceanicus*) lebten ursprünglich in Australien und auf vielen Inseln Ozeaniens. Vor etwa 150 Jahren wurden sie jedoch nach Hawaii verschleppt, wo sie sich auf mehreren Inseln des Archipels etablierten und zu einem Bestandteil der dortigen Fauna wurden. Seitdem erfüllte das Zirpen der Grillenmännchen auch die hawaiianischen Nächte.

In den 1990er-Jahren begann sich die Situation jedoch grundlegend zu verändern. Die Grillen waren aus dem Westen gekommen; nun gelangten vom nordamerikanischen Kontinent, also aus der Gegenrichtung, Fliegen der Art *Ormia ochracea* auf den Archipel, und auf Hawaii traf zusammen, was sich zuvor nie begegnet war.

Für die Grillen entpuppte sich diese Begegnung als Katastrophe. Innerhalb von zehn Jahren[1] verwandelte sich ihr Leben auf den Inseln in eine Art Armageddon, denn *Ormia ochracea* gehört zu den parasitischen Raupenfliegen, die für ihre bedauernswerten Opfer – viele Schmetterlingsraupen oder in diesem

Fall die Grillen – eine irdische Variante des aus den gruseligen *Alien*-Filmen bekannten Schicksals bereithalten. Aus den in der Nähe der Grillen deponierten Fliegeneiern schlüpfen Larven, die sich durch deren Chitinkutikula bohren und sie dann über Tage von innen bei lebendigem Leibe auffressen. Nach einer Woche ist von den Grillen kaum mehr als die äußere Hülle übrig. Sie platzt auf, die auf ein Vielfaches ihrer ursprünglichen Größe herangewachsene Fliegenmade kriecht ins Freie, verpuppt sich im Boden und verwandelt sich dort in ein geschlechtsreifes Insekt.

Aus menschlicher Sicht kommt man kaum umhin, diesen für Fliegenverhältnisse recht hübschen gelben Tierchen ein gehöriges Maß an Perfidie zu unterstellen. Denn wie finden sie ihre Wirte? *Ormia ochracea* verfügt über ein ausgezeichnetes Gehör,[2] dessen spezifische Eigenschaften so außergewöhnlich sind, dass bereits diverse Versuche unternommen wurden, die im Thorax (Brustkorb) lokalisierten »Ohren« der Fliege in Mikrofonen oder Hörgeräten nachzubauen. Was die Fliegen zu ihren Opfern leitet, ist also deren Gezirpe. Sie befallen demzufolge nur die männlichen Grillen und stürzen sie damit in ein wirklich grauenhaftes Dilemma: Nur wenn die Männchen zirpen, haben sie eine Chance, ein Weibchen anzulocken und sich fortzupflanzen. Gleichzeitig verraten sie damit aber ihrem schlimmsten Feind ihren Aufenthaltsort. Die Selektion zerrt sie gewissermaßen in zwei entgegengesetzte Richtungen.

Das machte sie für Marlene Zuk zu idealen Studienobjekten. Seit ihrer Promotion beschäftigte sie sich mit Fragen der sexuellen Selektion und Partnerwahl, vor allem unter dem Einfluss von Parasiten. Allein die Grillenweibchen entscheiden, wen sie schließlich als Partner akzeptieren. Haben sie ihre Wahl getroffen, nähern sie sich dem Auserwählten und werden von ihm mit einem speziellen, nur für sie bestimmten Paarungsruf begrüßt.

Nach einer Weile reagierten die Grillen auf die neue tödliche Bedrohung. Verglichen mit pazifischen Inseln, auf denen die Fliege fehlte, zirpten die hawaiianischen Männchen nun anders, leiser, machten längere Pausen und schwiegen in den Dämmerungszeiten, in denen die Fliege besonders aktiv ist.[3] Doch auf die Dauer konnte das nicht gut gehen.

Kein Wunder also, dass Marlene Zuk bei ihren nächtlichen Exkursionen von Jahr zu Jahr weniger zirpende Männchen hörte. Die Nächte wurden stiller, das Schicksal der pazifischen Feldgrille auf Hawaii schien besiegelt. Kontrolluntersuchungen ergaben, dass vor allem auf der Insel Kauai viele äußerlich intakte Männchen in Wirklichkeit nur noch von der Fliege parasitierte Zombies waren. »Es war immer ein kleiner Nervenkitzel, die Körperhöhle unter dem Mikroskop zu öffnen und neben all den normalen Organen und Geweben der Grille eine dicke weiße Made zu sehen«, erzählt Marlene Zuk in ihrem Buch *Paleofantasy*.[4] Um die Jahrtausendwende fiel es dem Forscherteam schwer, auf Kauai überhaupt noch Grillen zu finden. Bei einem Besuch im Jahr 2001 hörten sie lediglich ein einziges singendes Männchen.[5]

Eines Nachts im Jahr 2003 herrschte um die mit ihrem Mann im Auto sitzende Wissenschaftlerin Stille. Überrascht waren sie nicht. Dass dieser Moment irgendwann kommen könnte, hatten alle befürchtet. *Das war's*, dachte Marlene Zuk. *Aber da wir nun schon mal hier sind, können wir genauso gut aussteigen und uns ein wenig umsehen.*[6]

Sie öffneten die Wagentüren, knipsten ihre Stirnlampen an, liefen die Straße entlang – »und auf einmal begann ich all diese Grillen zu sehen«.[7]

Die Tiere waren keineswegs verschwunden. Im Gegenteil:

Sie waren überall, zahlreicher als in den Jahren zuvor, vielleicht so viele wie noch nie, nur gaben sie keinen Mucks von sich. Was war hier los? Marlene Zuk war verwirrt. Sie selbst sprach von »kognitiver Dissonanz« – wenn man kein »Grillenmensch« sei, könne man das nicht nachvollziehen.[8] Zu zirpen und auf das Zirpen zu reagieren, macht nicht nur aus menschlicher Sicht einen wesentlichen Teil des Grillendaseins aus. Was würde man über Singvögel denken, die plötzlich den Schnabel hielten, über Frösche, die aufhörten zu quaken, über stumme Zikaden? Ganz unabhängig von chinesischen Traditionen – der Sound werbender Grillenmännchen ist für viele irdische Lebensräume so charakteristisch, dass er, neben Hundegebell und Hyänengeheul, zu einem akustischen Bestandteil der *Voyager Golden Records* wurde, jener goldglänzenden Datenplatten an Bord der 1977 gestarteten Voyager-Sonden, die unser Sonnensystem bereits vor Jahren verlassen haben und seitdem durch den interstellaren Raum rasen. Sie sollen möglichen extrasolaren Entdeckern der Botschaft einen Eindruck vom Leben auf der Erde vermitteln, in Bild und Ton.

»Das können keine Grillen sein, denn sie rufen nicht«, beschrieb Marlene Zuk das Gedankenkarussell, das sich in ihrem Kopf zu drehen begann. »Aber schau doch hin, da sind viele Grillen. Gehören sie vielleicht einer anderen Art an, die hier auf Kauai plötzlich aufgetaucht ist? Nein, das ist meine Grillenart. Aber es können keine Grillen sein, weil sie nicht rufen. Bin ich taub geworden? Nein, das ist es nicht. Aber das können keine …« – Und das Karussell drehte sich weiter.[9]

Ihre Verwirrung sollte sogar noch zunehmen. Denn als sie die stummen Grillen näher in Augenschein nahm, sah sie, dass unter ihnen auch viele Männchen waren, und – es konnte kein Zweifel bestehen – sie bewegten sich so, als versuchten sie zu zirpen.

Grillenmännchen reiben zu diesem Zweck ihre Flügel aneinander. Es ist das Prinzip der Schrapinstrumente, die in der lateinamerikanischen und asiatischen Musik häufig verwendet werden, zum Beispiel in Form des kubanischen Guiro, einer hohlen länglichen Kalebasse mit Rillen auf der Oberfläche, über die rhythmisch ein Holzstock gerieben wird: *krrrr krr krr, krrrr krr krr, krrrr krr krr …*

Bei den Grillen bildet die Hinterkante des einen Vorderflügels den Stock, während eine kräftige Ader auf der Unterseite des anderen Flügels mit, je nach Sichtweise, zahlreichen Rillen oder Zähnchen ausgestattet ist. Wird nun mit dem einen Flügel rasch über den anderen gerieben, entsteht das charakteristische artspezifische Zirpgeräusch.

Was Marlene Zuk und ihr Mann in jener Nacht im hawaiianischen Gras sahen, waren Insekten, die die Flügel aneinanderrieben, unermüdlich und in dem für sie typischen Rhythmus, als würden sie in gewohnter Grillenmanier nach ihren Weibchen rufen. Doch zu hören war nichts, kein Laut, kein Zirpen – Grillenpantomime.

Das Rätsel löste sich erst bei näherer Untersuchung der Tiere im Labor. Die Grillenmännchen hatten sich verändert. Die prominente Zähnchenreihe auf der Unterseite des einen Vorderflügels war verschwunden oder stark reduziert. Die Flügel sahen so aus wie die eines Weibchens. Diese Tiere konnten nicht mehr zirpen, und sie waren auch außerstande, den Paarungsruf zu erzeugen, mit dem sie zuvor ein sich näherndes Weibchen bezirzt hatten. Wie sich herausstellte, ging diese Veränderung auf die Mutation eines einzigen Gens auf dem X-Chromosom zurück. Die Mutante wurde auf den Namen *flatwing* getauft, »Flachflügel«. Übergangsformen zwischen normalen und *Flatwing*-Männchen gab es keine, demzufolge auch keine Tiere, die anders oder deutlich leiser zirpten. Es gab nur entweder das eine oder das andere: zirpende oder nicht zirpende Männchen. Ohne dass Marlene Zuk und ihre Kollegen es bemerkt hatten, hatte sich innerhalb der Grillenpopulation auf Kauai eine Revolution abgespielt.

Schnell wurde klar, dass die Mutation die Grillen effektiv vor dem Parasiten schützte, da dieser seine Opfer nicht mehr orten konnte. Von mehr als 120 sezierten *Flatwing*-Männchen trug nur ein einziges eine Fliegenmade in sich, unter normalen Männchen war es jedes dritte.[10]

Die große Frage aber lautete: Wie schafften es diese stummen Grillen, sich fortzupflanzen? Wie lockten sie, ohne zu zirpen, die Weibchen an, deren Vorlieben sich nicht geändert hatten?

Es stellte sich heraus, dass die Männchen sich nicht nur körperlich gewandelt hatten, sie zeigten auch ein ungewöhnliches Verhalten. Normale rufende Männchen achten auf einen gewissen Abstand zueinander, in der Regel etwa einen Meter. Die *Flatwing*-Mutanten näherten sich zirpenden Männchen aber bis auf wenige Zentimeter. Marlene Zuk und ihr Team fanden heraus, dass etwa 90 Prozent aller Männchen auf Kauai nun der stummen Variante angehörten, doch ungefähr jedes zehnte war weiterhin zur Lautäußerung in der Lage. Und auf diese Tiere kam es an. Hätte es nur noch *Flatwing*-Männchen gegeben, wäre die Art auf Hawaii wohl tatsächlich mangels Nachwuchs ausgestorben. Die Weibchen, die von den wenigen verbliebenen Rufern angelockt wurden, waren aber nicht auf die zirpenden Tiere festgelegt, sondern akzeptierten auch *Flatwing*-Männchen als Partner, die sich in der Nähe des Rufers aufhielten. So konnte sich das mutierte Gen in der Population ausbreiten und seinen Trägern einen großen Überlebensvorteil verschaffen.

Beides, die Mutation und das veränderte Verhalten, hat die hawaiianischen Grillen bis heute vor dem Untergang bewahrt.

Die Fachleute sprechen von *evolutionary rescue*, von »evolutionärer Rettung«.[11] Und das Erstaunliche ist: Diese drastische Veränderung, das weitgehende Verstummen einer ehemals akustisch werbenden Insektenart, spielte sich innerhalb von nur zwölf bis zwanzig Grillengenerationen ab. Bei drei bis vier Generationen pro Jahr heißt das: innerhalb von maximal fünf Jahren. Es handelt sich somit um einen der schnellsten Fälle von evolutionärem Wandel, die jemals im Freiland beobachtet wurden.

Wenn Sie glauben, die Geschichte der Grillen auf Hawaii sei an dieser Stelle zu Ende, sind Sie auf ein *false ending* hereingefallen – den Trick einiger Filmemacher, den Eindruck zu erwecken, der Schluss ihres Films sei erreicht, um ihn dann nach dem Abspann mit einem Gag oder einer neuen Wendung fortzusetzen.

Bei uns geht die Geschichte mit dem Siegeszug der *Flatwing*-Mutation erst richtig los. Die Ankunft der parasitischen Fliege hat auf Hawaii eine faszinierende Dynamik in Gang gesetzt, die von niemandem erwartet wurde. Vordergründig geht es bei alldem nur um ganz gewöhnliche Grillen, doch sie bieten die einmalige Gelegenheit, Zündung, Aufstieg und Explosion einer evolutionären Feuerwerksrakete in Echtzeit zu verfolgen, und eine immer größere Zahl von Wissenschaftlerinnen und Wissenschaftlern sitzt dabei gebannt in der ersten Reihe.

Zunächst herrschte die Ruhe vor dem Sturm. Gut zehn Jahre lang schien sich wenig zu verändern: Über 90 Prozent der Grillenmännchen auf Kauai waren Träger der *Flatwing*-Mutation und somit unfähig zur Lautäußerung; nur ein kleiner Prozentsatz zirpte weiter, umringt von den stummen Geschlechtsgenossen, die trotz ihres Handicaps auf intimen Kontakt mit einem Weibchen aus waren.

Mal ehrlich: Aus Sicht der Grillen war diese Situation alles andere als optimal. Als Art hatten sie zwar den Kopf aus der Schlinge gezogen, aber die wenigen lockenden Männchen, die übrig geblieben waren, brachten sich mit ihrem Gezirpe weiterhin in tödliche Gefahr, und die vielen stummen Männchen waren gleich in mehrfacher Hinsicht benachteiligt.[12] Wenn man die Weibchen in Laborexperimenten vor die Wahl stellte, zogen sie die zirpenden Männchen eindeutig vor. Bei den *Flatwing*-Männchen waren nicht nur die zur Lauterzeugung notwendigen Flügelstrukturen verschwunden, auch der spezifische Duftcocktail auf ihrer Kutikula, mit dem das andere Geschlecht eigentlich beim Näherkommen betört werden sollte, hatte sich dem der Weibchen angeglichen. Um es salopp auszudrücken: *Flatwing*-Träger rochen bei Weitem nicht mehr so verführerisch männlich wie ihre zirpenden Geschlechtsgenossen und hatten bei den Weibchen erheblich an Attraktivität eingebüßt. Da sie aber, wenn auch vergeblich, weiterhin die typischen Zirpbewegungen ausführten und sich dabei genauso ins Zeug legten wie die rufenden Männchen, verschwendeten sie viel Energie, ohne damit irgendeinen Effekt zu erzielen.

Wenn sich die stummen Tiere in der Nähe der Rufenden aufhielten, kamen sie zwar auch zum Zuge, allerdings hielt sich ihr Erfolg in Grenzen. Um ihre Chancen zu verbessern, entwickelten *Flatwing*-Männchen sogar die Fähigkeit, die für die Weibchen attraktivsten Rufer von den durchschnittlichen und schlechten zu unterscheiden – etwas, das den »Normalos« vollkommen abging. Sie versammelten sich also vor allem um die Männchen, die aller Voraussicht nach am erfolgreichsten sein würden. Unter dem Strich blieben sie aber die Benachteiligten.

Dann nahm die Geschichte langsam Fahrt auf. Auch auf anderen hawaiianischen Inseln wurden *Flatwing*-Mutanten gefunden: auf Oahu mit der Hauptstadt Honolulu und auf Big

Island, der größten Insel des Archipels mit den berühmten Vulkanen Mauna Loa und Mauna Kea. Da Grillen nicht für lange Flüge geschaffen sind, konnten sie die Inseln kaum aus eigener Kraft erreicht haben: Kauai und Big Island liegen etwa 500 Kilometer voneinander entfernt. Wer es versucht hätte, wäre im Meer gelandet. Mit menschlicher Hilfe, versteckt an Bord von Flugzeugen oder Schiffen, war ein Transport jedoch denkbar, sogar wahrscheinlich, schließlich waren die Grillen vor über hundert Jahren auf diese Weise nach Hawaii gelangt.

Zur Überraschung der Forscherinnen und Forscher stellte sich allerdings heraus, dass zwar das Ergebnis auf Oahu und Big Island dasselbe war wie auf Kauai: Die betroffenen Grillenmännchen konnten nicht zirpen. Es war auch dasselbe X-chromosomale Gen betroffen; innerhalb des Gens befanden sich die Mutationen aber an unterschiedlichen Stellen der DNA, und auch die resultierenden Strukturen auf dem Flügel wiesen jeweils leichte Unterschiede auf. Schließlich tauchten noch Tiere mit völlig anders gestalteten Flügeln auf: Eine Gruppe hatte nach oben gewellte Flügelenden (*curlywing*), bei einer weiteren waren die Flügel nur halb so lang wie normal (*smallwing*).

Nun waren es insgesamt schon fünf unterschiedliche Grillenphänotypen, die unabhängig voneinander, also konvergent entstanden waren, und ihnen allen war gemeinsam, dass ihre Männchen keine oder nur stark veränderte Laute erzeugten und somit vor der Fliege weitgehend geschützt waren. Es gab demnach mehr als nur einen Weg, dem Parasiten zu entkommen, und die verblüfften Wissenschaftler schlossen nicht aus, dass man noch weitere entdecken würde.[13]

Und so kam es dann auch. Den Anfang machte Robin Tinghitella, eine ehemalige Doktorandin von Marlene Zuk und heute Evolutionsbiologin an der University of Denver. Im Jahr

2018 besuchte sie den Kalaupapa National Historical Park auf der Insel Molokai, und wie Marlene Zuk fünfzehn Jahre zuvor war auch sie auf der Suche nach Grillen.

Während eines ihrer Streifzüge durch das Gelände hörte sie plötzlich ein ungewöhnliches Geräusch. Neugierig suchte sie nach dem Verursacher und stieß schließlich auf … Grillen, und zwar auf Männchen, die ihre Flügel aneinanderrieben. Doch statt des gewohnten Zirpens oder der Stille der *Flatwing*-Mutanten, die Marlene Zuk so verwirrt hatte, hörte Tinghitella etwas anderes: Es klang wie das Schnurren einer Katze. Bis zu diesem Moment hatte man auf Molokai nur stumme Grillen gefunden.

Sie sei »*flabbergasted*« – »bass erstaunt« – gewesen, erzählte Robin Tinghitella später. »Das ist so, als hätten Löwen nie Mähnen gehabt, und plötzlich haben sie alle Mähnen. Oder als hätten Pfauen nie leuchtend bunte Schwanzfedern gehabt, und plötzlich haben sie riesige Schwanzfedern.«[14] Waren die männlichen Grillen auf Molokai dabei, einen neuen Lockruf zu erfinden? Würde man in Zukunft, zumindest auf Hawaii, nicht mehr vom Zirpen, sondern vom Schnurren der Grillen sprechen?

Für eine Forscherin wie Robin Tinghitella war dieses Erlebnis wie ein Sechser im Lotto. »Unsere Entdeckung schnurrender männlicher Grillen ist eine beispiellose Gelegenheit, die Entstehung eines neu entwickelten sexuellen Signals in Echtzeit zu beobachten«, hieß es später in einem Artikel, der im *American Naturalist* veröffentlicht wurde.[15]

Bald darauf entdeckten Kollegen von Robin Tinghitella eine weitere neue Grillenrufvariante. Sie beschrieben sie als *rattling*, als »Klappern« oder »Rasseln«.[16] Und es dauerte nicht lange, bis man ein Verhalten der Männchen entdeckte, das als *drumming*, »Trommeln«, bezeichnet wurde. Neben den chemischen und akustischen, über die Luft transportierten Signalen gibt es offenbar eine bislang übersehene ältere Komponente des Grillengesangs, die durch Trommeln mit den Vorderbeinen erzeugt wird und sich über feine Vibrationen des Untergrunds ausbreitet.[17]

Zirpen, Schnurren, Rasseln – alle diese Lautäußerungen treten in unterschiedlichen Kombinationen und in von Jahr zu Jahr schwankenden Häufigkeiten[18] auf mehreren Inseln auf; manche sind von den Vibrationen des Trommelns begleitet, andere nicht. Die Forschung hat Mühe, mit der Entwicklung Schritt zu halten.

Wie entstehen evolutionäre Neuerungen, und wie entwickelt sich die Interaktion der Geschlechter?

Offenbar besteht bei den Grillen auf Hawaii eine starke Tendenz, die Phase der *flatwing*-bedingten »Sprachlosigkeit« zu überwinden, obwohl vielleicht gerade das vorübergehende Verstummen erst die neu aufgetretenen physischen und akustischen Modifikationen ermöglicht hat, weil so der enorme Selektionsdruck durch den tödlichen Parasiten verringert wurde. Die Evolution kann experimentieren und innerhalb weniger Jahre unterschiedliche Ausgestaltungen der Flügelstrukturen der Männchen hervorbringen, und jede dieser Varianten erzeugt beim Reiben andere Geräusche. Bei den schnurrenden Grillen, die offensichtlich mehrfach unabhängig voneinander auf verschiedenen Inseln entstanden sind, liegen diese Strukturen irgendwo in der Mitte zwischen *flatwing* und der klassischen Form; bei den rasselnden Grillen ist die Kette der Ratschenhöcker, über die der andere Flügel gerieben wird, von Lücken unterbrochen. Jede dieser Formen scheint vererbt zu werden, sie haben also eine bisher ungeklärte genetische Basis.[19]

All das spielt sich in dem bekannten Spannungsfeld ab: Das Weibchen muss angelockt werden, aber um Himmels willen – das ist entscheidend – nicht die todbringende Fliege. Letzteres gelingt sämtlichen bisher bekannten Mutanten. Die Parasiten bleiben weitgehend außen vor. Ob das auf längere Sicht so bleibt, ist abzuwarten. Auch die Fliege könnte sich anpassen. Das wird ihr aber, wenn überhaupt, wohl erst gelingen, wenn sich eine der neuen Lautäußerungsvarianten bei den Grillen durchgesetzt hat.

Was ist mit den Weibchen? Sie dürften sich in einem Zustand der Verwirrung befinden, auch wenn dieser Begriff die Situation unzulässig anthropomorphisiert. Sie werden durch die von ihnen ausgehende sexuelle Selektion in jedem Fall das Zünglein an der Waage sein. Sie allein entscheiden, mit wem sie sich verpaaren, wer seine Gene und damit auch seinen Gesang an die kommende Generation weitergeben darf.

Dazu müssen sie das Rasseln, Schnurren und Trommeln – oder was immer die Grillenmännchen sich noch einfallen lassen – als sexuelle Locksignale wahrnehmen und akzeptieren. Das geschieht offenbar, allerdings nur in einem gewissen Maße.[20] Etwa ein Fünftel der Weibchen wird beispielsweise von schnurrenden Grillenmännchen angelockt. Dieses neue Signal unterscheidet sich stark vom alten Zirpen, und es ist ungeheuer variabel und individuell – auch das ein Zeichen dafür, dass sich die Entwicklung noch ganz am Anfang befindet. Manche Männchen schnurren nur kurz, andere lang andauernd, manche in hohen, andere eher in tieferen Frequenzen, die einen lauter, die anderen leiser. Doch diese Feinheiten sind 20 Prozent der Weibchen egal – wenn geschnurrt wird, sind sie zur Stelle.

Das Schnurren hat Potenzial, es könnte eine evolutionäre Lösung für die gegensätzlich wirkenden Kräfte von natürlicher

Selektion durch die Fliege einerseits und sexueller Selektion durch die weiblichen Grillen andererseits sein. Mit Spannung wird man verfolgen, wie und ob Sender und Empfänger sich aufeinander zubewegen.

Angesichts dieses evolutionären Feuerwerks, das sich vor den weit aufgerissenen Augen der Wissenschaft abspielt, stellt sich unwillkürlich die Frage, was Charles Darwin wohl dazu gesagt hätte, vor allem der zweifelnde, zögernde, noch mit sich ringende Darwin, der jahrzehntelang nach neuen überzeugenden Belegen für seine revolutionäre Theorie suchte, um damit endlich an die Öffentlichkeit treten zu können. Hätte er sich ungläubig die Augen gerieben, wäre er sprachlos vor Glück gewesen angesichts dieses unerwarteten Geschenks?

»Ich glaube, ich kann gar nicht genug betonen, wie bemerkenswert diese Entdeckung ist: Als Reaktion auf einen invasiven Parasiten entwickelt sich eine Spezies rasch von einer Art mit Gesang zu einer Art ohne Gesang und dann zu einer Art mit einem anderen Gesang.« Das sagte natürlich nicht Charles Darwin, sondern ein begeisterter Shane Campbell-Staton, Evolutionsbiologe an der Princeton University.[21] Er wird uns auf den folgenden Seiten noch öfter begegnen. Der große englische Gelehrte hätte sicherlich ähnlich reagiert.

Vielleicht so? *»Endless forms most beautiful and most wonderful have been, and are being, evolved.«*[22] (»Eine unendliche Anzahl der schönsten und wunderbarsten Formen ist entstanden und entsteht weiterhin.«) Dieser großartige und viel zitierte letzte Satz aus Darwins epochemachendem Buch passt auch auf die Grillen von Kauai, Oahu und Big Island.

Auf Hawaii kann man dieser Tage dabei zusehen (und zuhören). Aber längst nicht nur dort.

3
Evolution

Die Erstauflage von *On the Origin of Species*, bis heute eins der berühmtesten Bücher, die je publiziert wurden, erschien am 24. November 1859 und war aufgrund der hohen Zahl an Vorbestellungen schon am Tag des Erscheinens vergriffen. Zu Lebzeiten Charles Darwins folgten fünf weitere Auflagen, in denen der Autor noch zahlreiche Veränderungen vornahm. Unter anderem fügte er das Wort »Evolution« ein, das in der Erstauflage nicht vorgekommen war. Darwin, noch ohne den charakteristischen großväterlichen Vollbart, war zum Zeitpunkt der Publikation bereits fünfzig Jahre alt, hatte seit seiner Reise mit der *HMS Beagle* mit großen gesundheitlichen Problemen zu kämpfen und führte ein zurückgezogenes, aber produktives Leben als Gelehrter auf dem Land. In naturwissenschaftlich interessierten Kreisen war er ein Star – sofern man diesen Begriff auf Persönlichkeiten des 19. Jahrhunderts überhaupt anwenden kann.

Sein Reisebericht über die fast fünfjährige Weltumseglung – heute bekannt unter dem Titel *Voyage of the Beagle* – war zu einem Bestseller geworden, ein umfangreicher mehrbändiger, von Experten des jeweiligen Fachgebiets verfasster Katalog seiner auf der Reise gesammelten Pflanzen, Tiere, Fossilien und Mineralien war erschienen, und mit Büchern über Korallenriffe und Vulkane hatte er sich einen Ruf als hervorragender Geologe erworben, der ihm die Aufnahme in die Royal Society und in den Rat der Geologischen Gesellschaft eingebracht hatte. Was Darwin aber besonders wichtig war: Mit einem umfangreichen Werk über Rankenfüßer, eine ungewöhnliche, weil festsitzende Krebsgruppe, hatte er sich endgültig als ernst zu nehmender Naturforscher einen Namen gemacht. Er erhielt dafür die *Royal Medal*.

Im Hintergrund hatte ihn jedoch all die Jahre etwas anderes beschäftigt: seine schon in den 1830er-Jahren gewonnene Überzeugung, dass Pflanzen- und Tierarten eben nicht unveränderlich waren, dass sie sich entwickelten und veränderten und zu neuen Arten aufspalteten. Ihm war aber klar, dass er damit besonders in kirchlichen Kreisen auf erbitterten Widerstand stoßen würde. Gott hat die Lebewesen geschaffen, genau in der Gestalt, in der sie uns heute entgegentreten, und unveränderbar – das war damals ein unverrückbarer Grundsatz der christlichen Glaubenslehre, dem auch die Wissenschaft folgte.

Wie erbittert der Widerstand sein könnte, wenn er mit derartigen Vorstellungen an die Öffentlichkeit ginge, zeigte ihm die Reaktion auf *Vestiges of the Natural History of Creation* (etwa »Spuren der natürlichen Schöpfungsgeschichte«), ein 1844 anonym erschienenes Buch des schottischen Verlegers und Autors Robert Chambers, das zu einem großen Verkaufserfolg wurde. Chambers war kein Wissenschaftler, wagte in seinem Buch aber Gedanken, die der Fachwelt die Sprache verschlugen. Wahrscheinlicher, als dass Gott jede einzelne Art von »Krabben und Skinken« erschaffen habe, sei doch, dass »die organische Schöpfung das Ergebnis natürlicher Gesetze ist, die in gleicher Weise ein Ausdruck seines Willens sind«. Mit anderen Worten: Wenn Gott bestimmte Gesetzmäßigkeiten in die Welt setzt, findet natürlich auch das, was sich daraus entwickelt, seine wohlwollende Zustimmung.

Die wissenschaftliche Öffentlichkeit reagierte mit Schnappatmung. Der prominente Geologe Adam Sedgwick, ein enger

Freund Darwins, polterte, das Buch zeige »pure Unwissenheit« und entbehre jeder physikalischen Logik. »Ich glaube, der Autor ist eine Frau« – damals offenbar ein Ding der Unmöglichkeit.[1]

Darwin war über die Heftigkeit der Reaktionen erschüttert und wurde noch vorsichtiger, ja fast übervorsichtig. So etwas wollte er sich nicht anhören müssen. Ein 250 Seiten langer Essay, den er bereits ausgearbeitet hatte und dessen Inhalt bis dahin nur seine Frau Emma kannte, verschwand wieder in der Schublade. Er wurde nie veröffentlicht, bildete aber die Grundlage für das Werk, das Darwin später zu einem der berühmtesten Wissenschaftler aller Zeiten machen sollte. Darwin wollte ganz sichergehen. Seine Argumentation, seine Beweisführung, seine Belege, alles sollte hieb- und stichfest sein, überzeugend und wissenschaftlich möglichst unangreifbar. Also machte er sich wieder an die Arbeit.

Erst fünfzehn Jahre später, als ein anderer, der Naturforscher Alfred Russel Wallace, ihm mit ähnlichen Ideen zuvorzukommen drohte und seine Freunde ihn zur Veröffentlichung drängten, entschloss sich Charles Darwin, mit der Niederschrift einer Kurzform seines geplanten Riesenwerks *Natural Selection* zu beginnen. Sie wuchs dann selbst auf Buchformat an. Und trotz aller Sorgfalt, trotz der jahrzehntelangen Arbeit, die er investiert hatte, blieb natürlich auch ihm nach der Veröffentlichung ätzende Kritik nicht erspart. Die Fachwelt teilte sich in Befürworter und Gegner. Letztere sind, wie eingangs erwähnt, bis heute nicht verstummt.

Für unsere Zwecke können wir Darwins Erkenntnisse auf vier einfache Kernaussagen verkürzen:

1. Lebewesen erzeugen einen Überschuss an Nachkommen – mehr, oft viel mehr, als später zur Fortpflanzung kommen.

2. Diese Nachkommen sind nicht identisch, sondern unterscheiden sich in einer Fülle von Merkmalen und Eigenschaften.
3. Merkmale der Eltern werden auf die Nachkommen vererbt.
4. Individuen, die an die jeweils herrschenden Umweltbedingungen besser angepasst sind, werden sich erfolgreicher fortpflanzen als schlechter angepasste Artgenossen.

Die Auswahl, welche Individuen zur Fortpflanzung kommen oder besonders hohe Nachkommenzahlen erreichen, trifft also die Natur, durch einen Mechanismus, den Darwin schon im Titel seines Buches als »natürliche Selektion« bezeichnet, in Analogie zur künstlichen Selektion menschlicher Züchter zum Beispiel von Tauben oder Hunden, die gezielt nur die Tiere verpaaren, bei denen erwünschte Merkmale besonders ausgeprägt sind. Die Natur beurteilt Lebewesen allerdings nicht danach, ob sie ein Federbüschel an der richtigen Stelle tragen oder verkürzte Schnauzen und ausgefallene Fellmuster aufweisen. Für sie ist allein ausschlaggebend, wie erfolgreich die Individuen die Herausforderungen ihrer Umwelt meistern, vor allem, wie viele Nachkommen sie hinterlassen.

Gerade dieser Gedanke Darwins zog damals die meiste Kritik auf sich. Während die Evolution, der langsame und schrittweise Wandel der Arten durch kleine und kleinste Veränderungen, von seinen Zeitgenossen schnell akzeptiert wurde, stieß die natürliche Selektion als entscheidender Auswahlmechanismus sogar bei engen Vertrauten Darwins auf Widerstand. Sie klammerten sich an eine natürlich gottgegebene Vervollkommnungstendenz, die den Lebewesen innewohne, oder spekulierten über die Möglichkeit, dass zu Lebzeiten erworbene Eigenschaften an die Nachkommen weitergegeben würden, wie der französische Biologe Jean-Baptiste de Lamarck es beschrieben hatte.

Noch in den 1980er-Jahren stellte der kanadische Biologe John A. Endler in einer Zusammenfassung des damaligen Wissenstandes fest: »Natürliche Selektion ist ein Hauptteil der Evolutionstheorie (...), doch es gibt viel Streit und Verwirrung darüber, was sie ist, was sie nicht ist, und sogar darüber, ob sie existiert oder nicht.«[2]

Also: Was ist die natürliche Selektion? Sie ist keine Kraft wie die Schwerkraft, die auf Organismen oder ihre Genpools wirkt und erfolglose Individuen gnadenlos vom Spielfeld des Lebens kickt. Von der Selektion benachteiligte Individuen müssen nicht unbedingt sterben, obwohl manche Forscher das so sahen. Für Endler resultierte diese Ansicht aus einer unzulässigen Gleichsetzung von natürlicher Selektion mit dem »unglücklichen« Ausdruck »*survival of the fittest*«, der von dem englischen Philosophen Herbert Spencer stammt und erst später von Darwin übernommen wurde. Dass benachteiligte Individuen sterben wie die von der Fliege parasitierten Grillen auf Hawaii, ist jedoch ein spezieller Extremfall natürlicher Selektion, keinesfalls die Regel. Natürliche Selektion, so John Endler, ist das unvermeidliche »Resultat erblicher biologischer Unterschiede zwischen Individuen«[3] und kann ganz undramatisch daherkommen, einfach indem bestimmte Individuen mehr Nachkommen haben als andere.

Heutzutage wirken die vier Kernaussagen schlicht selbstverständlich; damals bildeten sie die erste streng naturwissenschaftliche Erklärung für die Vielfalt der Lebensformen auf der Erde. Fragen nach dem Wie blieben jedoch unbeantwortet. Wie kommt es zu dem Variantenreichtum innerhalb einer Art? Und wie werden Merkmale überhaupt an Nachkommen vererbt?

Darwin waren diese Lücken bewusst, und sie frustrierten ihn. Er entwickelte sogar eigene Vorstellungen zur Vererbung, die heute zu Recht vergessen sind. Aber er wusste eben nicht, was ein Gen ist, hatte noch nie von einem Riesenmolekül mit dem unaussprechlichen Namen »Desoxyribonukleinsäure« (DNA) gehört. Nicht einmal Chromosomen kannte er. Die Chromosomentheorie der Vererbung wurde um 1902, zwanzig Jahre nach Darwins Tod, entwickelt, und erst kurz zuvor, im Jahr 1900, waren die berühmten, von dem Mönch Gregor Mendel, einem Zeitgenossen Darwins, in Brünn aufgestellten Vererbungsgesetze wiederentdeckt worden. Die Fachwelt hatte sie jahrzehntelang übersehen.

Es blieb einer völlig neuen Generation von Wissenschaftlern vorbehalten, die nach Darwins Tod gewonnenen Erkenntnisse verschiedener biologischer Teildisziplinen und vor allem die junge Wissenschaft der Genetik mit dem Gedankengebäude des großen Engländers unter dem Dach der sogenannten »Synthetischen Evolutionstheorie« zu vereinen. Der Name geht auf das 1942 erschienene Buch *Evolution: The Modern Synthesis* des britischen Biologen Julian Huxley zurück, eines Enkels von Thomas Henry Huxley, dem wichtigsten Unterstützer Darwins (Spitzname: »Darwins Bulldogge«).[4]

Mathematische Berechnungen bestätigten, dass sich vorteilhafte Merkmale, die zu zahlreicheren Nachkommen (zu größerer »Fitness«) führen, in einer Population anreichern und schließlich dominieren. Variabilität und Vererbung bekamen eine materielle Grundlage: die Erbsubstanz, die bei höher entwickelten Organismen in Gestalt der Chromosomen im Zellkern aufbewahrt wird. Diese bestehen zu etwa gleichen Teilen aus DNA und Proteinen. Der endgültige Nachweis, dass die genetische Information nicht in den zunächst favorisierten Eiweißmolekülen, sondern in der Abfolge der Bausteine der DNA steckt, gelang Anfang der 1950er-Jahre.[5] Die große Zeit der Molekularbiologie war angebrochen.

Gene, Abschnitte des Erbmoleküls, die für bestimmte Merkmale oder Genprodukte verantwortlich sind, existieren nicht nur in einer Form, sondern in zahlreichen Varianten, den sogenannten Allelen, die in natürlichen Tier- und Pflanzenpopulationen in unterschiedlicher Häufigkeit vertreten sind. So kann es zum Beispiel von einem Gen A fünf verschiedene Allele geben, A1 bis A5; von anderen Genen existiert dagegen vielleicht nur eine Form, von wieder anderen können zwei oder einhundert verschiedene vorliegen. Diese Allele bilden die Basis der genetischen Vielfalt von sämtlichen Organismenarten. Es ist eher die Ausnahme, dass sich Individuen innerhalb einer Art durch das Vorhandensein oder Fehlen ganzer Gene unterscheiden.

Alle Genvarianten, alle Allele zusammen bilden den Genpool einer Art. In jeder einzelnen Population, zum Beispiel den Wasserflöhen eines bestimmten Sees, ist aber jeweils nur ein Teil dieses Pools zu finden. Deshalb unterscheiden sich Populationen, zum Beispiel die Wasserflöhe zweier Seen, in der Regel in ihrer genetischen Gesamtausstattung. Das betrifft sowohl die Auswahl an Allelen, die in den Populationen vorhanden sind, als auch deren relative Häufigkeit oder Frequenz.

Populationen sind in der Synthetischen Evolutionstheorie von zentraler Bedeutung, denn sie sind die Organismengemeinschaften, in denen sich evolutionäre Veränderungen zunächst vollziehen. Es gibt zahllose Definitionen, was genau unter einer Population zu verstehen ist.[6] Die gängigste lautet sicherlich, dass es sich um die Gesamtheit aller Individuen einer Art handelt, die zu gegebener Zeit in einem bestimmten Gebiet vorkommen. Für evolutionsbiologische Überlegungen fehlt darin aber ein wichtiges Detail: Aus Sicht der Synthetischen Theorie ist Evolution die Veränderung von Allelhäufigkeiten innerhalb einer Fortpflanzungsgemeinschaft. Und diese Fortpflanzungsgemeinschaft ist die Population. Damit sich ein Allel in einer Population auf jedes einzelne Individuum ausbreiten kann, müssen sich alle potenziell miteinander fortpflanzen können, was vermutlich eine Idealisierung der tatsächlichen Verhältnisse darstellt. Können sich zwei Individuen einer Art – aus welchen Gründen auch immer – nicht miteinander paaren, gehören sie streng genommen nicht der gleichen Population an.

Alle Individuen einer Art teilen sich auf unterschiedlich große Populationen auf. Dabei kann es im Einzelfall schwierig sein, Populationen voneinander abzugrenzen, weil sie sich überlappen können und es zum Austausch von Individuen kommen kann. Einen Extremfall bilden die sogenannten Endemiten: Arten, die nur als einzelne Population in einem eng begrenzten Gebiet vorkommen, zum Beispiel auf einer Insel. Im Grand Canyon etwa gibt es Tier- und Pflanzenarten, die isoliert auf nur einem relativ kleinen Terrain in der Nähe einer bestimmten Wasserquelle leben. Solche Arten sind besonders gefährdet, denn wenn diese eine Population erlischt, erlischt die gesamte Spezies. Das Gleiche gilt für Arten, die extrem selten (geworden) sind und deren Populationen nur noch aus wenigen Individuen bestehen. Die Gesamtpopulation des Nördlichen Breitmaulnashorns beispielsweise besteht mittlerweile aus lediglich zwei Tieren, einer Mutter und ihrer Tochter. Das Überleben dieser Art ist, wenn überhaupt, nur noch mithilfe modernster Fortpflanzungsmedizin und eingefrorener Spermien des letzten, erst kürzlich verstorbenen Bullen möglich.

Fast alle tierischen Zellen enthalten zwei Sätze von Chromosomen, einer stammt von der Mutter, der andere vom Vater, und damit maximal zwei unterschiedliche Allele eines Gens, wobei meistens nur eins, das dominante Allel, zur Ausprägung kommt.

Bei der Bildung von Eizellen und Spermien und deren Verschmelzung zur befruchteten Eizelle (Zygote) werden Allele aber in immer wieder neuer Mischung kombiniert, sodass jedes Individuum mit einer einmaligen Merkmalskombination ausgestattet wird. Und wenn zwei davon zusammentreffen, können auch rezessive Allele eine Chance bekommen.

Viele Allele haben unmittelbare Auswirkungen auf den Phänotyp, also das Erscheinungsbild eines Individuums mit allen seinen Merkmalen und Eigenschaften. Sie sorgen für leicht abweichende Proteine, die ihre Aufgaben ein wenig besser oder schlechter erfüllen, für unterschiedliche Blütenfarben, Samenformen oder Fellmuster. Viele haben aber praktisch keine oder nur minimale Auswirkungen. Wenn sich die Umweltbedingungen ändern, könnte aber eines (oder mehrere) dieser Allele den entscheidenden Unterschied machen und seinem Träger einen Überlebensvorteil verschaffen. Eine Gewähr gibt es dafür natürlich nicht, aber je größer der Genpool einer Art ist, desto größer ist die Chance, dass sich darin auch ein für eine veränderte Umwelt vorteilhaftes Allel befindet.

Für den Natur- und Artenschutz ist das von großer Bedeutung, denn bevor eine Art ausstirbt, sterben die Individuen, und mit ihnen verschwinden die Genvarianten, die sie tragen. Je kleiner Populationen werden, desto geringer ist ihr Anpassungsvermögen und desto größer ihr Risiko auszusterben.

Neue Allele können nur auf zwei Arten in eine Population gelangen: durch Zuwanderung von Individuen aus anderen Populationen (Introgression) oder durch Mutationen, also zufällige Veränderungen der genetischen Information, die vor allem in Vorbereitung einer Zellteilung durch Fehler bei der Verdopplung der DNA geschehen können. Mutationen erfolgen ungeplant und ungerichtet. Sie betreffen zwar zunächst nur eine Zelle, werden bei einer Teilung aber auf die Tochterzellen vererbt.

Bei vielzelligen Lebewesen ist eine Vererbung an die folgende Generation nur möglich, wenn die Mutation in den mütterlichen oder väterlichen Keimzellen erfolgt, also in Eizellen oder Spermien. Dank modernster Sequenzierungstechniken können wir heute allerdings mit Gewissheit sagen: Solche Mutationen sind keineswegs selten. 2016 hat ein niederländisch-US-amerikanisches Forscherteam 816 Familien-Trios (Mutter, Vater, Kind) daraufhin untersucht und in den Zellen der Kinder nicht weniger als 36 441 Punktmutationen gefunden, bei denen ein DNA-Baustein durch einen anderen ersetzt worden war, ungefähr 45 pro Kind. Da sie bei den Eltern noch nicht aufgetreten waren, müssen sie während der Bildung der Keimzellen entstanden sein, wahrscheinlich durch Kopierfehler. Dafür spricht auch, dass bei den Mutationen, die einer der beiden elterlichen Linien zugeordnet werden konnten, 80 Prozent im Zuge der Spermienbildung entstanden waren, mit einer klaren Altersabhängigkeit: Je älter die Väter waren, desto höher war die Zahl an Mutationen, die über die Spermien an das Kind weitergegeben wurden – etwa eine neue Mutation pro zusätzliches Lebensjahr. Da Männer zeitlebens aus Stammzellen neue Spermien produzieren, haben diese bei älteren Männern viel mehr Zellteilungen durchlaufen als die Eizellen, deren Produktion ja schon vor der Geburt der Mutter eingestellt wird. Mehr Zellteilungen führen zu einer höheren Fehlerzahl, zu zahlreicheren Mutationen[7], was aber nicht automatisch evolutionären Erfolg bedeutet. Ein Großteil wirkt sich nachteilig aus oder ist neutral. Durch viele Mutationen erhöht sich aber natürlich die Chance, dass sich darunter auch solche befinden, die für ihre Trägerinnen und Träger unter bestimmten Bedingungen vorteilhaft sind. Das folgende Kapitel liefert dafür ein eindrückliches Beispiel.

4
Gepfeffert oder geschwärzt

Evolutionäre Prozesse in der Natur zu beobachten, hielt Darwin für unmöglich. Er war der Ansicht: So wie Menschen nicht sehen können, wie Regen einen Berg wegspült, so sind auch evolutionäre Veränderungen zu langsam und zu subtil, um sie mit unseren Sinnen zu verfolgen.[1] Dass Darwin auf die »natürliche Selektion« als primären Mechanismus der Evolution kam, war das Ergebnis logischen Denkens. Auf direkte Beobachtungen oder gar aktuelle wissenschaftliche Forschung konnte er sich nicht stützen.[2] Doch auch wenn eine natürliche Selektion für das Kommen und Gehen von Tier- und Pflanzenarten im Verlauf der Erdgeschichte verantwortlich gewesen sein mochte – nachweisen ließ sich ihr Wirken lange Zeit nicht.

Das änderte sich erst in der ersten Hälfte des 20. Jahrhunderts, als Forscher im Zuge der »Modernen Synthese« umfangreiche Feldstudien und -experimente veröffentlichten. Dazu zählte schließlich auch der bis heute wohl berühmteste Fall in Großbritannien. Gerade wegen seiner herausgehobenen Bedeutung entzündeten sich daran jahrelange heftige Auseinandersetzungen. Kreationisten witterten Morgenluft, als einige Forscher den klassischen Versuchen unsaubere Untersuchungsmethoden vorwarfen. Sollte das bis dahin überzeugendste Beispiel für das Wirken der natürlichen Selektion in Zukunft etwa für wissenschaftliche Schlamperei oder gar Betrug stehen?

Das unscheinbare Tier, um das es bei alldem ging, bekommen Normalsterbliche trotz seiner nicht geringen Größe (immerhin 55 Millimeter Flügelspannweite) kaum zu Gesicht. Es ist nachtaktiv und an seinem bevorzugten Aufenthaltsort so gut getarnt, dass man es auch bei Tage kaum erkennt, selbst wenn man direkt davorsteht – der Birkenspanner (*Biston betularia*).

Viele Leserinnen und Leser werden sich an ihn erinnern: War das nicht dieser ursprünglich weiße Schmetterling, der schwarz wurde, weil Industrieabgase die Birkenrinde dunkler werden ließen, wodurch helle Falter darauf zunehmend wie auf dem Präsentierteller saßen und zur leichten Beute der Vögel wurden, sodass nur die schwarzen übrig blieben?

Die meisten Menschen kennen diese Geschichte. Sie wird in Schulen und Universitäten gelehrt und, weil sie so einfach und einleuchtend ist, in fast jedem einschlägigen Text zum Thema angeführt. Was sich hier abspielte, war nach Auffassung der meisten Wissenschaftler natürliche Selektion in Aktion, und der Fall des Birkenspanners wurde zum Paradebeispiel für das Wirken der Evolution – und damit auch zur Zielscheibe von Evolutionsgegnern jeder Couleur. Kaum jemand weiß noch, wie erbittert über dieses als »Industriemelanismus« bezeichnete Phänomen gestritten wurde. Einige der damit verbundenen Fragen beschäftigen die Wissenschaft bis heute.

Reinweiß ist auch die ursprüngliche Form (*typica*) des Birkenspanners nicht. Ihre Flügel sehen aus, als hätte sie jemand großzügig mit schwarzem Pfeffer bestreut, der englische Name des Falters lautet daher *peppered moth*. Anders als andere Schmetterlinge senken die Birkenspanner in Ruhestellung ihre ausgebreiteten Flügel herab, sodass ihr Rand den Untergrund berührt und rings um die Tiere keine verräterischen Schatten entstehen. Die Falter ruhen tagsüber, ihre Tarnung muss daher bei hellem Sonnenlicht funktionieren. Wenn sie unbeweglich auf Birkenstämmen und -geäst sitzen, verschmelzen ihre Umrisse mit der Umgebung. Auf weißer, mit Flechten bewachsener Birkenrinde sind sie nahezu unsichtbar. Auch ihre schlanken grünen oder braunen Raupen sind Meister der Tarnung. Von kleinen Ästen sind sie kaum zu unterscheiden.

Das ging für die Falter so lange gut, bis die Menschen im Zuge der Industrialisierung anfingen, aus Schornsteinen immer größere Mengen Ruß auszustoßen, und natürlich setzte sich dieser Ruß in der näheren und weiteren Umgebung der Industriereviere auch auf den Birken ab. Er verfärbte ihre Rinde und ließ die darauf wachsenden, gegenüber Luftverschmutzung sehr empfindlichen Flechten absterben – die hellen Birkenspanner standen zunehmend ohne Tarnung da.

Aufmerksamen britischen Schmetterlingsfreunden war aber schon Mitte des 19. Jahrhunderts aufgefallen, dass in von starker Luftverschmutzung betroffenen Gebieten vermehrt schwarze Varianten des Birkenspanners auftraten, und innerhalb der etwa fünfzig Jahre bis zum Ende des Jahrhunderts stieg dieser *carbonaria* genannte Phänotyp in der Umgebung großer Industriestädte wie Liverpool, Manchester, Birmingham oder London von einem Bestand nahe null zur dominanten Form auf, die mehr als 80 Prozent aller Individuen stellte. In weniger belasteten Gebieten im Südwesten des Landes herrschten weiterhin die fast weißen Falter vor.[3]

Nachdem in Großbritannien seit den 1950er-Jahren große Anstrengungen zur Luftreinhaltung (*Clean Air Acts*) unternommen worden waren, schwang das Pendel in die andere Richtung. In den ehemals belasteten Gebieten hellte sich die Birkenrinde auf, die Flechten erholten sich, und die schwarzen Falter wurden wieder seltener: »Evolution in umgekehrter Richtung« titelte damals ein Fachaufsatz.[4]

Die Vermutung, der Siegeszug der schwarzen Form sei das Ergebnis natürlicher Selektion durch optisch jagende Fressfeinde gewesen, vor allem durch Vögel, wurde schon Ende des 19. Jahrhunderts geäußert. Und der bekannte Populationsgenetiker J. B. S. Haldane rechnete in den 1920er-Jahren sogar aus, wie groß in diesem Fall der sogenannte Selektionskoeffizient war – eine Zahl, die angab, wie sehr die weißen gegenüber den schwarzen Faltern in einer verschmutzten Umwelt im Nachteil gewesen waren, wenn letztere innerhalb von fünf Jahrzehnten zur dominanten Form hatten aufsteigen können. Er errechnete einen Wert von 50 Prozent: Auf je zwei weiße Birkenspanner, die sich fortgepflanzt hätten, seien drei schwarze gekommen – ein erstaunlich hoher Wert. Viele Kollegen Haldanes bezweifelten, dass Selektion so stark sein konnte.

Was fehlte, waren Beweise. Alle Erklärungen für die erstaunliche Verwandlung des Birkenspanners stützten sich letztlich nur auf Vermutungen und Behauptungen, so plausibel die sich auch anhörten. Fraßen Vögel überhaupt Birkenspanner? Niemand hatte sie je dabei beobachtet. Hatte jemals jemand genauer hingesehen? Und wenn ja, fielen Vögeln in verschmutzten Gebieten tatsächlich so viel mehr weiße als schwarze Falter zum Opfer, dass dies den Aufstieg der *Carbonaria*-Form erklären könnte? Mit anderen Worten: Waren Vögel wirklich die treibende selektive Kraft hinter der Industriemelanisierung?

Fragen, die damals viele Wissenschaftler beschäftigten, unter anderem den Genetiker Edmund B. Ford von der Oxford University.[5] Ford wusste auch, wem er die zur Klärung dieser Fragen erforderlichen Untersuchungen anvertrauen wollte: seinem Freund Bernard Kettlewell, einem Arzt, Naturforscher und hervorragenden Schmetterlingskenner, der zu jener Zeit im fernen Südafrika am Internationalen Heuschrecken-Kontrollzentrum[6] der Cape Town University arbeitete. Ford bemühte sich um Forschungsmittel, und als es ihm endlich gelungen war, genug Geld aufzutreiben, versuchte er, Kettlewell zurück nach Oxford zu locken.

Es ging ja nicht nur um irgendein Tier, das seltsame Dinge tat. Es ging um nichts weniger als um den ersten Beweis dafür, dass sich vor ihren Augen, im Land von Charles Darwin, Evolution in Echtzeit vollzog. Endlich sollte mit der gebotenen Sorgfalt nachgewiesen werden, dass natürliche Selektion hinter diesen Vorgängen steckte. Bernard Kettlewell muss das ähnlich gesehen haben, denn er ließ sich nicht lange bitten und kehrte nach England zurück. Zusammen mit seiner Frau Hazel widmete er sich seiner neuen Aufgabe mit großem Eifer.

Während eines Großteils des Sommers 1952 lebten die Kettlewells in einem Wohnwagen mitten in einem Mischwald, der der Universität Oxford gehörte. Dort sammelten sie 3000 Birkenspannerraupen, zogen sie auf und kümmerten sich dann den ganzen Winter über um die Puppen.

Kurz vor dem Schlüpftermin im Juni des nächsten Jahres verfrachtete Kettlewell die sorgsam gelagerten Schmetterlingspuppen in das Christopher-Cadbury-Vogelschutzgebiet in der Nähe von Birmingham. Es war verschmutzt genug, um ausreichend geschwärzte Birken aufzuweisen; gleichzeitig lebten dort aber noch viele Vögel. Kettlewells Wohnwagen wurde für Wochen zum Feldlabor.

Die wichtigste Frage klärte sich ziemlich bald, denn Hazel Kettlewell ertappte einen der im Schutzgebiet lebenden Vögel in flagranti. Eine Heckenbraunelle stieg plötzlich aus dem Farndickicht am Boden auf, pickte den Birkenspanner von dem Stamm, den Hazel gerade mit dem Fernglas im Blick hatte, und flog dann mit dem Falter im Schnabel davon. Weitere Beobachtungen dieser Art folgten. Birkenspanner wurden also tatsächlich von Vögeln gefressen. Da die Falter aber in England insgesamt nicht besonders häufig waren, erbeuteten die Vögel sie eher als eine Art Beilage, keinesfalls als Hauptgericht.

Das Tier, das sich die Heckenbraunelle geschnappt hatte, war einer der Falter gewesen, die die Kettlewells am Morgen des gleichen Tages freigelassen hatten. Tag für Tag wiederholte sich derselbe Ablauf: Morgens wurden die frisch aus den Puppen geschlüpften Falter auf der Flügelunterseite individuell markiert, damit man sie später wiedererkennen konnte, und dann in die von Industrieabgasen geschwärzten Bäume gesetzt. Abends kontrollierte das Ehepaar, wie viele der Falter noch dort saßen, wo sie sie am Morgen platziert hatten. Elf Tage lang werteten sie den Fang zweier unterschiedlicher Fallentypen aus. Einer lockte die Falter mit dem Licht von Quecksilberdampflampen an, im zweiten waren paarungsbereite Weibchen der Köder.

In diesen Fallen fingen sich 149 der 630 von den Kettlewells freigelassenen hellen und dunklen Birkenspannermännchen. Während sie jedoch von den hellen Faltern nur 13 Prozent wiedersahen, war es ein mehr als doppelt so großer Anteil der dunklen (28 Prozent). Der Rest, deutlich mehr helle als schwarze Tiere, war wohl in einem Vogelschnabel geendet.

Das Kontrollexperiment führte Kettlewell zwei Jahre später in einem Wald in Dorset durch, der von Industrieabgasen weitgehend verschont geblieben war, und wie erwartet fiel das Ergebnis genau umgekehrt aus. Diesmal waren es die hellen Falter, die in deutlich höherer Zahl wieder gefangen wurden. Niko Tinbergen, der niederländische Verhaltensforscher, der 1973 zusammen mit Konrad Lorenz und Karl von Frisch den Medizinnobelpreis erhalten sollte, filmte damals die Attacken der Vögel auf die Birkenspanner und sorgte mit seinen Aufnahmen für viel öffentliche Aufmerksamkeit.

Konnte man noch mehr tun? In den Folgejahren wiederholte Kettlewell seine Experimente mit demselben Ergebnis.

Für ihn und seinen Mentor Edmund B. Ford stand außer Zweifel, dass der sehnsüchtig erhoffte erste wirkliche Beweis für Darwins Theorie mit den veröffentlichten Studien erbracht war. »Der Industriemelanismus bei Nachtschmetterlingen ist das auffälligste evolutionäre Phänomen, das jemals bei einem Organismus, ob Tier oder Pflanze, beobachtet wurde«, resümierte Bernard Kettlewell in seiner berühmten Arbeit aus dem Jahr 1955.[7] »Selektionsfaktoren« seien in diesem Fall Vögel, »wie von der Evolutionstheorie postuliert« und von der Wissenschaft erwartet,[8] und »der Effekt der natürlichen Selektion« könne »nicht länger bestritten werden«.[9]

Doch Kettlewell täuschte sich – und mit ihm alle, die davon ausgegangen waren, dass das Problem mit seinen Birkenspanner-Studien vom Tisch sei. Dafür ging es in diesem Fall anscheinend um zu viel. Bis zum Ende des 20. Jahrhunderts war der Industriemelanismus des Birkenspanners (und einiger anderer Schmetterlingsarten) zu *dem* Standardbeispiel für »Evolution in Aktion« aufgestiegen, für evolutionären Wandel, den man mit eigenen Augen sehen und wissenschaftlich untersuchen konnte, weil er so schnell verlief. Wer den Evolutionsgedanken attackieren wollte, musste irgendwie diesen schier allgegenwärtigen und übermächtigen Nachtschmetterling umschiffen, und das schien trotz diverser Versuche nahezu unmöglich.

Innerhalb der Wissenschaft blieben die Birkenspanner und der Industriemelanismus jedoch auch nach dem Tod von Kettlewell im Jahr 1979 ein reizvolles Forschungsthema. Kritische Punkte wurden öffentlich diskutiert, und manche versuchten, Kettlewells Experimente noch besser und überzeugender zu gestalten. Das war wohl auch das Ziel von Michael Majerus, einem Evolutionsbiologen der University of Cambridge, als er 1998 sein Buch *Melanism: Evolution in Action* veröffentlichte.[10]

Er wollte seine Kolleginnen und Kollegen auffordern, die Hände nicht untätig in den Schoß zu legen, sondern weiter an diesem Fall zu arbeiten und die offenen Fragen zu klären. Was er sicher nicht beabsichtigte, war eine Fundamentalkritik der Evolutionstheorie.

Schon der Titel seines Buches macht deutlich, dass Majerus ganz auf Darwins Linie, also alles andere als ein Evolutionsskeptiker war. Seit Kettlewells Experimenten waren aber einige Jahrzehnte ins Land gegangen, und Majerus wollte, dass die Wissenschaft, gerade in Bezug auf diese zentrale Frage, korrekt und so unangreifbar wie nur möglich vorging. In der Hinsicht hatte er an den klassischen Studien nämlich einiges auszusetzen. Seine Kritik war so überzeugend, dass *Nature*, das Flaggschiff der Wissenschaftsjournale, in einer Rezension von Majerus' Buch schrieb: »Wir müssen uns vorerst von der Vorstellung verabschieden, dass *Biston* [der Birkenspanner] ein gut erfasstes Beispiel für natürliche Selektion in Aktion ist, obwohl es ohne Zweifel einen Fall von Evolution darstellt.«[11]

Für manche Biologinnen und Biologen, die Kettlewells Experimente seit Jahren an Schulen und Universitäten gelehrt hatten, war Majerus' Buch ein Schock. »Meine eigene Reaktion«, schrieb der Chicagoer Evolutionsbiologe Jerry A. Coyne, »ähnelt der Bestürzung, die ich im Alter von sechs Jahren empfand, als ich feststellte, dass es mein Vater und nicht der Weihnachtsmann war, der am Weihnachtsabend die Geschenke brachte.«[12]

Was hatten Ford und Kettlewell falsch gemacht oder übersehen? Majerus lieferte ein wesentlich differenzierteres Bild vom Leben des Birkenspanners. Schwer wog zum Beispiel die Tatsache, dass die Falter die Tage offenbar nicht oder nicht nur an Birkenstämmen verbringen, also dort, wo Kettlewell seine Tiere ausschließlich platziert hatte. In viel größerer Zahl sitzen sie weiter oben in den Baumkronen unter waagerechten Ästen und an kleineren Zweigen, wo sie zweifellos besser vor Nachstellungen geschützt sind.

Für Majerus war auch nicht endgültig geklärt, welche Bedeutung die Bejagung durch Vögel hatte. Die Kettlewells hatten gesehen, dass Birkenspanner von Vögeln gefressen wurden, aber sie konnten natürlich nicht belegen, dass die fehlenden Schmetterlinge, die, die nicht anschließend in den Fallen gefangen wurden, tatsächlich von Vögeln erbeutet worden waren. Sie waren einfach nur verschollen. Dafür konnte es mehrere Erklärungen geben, nicht nur Vogelfraß. Die Spanner sind nachtaktiv. Könnten nicht Fledermäuse die für sie wichtigeren Fressfeinde sein? Die Farbe der Flügel würde dann lediglich eine unbedeutende Rolle spielen, weil Fledermäuse keine optisch jagenden Räuber sind. Oder die Falter waren einfach davongeflogen. Eigentlich rühren sie sich bei Tageslicht nicht mehr von der Stelle, weil sonst ihre Tarnung auffliegt. Aber gerade junge Männchen, die noch keine Partnerin gefunden haben, können durchaus mobil sein, trotz des hohen Risikos.

Problematisch war für Majerus auch die Herkunft der Versuchstiere. Die Kettlewells (sowie andere Forscher) hatten ihre Falter nicht am Ort der Experimente gefangen, sondern über mehr oder weniger weite Strecken dorthin transportiert. War auszuschließen, dass sich diese standortfremden Tiere in der ungewohnten Umgebung unnatürlich oder auffällig verhalten hatten? Außerdem hatte Kettlewell eine Anzahl von Tieren freigesetzt, die weit über der natürlichen Dichte der Birkenspanner lag, und damit für ein überdurchschnittlich großes Beuteangebot gesorgt. Räuber könnten regelrecht herbeigelockt worden sein.

Unter dem Strich hatte Kettlewell also unnatürlich viele standortfremde Tiere zu unnatürlicher Zeit[13] und an einem unnatürlichen Ort ausgesetzt, nämlich auf der Rinde im unteren Bereich des Baumstamms – klingt das nach geeigneten Bedingungen, unter denen sich natürliche Selektion untersuchen ließe? Man muss nicht einmal vom Fach sein, um zumindest die Stirn zu runzeln. Wohlgemerkt: All diese Faktoren könnten die Ergebnisse in der einen oder anderen Richtung beeinflusst haben, müssen es aber nicht. Man hätte das nur vorher klären oder mögliche Störeinflüsse vermeiden müssen. Kettlewell und Ford hatten sich die Sache vielleicht ein wenig zu leicht gemacht.

Wie gesagt: Majerus wollte die Kollegenschaft dazu ermuntern, den Faden wieder aufzunehmen und die offen gebliebenen Fragen der Birkenspanner-Story zu klären. Aber natürlich blieben die von seinem Buch angestoßenen lauten Diskussionen und ihr Presseecho auch jenen Leuten nicht verborgen, die auf den Evolutionsgedanken generell nicht gut zu sprechen waren. In Kreisen der Kreationisten spitzte man ungläubig die Ohren: das wichtigste Fallbeispiel für Evolution und natürliche Selektion bis zur Unkenntlichkeit seziert und von der Wissenschaft selbst in seine Einzelteile zerlegt – ein Geschenk des Himmels, serviert auf einem silbernen Tablett. Und dann brach ein Hohngelächter los. »Was für eine wunderbare Zeit für Kreationisten«, frohlockte das Institute for Creation Research im texanischen Dallas auf seiner Webseite, »wo selbst der angeblich beste Beweis für Evolution in Aktion so fadenscheinig ausfällt, dass er den Wahrheitstest nicht zu bestehen vermag.«[14]

Das Ganze wurde zur perfekten Vorlage für die Journalistin Judith Hooper, die wenige Jahre später ein Buch mit dem Titel *Of Moths and Men. Intrigue, Tragedy & the Peppered Moth* veröffentlichte.[15] Darin stellt sie die Ereignisse um Bernard Kettlewell als tragisches Intrigenspiel dar: In der toxischen Atmosphäre sich stur bekämpfender wissenschaftlicher Platzhirsche sei der bedauernswerte Kettlewell zwischen die Fronten geraten. Die Angst, dem als Exzentriker gefürchteten Edmund Ford nicht die von ihm erwarteten Ergebnisse liefern zu können, habe Kettlewell letztlich zum wissenschaftlichen Betrug getrieben, behauptete Hooper, ohne dafür allerdings Beweise vorzulegen. Die meisten der Beteiligten waren schon seit Jahren tot, man konnte sie nicht mehr befragen.

Mit den klassischen Birkenspanner-Studien war ein wichtiges Standbein der Evolutionstheorie unter heftigen Beschuss geraten. Für Michael Majerus war diese nicht zuletzt durch sein Buch verursachte Aufregung der Anlass, selbst mit neuen Untersuchungen zu beginnen. Alles in allem sollten diese Experimente sechs lange Jahre in Anspruch nehmen, dann raffte ihn 2009 überraschend eine kurze schwere Krankheit dahin, sodass er seine Ergebnisse nicht mehr veröffentlichen konnte. Auf der Grundlage der noch von ihm selbst ins Internet gestellten Rohdaten übernahmen vier seiner Kollegen die posthume Publikation, »um die Bedeutung dieser Schlüsselergebnisse für unser Verständnis der natürlichen Selektion in der Wildnis zu verdeutlichen«.[16]

Natürlich hatte Majerus versucht, die Fallstricke, die er bei Kettlewell aufgedeckt hatte, zu vermeiden. Als Untersuchungsgebiet diente ihm sein eigenes Grundstück in der Nähe von Cambridge. Die fast 4900 Birkenspanner, die über die Jahre bei den Experimenten zum Einsatz kamen, stammten ausnahmslos aus diesem einen Hektar Gartenland. Es waren mehr Individuen, als jemals zuvor für ein derartiges Experiment eingesetzt worden waren.[17] Weite Transportwege entfielen also, und die Zahl der Tiere pro Flächeneinheit wurde nicht unnatürlich erhöht.

Ihren Ruheplatz konnten die in den Experimenten eingesetzten markierten Tiere selbst wählen. Majerus ließ je einen

Falter nachts in großen Käfigen frei, die Baumstämme und Astwerk umschlossen und erst kurz vor Einbruch der Dämmerung wieder entfernt wurden, wobei er genau registrierte, wo sich der Falter niedergelassen hatte.

Menno Schilthuizen schildert eindrücklich, welche enormen Anstrengungen sein Kollege auf sich nahm: »Majerus verfügte nur über zwölf Käfige, und so konnte er Nacht für Nacht nur jeweils zwölf Falter fliegen lassen. Das bedeutet, dass er über die sechsjährige Laufzeit seines Experiments hinweg mehr als 400 Nächte damit verbrachte, Käfige aufzustellen, Notizen zu machen, seinen Wecker auf einen Zeitpunkt kurz vor der frühen hochsommerlichen Morgendämmerung einzustellen, um nach dem Aufstehen die Käfige zu entfernen und anschließend mit einer Tasse Kaffee und seinem Feldstecher hinter einem Fenster Posten zu beziehen und auf herabschießende Vögel zu warten. Und dabei wollen wir nicht vergessen, dass diese Arbeit wahrscheinlich zu seinen regulären universitären Lehr- und Verwaltungsaufgaben hinzukam.«[18]

Und das alles nur, um das Wirken von Darwins natürlicher Selektion nachzuweisen und Kettlewell möglichst zu rehabilitieren – echte Hingabe im Dienst einer faszinierenden, aber umkämpften Idee.

Das Ergebnis entsprach dann dem, was auch Kettlewell herausgefunden hatte, nur umgekehrt. Das lag an der Luftreinhaltepolitik der britischen Regierung, die den Prozess der Industriemelanisierung seit den 1970er-Jahren rückgängig gemacht hatte. Der Anteil der dunklen *Carbonaria*-Form ging in den sechs Jahren von Majerus' Forschung von gut 10 auf 1 Prozent zurück. Auf der wieder heller werdenden Baumrinde hatten die Vögel sich nun vorzugsweise die schwarzen Falter geschnappt.

In einem anderen Experiment hatte Majerus übrigens festgestellt, dass Fledermäuse eben keinen Unterschied zwischen hellen und dunklen Faltern machen und somit nicht für den Rückgang oder die Zunahme der einen oder anderen Form verantwortlich sein können.[19] Es blieben nur die Vögel. Majerus konnte insgesamt 276 Vogelattacken auf seine Birkenspanner beobachten. An dem Festmahl waren neun verschiedene Arten beteiligt, darunter Kohl- und Blaumeisen, Stare, Amseln, Elstern und Kleinspechte.

Der Nachteil der dunkleren gegenüber der helleren Birkenspannerform betrug bei sauberer Luft etwa 10 Prozent; bei einer Lebenszeit der Falter von nur wenigen Tagen reichte das aus, um den Rückgang der schwarzen Falter zu erklären. »Es ist geradezu unmöglich, sich der früher akzeptierten Schlussfolgerung zu entziehen, dass visuelle Bejagung durch Vögel die Hauptursache für die raschen Veränderungen in der Häufigkeit der dunklen Birkenspanner ist«, resümierten die Autoren für ihren verstorbenen Kollegen.[20] Man meint das Aufatmen zu hören, das durch die Reihen der Evolutionsbiologen ging.

Bis zu Michael Majerus' Untersuchungen hatte sich die Wissenschaft dem Phänomen des Industriemelanismus mit recht einfachen Methoden der Freilandbiologie genähert;[21] im 21. Jahrhundert kam jedoch zunehmend modernste Technik zum Einsatz.

Über Jahre hinweg beschäftigten sich britische Forscherinnen und Forscher mit dem genetischen Hintergrund dieser Vorgänge. Beim Industriemelanismus waren mit großer Wahrscheinlichkeit Mutationen im Spiel; die Frage war nur: welche – und wo im Genom? Sie suchten zuerst in den sechzehn Genen, die bei anderen Insekten bekanntermaßen für Melanisierung, also die verstärkte Einlagerung von dunklen Pigmenten (Melaninen), verantwortlich sind – ohne Erfolg.[22] Entweder gab es weitere, bislang unbekannte Stoffwechselwege, die bei Insekten für eine Melaninproduktion sorgten, oder hier war etwas ganz anderes im Gange. Wie sich herausstellen sollte, war Letzteres der Fall.

Im Jahr 2016 platzte die Forschergruppe mit der Nachricht heraus, dass der Melanismus der Birkenspanner von einem großen Transposon der Klasse II hervorgerufen werde, einem dieser unheimlichen »springenden« DNA-Elemente, die fast die Hälfte unseres Erbguts ausmachen. Viele dieser Transposons haben die Fähigkeit, ihre Position im Genom zu verändern, verloren, dieses jedoch nicht. Es hatte sich selbst aus seiner alten Position herausgeschnitten und mitten in einem Gen wieder eingefügt, das den Namen *cortex* trägt und dessen Genprodukt – Überraschung! – in der Frühphase der Flügelbildung eine Rolle spielt. Mit einem tiefen Griff in die Trickkiste der Molekularbiologie konnten die Wissenschaftler sogar den Zeitpunkt dieses Ereignisses bestimmen: Der Sprung fand vermutlich um das Jahr 1819 statt. Natürlich waren die Träger des veränderten Gens zunächst über längere Zeit sehr selten, denn die dunklere Färbung brachte auf den noch sauberen, flechtenbewachsenen Bäumen keine Vorteile. Andererseits waren die Nachteile auch nicht so groß, dass die dunkleren Falter gänzlich aus der Population verschwunden wären. Wie viele Allele führte das mutierte *Cortex*-Gen als Teil des Genpools der Birkenspanner gewissermaßen ein Schattendasein, bis die Selektion bei zunehmender Verschmutzung genau diese Genvariante bevorteilte. Daher dauerte es eine Weile, bis sich die *Carbonaria*-Form so weit in der Population ausgebreitet hatte, dass sie auch den Schmetterlingsfreunden auffiel. Schriftlich bezeugt wurde ein Fund zum ersten Mal im Jahr 1848. Der Wortlaut der Fundmeldung deutet aber darauf hin, dass die schwarzen Tiere schon länger bekannt waren. Die Entdeckung der Mutation zeigt: Transposons sind nicht nur die parasitären Erbgutelemente, als die sie oft bezeichnet werden. Sie können für ihre

Träger durchaus segensreiche Wirkung entfalten und als Treiber evolutionärer Veränderungen auftreten.[23] Dass das Transposon allerdings genau zu jenem Zeitpunkt und an jene Position gesprungen ist, wo es »zufällig« dabei half, ein immer drängender werdendes Problem der Birkenspanner zu lösen, nämlich das ihrer zunehmenden Auffälligkeit auf den durch Luftverschmutzung dunkler werdenden Bäumen, kann aus Sicht der Falter als glückliche Fügung des Schicksals betrachtet werden.

An der University of Exeter näherten sich die Biologen Olivia Walton und Martin Stevens diesen Vorgängen von der Seite der Räuber her, um eine weitere Wissenslücke zu schließen. Für das menschliche Auge sind helle Falter auf einer hellen, flechtenbewachsenen Baumrinde wesentlich besser getarnt als dunkle, aber das muss nicht heißen, dass das auch für die Vogelperspektive gilt. Vögel haben ein anderes Farbensehen als wir und sind in der Lage, UV-Licht wahrzunehmen. Computersimulationen ihres visuellen Systems und Experimente mit Attrappen zeigen nun aber eindeutig, dass der visuelle Eindruck der Vögel in diesem Fall dem der Menschen gleicht, was dafür spricht, dass sie tatsächlich die eigentlichen Adressaten der Tarnung sind.[24]

5
Der Echsen-Mann

Oft sind es ganz praktische Erwägungen, die Biologinnen und Biologen zu ihren Forschungslieblingen führen, eine leichte Verfügbarkeit zum Beispiel oder die unkomplizierte Haltung im Labor. Manchmal ist es jedoch die pure Leidenschaft, wie im Fall von Jonathan Losos. Bei dem vielfach preisgekrönten Evolutionsbiologen der Washington University in St. Louis, Missouri, erfolgte diese Weichenstellung schon im zarten Alter von sieben Jahren. Auslöser war eine US-amerikanische Sitcom mit dem Titel *Leave It To Beaver*.[1]

Beaver war der Held der Serie, ebenfalls sieben Jahre alt. Als dieser in einer Folge einen Alligator als Haustier mit nach Hause brachte, war es um den kleinen Jonathan geschehen. Er fragte seine Eltern, ob er nicht auch einen Alligator haben könne. In den meisten Fällen hätte das wohl zu Tränen und Geschrei geführt und wäre einer von vielen unerfüllten Kindheitswünschen geblieben – nicht so in Jonathans Familie. Der Vater, ein Geschäftsmann, war genauso vernarrt in Tiere wie sein Sohn und pflegte enge Beziehungen zum Zoologischen Garten von St. Louis, dem er sogar schon eine asiatische Elefantendame namens Carolyn geschenkt hatte. Jonathans Mutter schlug vor, den Direktor anzusprechen. Als es endlich zu einem Treffen kam – Jonathans Geduld wurde auf eine harte Probe gestellt –, fühlte sich der Zoodirektor sofort an seine eigene Kindheit erinnert, in der ein Alligator als Haustier eine wichtige Rolle gespielt und ihm den Weg in die Reptilienkunde, die Herpetologie, gewiesen hatte. Und so kam es, dass bald darauf im Keller der Familie Losos ein Trupp Baby-Alligatoren in einem kleinen Swimmingpool hauste. Im Sommer zogen die Echsen dann in eine Pferdetränke im Hof des Hauses um, von wo aus sie regelmäßig Ausflüge in die Gärten der entsetzten Nachbarn unternahmen.[2]

Jonathan Losos wuchs heran – was aus seinen Alligatoren wurde, ist nicht überliefert – und entwickelte sich zu einem prominenten Evolutionsforscher und außerordentlich beliebten Professor, dessen ehemalige Studentinnen und Studenten heute als Biologen an verschiedenen Forschungseinrichtungen und Universitäten arbeiten. Den Reptilien blieb er treu, sein wissenschaftliches Hauptinteresse galt allerdings nicht mehr den Alligatoren, sondern einer zum Teil farbenprächtigen Gruppe von kleinen bis mittelgroßen schlanken, spitzschnäuzigen Leguanverwandten, die in großer Zahl den gesamten karibischen Raum sowie Mittel- und Südamerika bewohnen. Die Gattung *Anolis* umfasst heute mehr als 430 Arten, und jedes Jahr werden weitere entdeckt. Sie ist damit die bei Weitem umfangreichste Echsengattung und eine der artenreichsten innerhalb aller Wirbeltiere.[3]

Schon Losos' Doktorvater Ernest Williams, ein Forscher der Harvard University, den manche als den »Vater der *Anolis*-Biologie« bezeichnen, war aufgefallen, dass *Anolis*-Echsen verschiedener karibischer Inseln sehr ähnliche Körpermerkmale entwickelt hatten: Bodenbewohnende Arten hatten stets längere Füße und Zehen, während die Bewohner von Bäumen und Sträuchern größere Polster unter den Zehen besaßen.

Gestützt auf die Struktur einiger ihrer Proteine, erstellte Losos Stammbäume der *Anolis*-Arten und konnte damit zeigen, dass die neuen anatomischen Merkmale unabhängig voneinander in verschiedenen Verwandtschaftskreisen entstanden waren. Die gleiche Umwelt erzwingt die gleichen oder sehr ähnliche Anpassungen. In der Biologie nennt man dieses weitverbreitete Phänomen »Konvergenz«.

Dass solch eine unterschiedliche Anatomie in ihrem jeweiligen Lebensraum von Vorteil sein könnte, leuchtet ein, aber wie im Falle der Birkenspanner und ihrer Gefährdung durch Vögel reicht die Tatsache, dass etwas plausibel klingt, in der Wissenschaft nicht aus. Man muss den Effekt nachweisen.

Im Labor maß Jonathan Losos, wie lange die Tiere brauchten, um einen speziell zu diesem Zweck konstruierten Rennparcours zu absolvieren und senkrechte glatte Flächen hinaufzuklettern. Das Ergebnis war eindeutig: Längere Extremitäten machten die auf dem Boden oder dickeren Ästen lebenden *Anolis*-Arten zu schnelleren Läufern, vermutlich um ihren Fressfeinden zu entkommen, und die vergrößerten Zehenpolster sorgten dafür, dass die Baumbewohner durch die bessere Haftung beim Klettern nicht von zarten Zweigen und glatten Blattoberflächen purzelten. Es bestand ein klarer Zusammenhang zwischen dem mittleren Durchmesser der Äste, auf denen sich die Tiere bewegten, und der Länge ihrer hinteren Extremitäten: je dünner die Äste, desto kürzer die Gliedmaßen der Reptilien.

Merkmale wie diese waren sicher in einem langwierigen Anpassungsprozess entstanden. Jonathan Losos wollte es aber genauer wissen und beschritt dabei einen Weg, den Charles Darwin für unmöglich gehalten hätte: den des Experiments. Schon die Begründer der Modernen Synthese hatten Laborversuche mit Mikroben und der winzigen *Drosophila*-Fliege durchgeführt, die experimentelle Evolutionsbiologie im Freiland steckte damals aber noch in den Kinderschuhen.

Wie wäre es, dachte Losos, *wenn ich einige Tiere auf kleinen Inseln aussetzte, die bislang keine* Anolis-*Echsen beherbergen, und deren Entwicklung über längere Zeit verfolgte?* Er kontaktierte den kalifornischen Ökologen Thomas Schoener, der zusammen mit seiner damaligen Frau genau dieses Experiment bereits durchgeführt hatte. In den späten 1970er-Jahren hatten die beiden auf vierzehn kleinen Inseln der Bahamas jeweils fünf bis zehn Echsen der Art *Anolis sagrei* ausgesetzt – Männchen und Weibchen im Verhältnis zwei zu drei.

Als Schoener und Losos diese Inseln nun zehn Jahre später erneut besuchten, hatten die Echsen auf vielen Inseln erfolgreich Fuß gefasst, auf einer lebten sogar mehr als 700 von ihnen. Aber die *Anolis* hatten sich nach ihrer Umsiedlung verändert; je mehr die Vegetation des neuen Zuhauses von der ihrer ursprünglichen Heimatinsel abwich, umso deutlicher war die Modifikation. Dabei bestätigte sich die Voraussage der Forscher: Da in den neuen Lebensräumen weniger große Bäume wuchsen und stattdessen kleinästiges Gesträuch vorherrschte, hatten die Tiere kürzere Hinterbeine und größere Zehenpolster entwickelt – innerhalb von nur zehn Jahren.[4]

Auf einigen der kleinsten Inseln suchten Losos und Schoener jedoch vergeblich nach Nachkommen der vor einem Jahrzehnt ausgesetzten Tiere. Vermutlich waren sie von Hurrikans davongeweht worden. Dass Wirbelstürme als selektive Kraft wirken könnten, hielt man damals allerdings für unwahrscheinlich. Dazu trafen sie die Inseln zu selten, und wenn sie dann doch einmal mit ihrer ganzen vernichtenden Kraft zuschlugen, drohte eher eine Tabula rasa wie auf den kleinen Bahamas-Versuchsinseln.

Harvard-Mitarbeiter von Jonathan Losos sollten Jahre später jedoch eine gegenteilige Erfahrung machen, unter spektakulären Umständen. Im Jahr 2017 hatten Colin Donihue, Anthony Herrel und Anne-Claire Fabre gerade ihre Messungen an den *Anolis* (*Anolis scriptus*) zweier Turks- und Caicosinseln südöstlich der Bahamas abgeschlossen, als am 7. September »Irma« über das Gebiet fegte, ein Hurrikan der Kategorie 5 mit Windgeschwindigkeiten von fast 300 Kilometern pro Stunde – einer der stärksten, die je gemessen wurden. Aber nicht nur das. Nur zwei Wochen später folgte mit »Maria« ein zweiter Hurrikan von ähnlich verheerender Durchschlagskraft. Er richtete auf mehreren Karibikinseln schlimme Verwüstungen an und tötete allein auf Puerto Rico fast 3000 Menschen. Hurrikan »Maria« gilt daher als eine der tödlichsten Naturkatastrophen, die das Territorium der Vereinigten Staaten von Amerika je getroffen haben.[5]

Zwei Hurrikans der Kategorie 5 innerhalb von nur zwei Wochen – es gibt zahlreiche Studien, die die katastrophalen Auswirkungen derartiger Wirbelstürme auf Tier- und Pflanzenpopulationen belegen, auf Schnecken, Insekten, Vögel und Affen. Donihue, Herrel und Fabre bot sich eine einmalige Gelegenheit. Würden die Hurrikans wahllos alle Individuen töten, unabhängig von ihren Merkmalen, oder sorgten bestimmte Eigenschaften der Tiere für eine bessere Überlebenschance? Mit anderen Worten: War ein Hurrikan ein selektiv wirkendes Ereignis oder nicht? Ein derartig unmittelbarer Vorher-Nachher-Vergleich war noch nie zuvor durchgeführt worden, und wenn sie Glück hatten, würden sie diese Frage vielleicht beantworten können. Aber sie mussten vom schlimmsten Fall ausgehen. Wenn die Wirbelstürme die Inseln leer gefegt hatten, würde es dort keine *Anolis* mehr geben und damit auch keine Antworten.[6]

Sechs Wochen nach ihrem ersten Besuch und drei Wochen nach dem Durchzug von »Maria« kehrte das Biologenteam auf die beiden Inseln zurück und fand dort etwas Erstaunliches vor: Viele *Anolis* hatten überlebt. Die Forscher liefen die gleichen Wege ab wie beim letzten Mal. Wieder fingen sie die Tiere – eine mühsame Arbeit in tropischer Hitze –, maßen ihre Größe, notierten die Länge der Beine, der Zehen und Zehenpolster, der Schnauzen. Die Durchschnittswerte, die sie erhielten, unterschieden sich signifikant von den Werten, die sie vor dem Durchzug der beiden Hurrikans gemessen hatten, auf beiden Inseln in gleicher Weise. Die überlebenden Tiere, sozusagen die Post-Hurrikan-Phänotypen, waren etwas kleiner und besaßen deutlich größere Zehenpolster an Vorder- und Hinterbeinen sowie längere Vorder- und kürzere Hinterbeine mit kürzeren Zehen.

Größere Zehenpolster verbessern die Kletter- und Haftfähigkeiten. Bei Sturm ist das zweifellos von Vorteil. Aber wie sollte man sich die veränderten Beinlängen erklären? Tiere mit davon abweichenden Proportionen hatten die Hurrikans offenbar von den Inseln geblasen.

Um die konkrete Konstellation zu erforschen, setzten die Wissenschaftler auf einem senkrechten Stab hockende *Anolis* einem starken Luftstrom aus, den sie mithilfe eines leistungsfähigen Laubbläsers erzeugten. Was dann geschah, kann man sich im Internet ansehen:[7] Statt sich fallen zu lassen, versteckten sich die Tiere zunächst auf der windabgewandten Seite des Stabs. Wurde der Luftstrom zu stark, verloren die *Anolis* früher oder später den Kontakt der Hinterbeine zum Stab und hingen dann mit echsenhaft ungerührter Physiognomie wie eine Fahne im Wind. Längere Vorderbeine erwiesen sich in dieser brenzligen Situation als vorteilhaft, denn die damit ausgestatteten *Anolis* konnten sich besser an den Stab klammern und dem Luftstrom widerstehen. Dagegen boten lange Hinterbeine dem Wind eine größere Angriffsfläche, sodass die Echsen irgendwann davongeblasen wurden und nach kurzem Flug weich und unversehrt in einem dahinter aufgespannten Netz landeten.

Anders als vermutet, hatten sich »Irma« und »Maria« als starke selektive Kräfte erwiesen, die nur bestimmten Phänotypen das Überleben gestatteten. »Die Tatsache, dass zwei Hurrikans die Morphologie der gesamten Population verändert haben, (...) ist wirklich ganz erstaunlich«, kommentierte Anthony Herrel.[8]

Als Evolution konnte man das allerdings noch nicht bezeichnen. Erst als die Wissenschaftler die Inseln 2019 erneut besuchten und nachwiesen, dass die *Anolis*, die »Irma« und »Maria« überlebt hatten, ihre außergewöhnlich großen Zehenpolster auf beiden Inseln auch an die Folgegeneration weitergegeben hatten, war klar: Einzelne Extremereignisse mit starker selektiver Wirkung können einen prägenden Einfluss auf den Verlauf der Evolution haben, von einer Generation zur nächsten, in einer Zeitspanne, die eher in Monaten als in Jahren zu messen ist.[9] Aber haben derartige Veränderungen auch langfristig Bestand?

Jonathan Losos und seine Arbeitsgruppe können mittlerweile auf einen riesigen *Anolis*-Datenschatz zurückgreifen, der es erlaubt, auch diese Frage zu beantworten. Sie wählten zwölf Inselpopulationen und 188 *Anolis*-Arten aus dem riesigen Verbreitungsgebiet dieser Gattung aus, sahen sich die meteorologischen Aufzeichnungen für die Teilregionen an und setzten die Größe der Zehenpolster der dort lebenden Tiere jeweils in Beziehung zur Zahl der Hurrikans, die die einzelnen Areale in den vergangenen siebzig Jahren getroffen hatten. Und siehe da: Es bestand ein eindeutiger positiver Zusammenhang. Je mehr Hurrikans durch ein Gebiet gezogen sind, desto größer sind die Zehenpolster der dort lebenden *Anolis*.

»Jonathans Inseln sind wie riesige Reagenzgläser, und er ist der ultimative Tüftler«, sagt Martha Muñoz, Evolutionsbiologin an der Yale University, über ihren Lehrer und jetzigen Kollegen.[10]

Losos' vor Jahrzehnten getroffene Entscheidung für die *Anolis*-Echsen und die karibischen Inseln als Studien- und Experimentierfeld erwies sich als Glücksfall und erlaubte es, eine

Vielzahl von ökologischen und evolutionsbiologischen Fragen anzugehen.

Doch Jonathan Losos war nicht der Erste, der Evolution und natürliche Selektion in freier Wildbahn untersuchte. Es gab Vorläufer, Menschen, deren Arbeit ihn schon als jungen Forscher beeinflusst und inspiriert hatte, darunter vor allem ein Mann, dessen Name uns schon begegnet ist:[11] John Endler war als Jugendlicher, ähnlich wie Losos, ein auf die Jagd kalifornischer Reptilien und Insekten fixierter Nerd. Später, als ehrgeiziger junger Wissenschaftler, entdeckte er die Guppys für sich, nicht die unter Aquarianern geschätzten kleinen Zierfische mit ihren bunten und grotesk vergrößerten Schwanzflossen – das waren für ihn »Müllfische« –, sondern deren wild lebende Verwandte, die unter anderem in den kleinen Gebirgsflüssen der Karibikinsel Trinidad zu Hause sind.[12]

Als Endler in den 1970er-Jahren an Jonathan Losos' Universität einen Seminarvortrag über diese Forschungsarbeiten hielt, ließ er eine Gruppe elektrisierter Nachwuchswissenschaftler zurück, für die er gerade ein Fenster zu einer neuen Welt geöffnet hatte. Darunter war auch Jonathan Losos, damals noch einer der Jüngsten. Um das zuvor Gehörte einordnen zu können, hing er an den Lippen der fortgeschritteneren Studenten, und ein Satz, den einer der älteren nach dem Vortrag auf dem Weg nach draußen ausrief, ist ihm noch 35 Jahre später lebhaft im Gedächtnis: »Wer hätte gedacht, dass die Evolutionsökologie eine experimentelle Wissenschaft sein könnte.«[13]

Lange war sie das definitiv nicht gewesen. Obwohl dieses Bild damals erste Risse bekam, lebten der junge Jonathan Losos und seine Kolleginnen und Kollegen noch weitgehend in der Vorstellung, dass Evolution etwas sei, was man vielleicht mit wenigen Organismenarten im Labor, aber nicht direkt im Freiland untersuchen könne.

John Endler zeigte ihnen nun das Gegenteil. Er demonstrierte, wie man die Fesseln einer als rein deskriptiv oder theoretisch angesehenen Wissenschaft sprengt und als Evolutionsbiologe jenseits von abstrakten mathematischen Gleichungen, von Bakterienkulturen im Labor oder dem staubtrockenen Studium von Fossilien ganz neue, aufregende Wege beschreitet. Denn Evolution vollzieht sich immer, zu jeder Zeit, und sie kann so schnell ablaufen, dass man sie direkt beobachten und untersuchen kann, sogar in den engen zeitlichen Grenzen eines Forschungsstipendiums.[14]

Der Norden Trinidads wird von Westen nach Osten von einem knapp 1000 Meter hohen Gebirge durchzogen, der Northern Range, deren Hänge mit tropischem Regenwald bedeckt sind und von denen sich zahlreiche Flüsse parallel über große und kleine Wasserfälle Richtung Meer oder zentrales Flachland stürzen. Das Wasser ist kristallklar, die Strömung schnell und das Flussbett voll von vielfarbigen Kieseln unterschiedlicher Größe.

Endler wusste, dass die in diesen Flüssen lebenden Guppys sehr variabel aussehen können, und versuchte, eine Erklärung für die Verteilung dieser Varianten zu finden. Die deutlich größeren lebend gebärenden Weibchen sind alle eher unscheinbar silbrig grau, die Männchen aber können blass mit vielen kleinen Punkten oder, mit großen schwarzen, gelben, blauen, roten, grünen oder schillernden Flecken bedeckt, sehr auffällig gefärbt sein. Besonders die blauen Flecke stachen ins Auge. Sie blitzten bei Bewegung auf und waren schon aus einiger Entfernung zu erkennen. Es war bekannt, dass die Größe und Farbpalette dieser Flecke vererbt wurden; ihre Anordnung und farbliche Mischung sind so individuell wie ein Fingerabdruck. Auf dem bunten Kieselbett der Flüsse stellen diese Flecke wahrscheinlich eine hervorragende Tarnung dar.

Vier Jahre lang kehrte John Endler immer wieder in die Northern Range zurück, nahm sich ein natürliches Flussbecken nach dem anderen vor, fing in jedem, sofern vorhanden, etwa fünfzig Guppymännchen und registrierte genau, wie viele und welche Farbpunkte die Fische wo trugen. Er entwickelte eine Art genormte Guppyfarbfleck-Verteilungskarte, die er im Gelände rasch ausfüllen und später in den Computer eingeben konnte.[15]

Am Ende erbrachte seine Analyse ein überraschend eindeutiges Bild: Ob die männlichen Guppys auffällig gefärbt waren oder nicht, hing davon ab, ob es in dem Becken, in dem sie lebten, auch räuberische Fische gab, vor allem die schlanken Hechtbuntbarsche (*Crenicichla alta*), von denen jeder einzelne etwa drei Guppys pro Stunde frisst. Die deutlich größeren Raubfische haben keine Möglichkeit, Wasserfälle oder steileres Gelände zu überwinden, deshalb leben sie fast ausschließlich in tiefer gelegenen Pools. Guppys können sich dagegen nach starken Niederschlägen durch temporäre Wasserströme schlängeln und auf diese Weise auch höher gelegene Becken besiedeln. Dort steht ihnen mit den Bachlingen (*Rivulus hartii*) ein weitaus weniger bedrohlicher, nur gelegentlich Guppynachwuchs verspeisender Räuber aus der eigenen Verwandtschaft gegenüber.

Je weiter sich die Guppys flussabwärts wagten, desto gefährlicher wurde es.[16] Es sah so aus, als wäre die in dieser Richtung abnehmende Zahl und Größe der Farbflecke das Ergebnis einer natürlichen Selektion durch Raubfische.

Die unscheinbaren Guppymännchen in den mit Buntbarschen besetzten Becken weiter flussabwärts waren das Ergebnis eines *trade-off*, eines Kompromisses. Der Wissenschaftsjournalist Jonathan Weiner drückte es in seinem Buch *Der Schnabel des Finken* pathetischer aus: »Es handelt sich um den Kampf aller Kämpfe, um den Krieg aller Kriege, von dem Darwin sich nur abstrakt vorstellen konnte, daß in ihm die Kräfte der sexuellen Selektion mit den Kräften der natürlichen Selektion ringen.«[17]

»Je herausgeputzter das Männchen ist, desto besser für sein Sexualleben«, erläutert Weiner. »Es ist beliebter unter den Weibchen und hat eine bessere Chance, seine knalligen Gene weiterzureichen – solange es am Leben bleibt.«[18]

Aber das wird flussabwärts für die Guppys immer schwieriger. Ginge es allein nach den Weibchen, trügen alle Männchen ein buntes Fleckenkleid. In Gegenwart der Barsche wird das jedoch zu einem hochriskanten Unterfangen, weil nicht nur die Guppyweibchen, sondern auch die Raubfische auf sie aufmerksam werden. Diese jagen und fressen die auffällig geschmückten Tiere und entfernen damit auch die für ihr Aussehen verantwortlichen Genvarianten aus dem Genpool der Population. Übrig bleiben schließlich die, die bestenfalls ein paar winzige schwarze und rote Punkte zustande bringen. Wie für die Grillenmännchen auf Hawaii ergab sich daraus für die männlichen Guppys eine heikle Gratwanderung: gerade unauffällig genug zu sein, um die Barsche nicht auf sich aufmerksam zu machen, und trotzdem vielleicht doch den einen oder anderen zaghaften Farbtupfer zu »wagen« (auf die auffälligen blauen wird fast ganz verzichtet), um damit aus 2 bis 4 Zentimetern Entfernung das Interesse der Weibchen zu erregen. Gegenüber den in größerem Abstand lauernden Räubern vertrauten sie ganz auf die Qualität ihrer Tarnung.

Doch Endler war klar: So plausibel das klang – eine Korrelation zeigt nicht automatisch einen kausalen Zusammenhang. Es war nicht auszuschließen, dass es auch andere Erklärungen für die Verteilung der Farbmuster gab.

Er beschloss, das Problem auf zweierlei Weise anzugehen.[19] In einem verlassenen Glashaus auf dem Gelände der Princeton

University legte er eine tropische Flusslandschaft mit kleinen Wasserfällen und zehn getrennten Becken an, zwischen denen man umherlaufen konnte. Er bepflanzte das Ganze, befüllte es mit buntem Aquariumkies, pumpte Wasser hinein und besetzte schließlich jeden Pool mit zweihundert Guppys, die er einem knappen Dutzend Flüssen entnommen, parallel herangezogen und zu einer Population zusammengemischt hatte. Einen Monat, also etwa zwei Guppygenerationen, später setzte er die Raubfische ein: Vier Becken erhielten einen Hechtbuntbarsch, vier einen Bachling, und zwei blieben raubfischfrei. Endlers Hypothese: Wenn Raubfische die selektive Kraft hinter der beobachteten Verteilung der Farbvarianten waren, dann sollten sich die Guppys in seinem Experiment in genau die Richtung entwickeln, die er in den Bergen Trinidads vorgefunden hatte. Wie lange würde das dauern?

Nach fünf Monaten hielt er es nicht mehr aus. »Das waren bestenfalls ein paar Guppygenerationen. Sicherlich zu wenig Zeit für evolutionären Wandel«, konstatierte Jonathan Losos, um sich gleich darauf zu korrigieren: »Falsch!«[20]

Endler ließ das Wasser ablaufen, und nachdem er alle Guppys gefangen und jeden ihrer Farbflecke lokalisiert und vermessen hatte, war klar: Der Prozess war bereits in vollem Gange. Die männlichen Guppys in den mit Räubern besetzten Pools hatten 10 Prozent ihrer Farbpunkte verloren, die aus den räuberfreien etwa genauso viele dazugewonnen.

Vor der nächsten Untersuchung ließ Endler neun Monate vergehen. Die Fische, die das Glück hatten, als männliche Guppys ohne die tödliche Bedrohung durch Raubfische zu leben, hatten nun schon 40 Prozent mehr Flecke als zu Beginn des Forschungsprojekts. Es war deutlich, dass das Glashausexperiment genau den erwarteten Verlauf nahm. Aber leider war es eben nur das: ein Glashausexperiment. Zweifellos bot es ein eindrucksvolles Beispiel für rasanten evolutionären Wandel, aber es war lediglich bedingt auf das Freiland übertragbar. Die Tiere wurden täglich gefüttert, es regnete nie, alle anderen Bewohner des Regenwaldes fehlten ... So eindrucksvoll Endlers künstliche Flusslandschaft aussah – das war kein natürliches Setting.

Teil eins von John Endlers Plan hatte funktioniert, im Jahr 1976 folgte dann Teil zwei. Bei seinen Ausflügen in den Regenwald hatte Endler am Oberlauf des Aripo River ein Becken entdeckt, das zwar Bachlinge, aber weder Barsche noch Guppys zu enthalten schien. Er besuchte die Stelle mehrmals, um sich jedes Mal aufs Neue zu vergewissern. Als er sich schließlich sicher war, dass es in dem Pool keine Guppys gab, fing er in einem nahe gelegenen Becken, das voller gefräßiger Hechtbuntbarsche war, einen Haufen farbloser Guppys und setzte zweihundert von ihnen in den von ihm erkundeten Bachling-Pool.

Es war das erste Mal, dass ein solches Experiment im Freiland gestartet wurde. Endler konnte nicht wissen, wann oder ob es überhaupt Ergebnisse liefern würde, aber, so Jonathan Losos, »er besaß die Kühnheit zu denken, dass ein Evolutionsexperiment funktionieren könnte«.[21]

Und das tat es. Als John Endler keine zwei Jahre später zurückkehrte, fand er eine Guppypopulation vor, die sich ausschließlich nach dem Geschmack der Weibchen entwickelt hatte. Mit deutlich mehr und größeren bunten Farbflecken hatten die Männchen in Abwesenheit ihrer schlimmsten Feinde genau die Richtung eingeschlagen, die Endler erwartet und erhofft hatte. Und die Entwicklung verlief mindestens so schnell wie in seinem Glashaus in Princeton.[22]

Endlers Forschung beeindruckte nicht nur den jungen Jonathan Losos. Nach einem von Endlers Vorträgen, diesmal in Philadelphia, zeigte sich ein junger Doktorand namens David Reznick sehr interessiert, ein weiterer Reptilien- und Naturfan, der seine Sommerferien vorzugsweise in Zeltlagern unter freiem Himmel verbracht hatte, ein *boy naturalist*, wie Losos und Endler es auch früher gewesen waren.[23] Reznick beschäftigten zwar ganz andere Fragen, er sah aber nach Endlers Vortrag zum ersten Mal eine Möglichkeit, seine Ideen mithilfe der Guppys und Endlers Methodik im Freiland zu testen.

Es ging ihm um Merkmale der sogenannten *life history*, ein Begriff, der kaum ins Deutsche zu übersetzen ist. Im Mittelpunkt steht die Frage: Wie verteilt ein Lebewesen die begrenzten Ressourcen, die ihm zur Verfügung stehen, auf bestimmte entscheidende Lebensphasen? Setzt es auf schnelles Wachstum, frühe Geschlechtsreife und Fortpflanzung, auf hohe Nachkommenzahlen bei geringer elterlicher Fürsorge – oder auf das Gegenteil?

Die Theorie sagte ziemlich klar voraus, welche *Life-history*-Charakteristika angesichts der verschiedenen Lebensumstände der Guppys zu erwarten waren. Standen sie unter starkem Druck durch Räuber, sollten sie ein Leben auf der Überholspur führen, das heißt schnell, in jungen Jahren, zur Fortpflanzung kommen, und das möglichst oft, um das Risiko zu verteilen. Angesichts der Bedrohung durch Hechtbuntbarsche war es unwahrscheinlich, dass diese Guppys ein hohes Alter erreichen würden, also war damit zu rechnen, dass sie versuchten, diesen wichtigsten aller Lebensprozesse möglichst schnell hinter sich zu bringen.

Ganz anders die Fische, die weiter flussaufwärts lebten und nur einer geringen Gefahr durch Fressfeinde ausgesetzt waren. Für sie ergab es Sinn, sich insgesamt mehr Zeit zu lassen, denn ihre Chance, älter zu werden, war viel größer. Sie sollten, so die Theorie, zunächst vor allem in ihr eigenes Wachstum investieren, um dann mithilfe ihrer größeren Körpermasse deutlich mehr Nachkommen erzeugen und sich besser um sie kümmern zu können.

Unter dem Strich sagte die Theorie also voraus, dass ein und dieselbe Tierart je nach Umständen zwei ganz unterschiedliche Lebensstrategien verfolgen sollte. Endler fand diese Fragen sehr interessant und sah darin eine ideale Ergänzung seiner eigenen Forschung. Als die beiden Männer während des abendlichen Dinners nach dem Vortrag ins Gespräch kamen, lud Endler Reznick ein, nach Trinidad zu kommen, um seine theoretischen Überlegungen vor Ort an den Guppys zu überprüfen.

Sie trafen sich schon im März des nächsten Jahres in einer Forschungsstation in der Northern Range Trinidads. Anhand einer Karte, in die Endler seine Beobachtungen eingetragen hatte, wählten sie jene Pools, mit und ohne Räuber, aus, in denen sich eine Untersuchung lohnen könnte. Dann legte Reznick los. Im ersten Sommer analysierte er sechzehn Populationen und fand beträchtliche Unterschiede, die genau seinen theoretischen Voraussagen entsprachen. Indem er nun markierte Fische in unterschiedlichen Becken freiließ, bestimmte er gewissermaßen deren Lebenserwartung – die enorme Bedrohung, in der viele der winzigen Fische leben, wurde plötzlich konkret und greifbar: Die Chance, in Gegenwart von Buntbarschen ein halbes Jahr lang zu überleben, betrug für Guppys nur ein mageres Prozent – 99 von 100 Fischen waren nach sechs Monaten tot. Teilten sie ihren Pool nur mit Bachlingen, lag ihre Überlebenswahrscheinlichkeit fünfundzwanzig Mal höher.

Reznick untersuchte auch die Tiere aus Endlers erstem Freilandexperiment, in dem dieser blasse Guppys aus einem Hochrisikopool in einen ohne Raubfische umgesetzt hatte, und stellte fest, dass die Fische mittlerweile nicht nur ein buntes Fleckenmuster aufwiesen, sondern auch ihre gesamte Lebensstrategie auf die Bedingungen mit geringerem Risiko umgestellt hatten. Der Biologe ließ nun eigene Experimente folgen. Mal setzte er die Guppys in neue Pools um, mal die Raubfische, und jedes Mal änderten sich die *Life-history*-Merkmale der Tiere nach ein paar Wochen so, wie die Theorie es vorhergesagt hatte.

Reznick räumte schließlich auch ein großes Problem aus dem Weg, das wie ein Damoklesschwert über all diesen Experimenten geschwebt hatte: den Zweifel, ob es vielleicht gar nicht Evolution war, was sie da sahen, ob die Tiere vielleicht nur auf unterschiedliche Umweltsignale reagierten, die sie auf jeweils andere Lebenswege schickten – ein Phänomen namens »phänotypische Plastizität«, auf das wir später noch ausführlicher zurückkommen werden (s. Kap. 12).

Reznick sammelte Guppys aus unterschiedlichen Populationen mit bekannten Eigenschaften und setzte sie in Laboraquarien ohne bedrohliche Räuber. Die Fische konnten sich fortpflanzen. Jeder der geborenen Jungfische wurde aber in ein Einzelgefäß gesetzt, und alle zusammen wurden unter identischen Bedingungen aufgezogen – ein sogenanntes *Common Garden Experiment*. Das Resultat: Obwohl alle Fische in der gleichen Umwelt aufgewachsen waren, zeigten sie die voneinander abweichenden Eigenschaften ihrer Eltern. Die Unterschiede zwischen den verschiedenen Guppypopulationen wurden also tatsächlich vererbt und nicht durch Umwelteinflüsse ausgelöst.

John Endler und David Reznick hatten Evolution in Aktion dokumentiert. Sie zeigten: Wenn der selektive Druck stark genug ist, erfolgen evolutionäre Veränderungen auch bei Guppys innerhalb weniger Generationen.

Während John Endler sich später anderen Fragestellungen zuwandte, blieb David Reznick den Guppys über vier Jahrzehnte lang treu. Heute arbeitet sein Labor an der University of California in Riverside auch mit modernsten genetischen Methoden. Durch Sequenzierung ganzer Guppygenome versuchen sie, die genaue genetische Basis der verschiedenen Merkmale herauszufinden.

6
Zeiten des Überflusses, Zeiten des Hungers

In keinem Buch, das sich heute mit Evolution beschäftigt, darf eine angemessene Würdigung von Rosemary und Peter Grant fehlen, einem mit nahezu allen Auszeichnungen seines Fachs geehrten britischen Biologenehepaar, das mit seiner Forschung an der Princeton University Wissenschaftsgeschichte geschrieben hat. Sie nicht zu erwähnen, wäre in etwa so, als erzählte man eine Geschichte der Popmusik ohne die Beatles.

»Die Arbeit der Grants ist wahrscheinlich das wichtigste Forschungsprogramm in der Evolutionsbiologie des letzten halben Jahrhunderts. Es hat die Art, wie wir Evolution verstehen und wie wir sie untersuchen, völlig verändert. Vor ihnen hat niemand versucht, Evolution in Aktion zu erforschen – heute scheint es so, als ob alle das tun«, schrieb Jonathan Losos dem Wissenschaftsjournalisten Jonathan Weiner.[1] Dessen großartiges Buch *Der Schnabel des Finken*, in dem die Arbeit der Grants eine zentrale Rolle spielt, gewann vor über dreißig Jahren den Pulitzerpreis.[2] Losos fasste damit in Worte, was wohl alle seine Kolleginnen und Kollegen empfinden, wenn sie an das Forscherehepaar denken: *Oh ja, Rosemary und Peter Grant, natürlich – Chapeau!* Was die beiden geleistet haben, ist unglaublich. So vieles, was wir heute tun, fußt auf dem, was sie uns gezeigt haben: dass wir nur die Augen aufmachen und genau hinsehen müssen …

Die Grants, beide Jahrgang 1936 und heute hochbetagt, waren in ihren aktiven Zeiten allerdings keine Experimentatoren. Sie waren Beobachter und Protokollanten, Old School gewissermaßen. Sie und ihre Mitarbeiter haben feinmaschige Netze auf- und abgebaut, Fallen aufgestellt, mit Federwaage, Schublehre und Zirkel hantiert, Blutproben genommen, haben gemessen, gesammelt und gezählt, aufmerksam, gewissenhaft und mit unfassbar langem Atem. Mehrere Monate im Jahr verbrachten sie am gleichen unwirtlichen Ort, vier Jahrzehnte lang – es gibt kaum ein Forschungsvorhaben, das damit vergleichbar wäre. In der Biologie blieb in jener Zeit kaum ein Stein auf dem anderen. Völlig neue Labormethoden wurden entwickelt, und die beiden wussten das für ihre Arbeit zu nutzen. So einfach ihre Methoden im Freiland waren – sie mussten simpel sein, um unter den extremen Bedingungen, unter denen das Paar zu arbeiten gezwungen war, praktikabel zu bleiben –, im Labor in Princeton verwendeten die Grants die modernste verfügbare Technik.

Als sie 1973 zum ersten Mal an den Ort kamen, der sie dann ein Forscherleben lang nicht mehr loslassen sollte, wollten sie Verwandtschaftsbeziehungen entschlüsseln. Doch dann, wie ein unverhofftes Geschenk, vollzog sich vor ihren Augen ein faszinierendes Schauspiel: »Evolution in Echtzeit, Evolution in Fleisch und Blut«, wie Jonathan Weiner es nannte,[3] von einer Generation zur nächsten.

Hingabe an ihre nicht selten entbehrungsreiche Freilandarbeit ist etwas, das viele Evolutionsbiologen auszeichnet, ob sie nun Kettlewell, Majerus, Losos oder Reznick heißen. (Wir werden noch weitere kennenlernen.) Rosemary und Peter Grant haben diese Hingabe an einem Ort vorgelebt, der nicht nur unter Biologen einen legendären Ruf genießt, und ihr Interesse galt dort Tieren, die in der Öffentlichkeit und im Zusammenhang mit dem Evolutionsgeschehen geradezu Kultstatus geßen: den Darwinfinken der Galapagosinseln. Diese kleinen, eher unscheinbaren Vögel sollen es gewesen sein, die den großen Engländer auf die entscheidenden Gedanken gebracht haben – ein sich hartnäckig haltender Mythos, der seit Jahrzehnten widerlegt ist.[4] Denn Darwin erkannte die Bedeutung der Finken nicht. Er ordnete sie verschiedenen Vogelgruppen zu, ja er notierte nicht einmal, auf welcher Insel er welchen Vogel erlegt hatte, weil er es für ausgeschlossen hielt, dass die Tiere auf jeder Insel in unterschiedlicher Artenzusammensetzung vertreten sein könnten. Glücklicherweise waren sein Gehilfe Syms Covington und Robert FitzRoy, der Kapitän der *Beagle*, die eigene Sammlungen anlegten, sorgfältiger.[5] Erst John Gould, Kurator des Museums der Zoologischen Gesellschaft in London, dem Darwin seine Vogelbälge übergeben hatte, erkannte, dass sie alle nah verwandt waren. Er fasste sie in einer neuen Gattung zusammen, die er *Geospiza* nannte, und beschrieb schließlich dreizehn Arten.[6]

Als Jonathan Weiner die Grants Anfang der 1990er-Jahre kennenlernte – sie waren damals in ihren Fünfzigern –, beschrieb er sie als »fröhlich konzentriert, zurückhaltend, kompetent. Sie waren zudem sehr fit, um Darwins Wort zu gebrauchen. Das mussten sie auch sein, um all ihre Nahrungsmittel und das Wasser den Hang der Wüsteninsel hochzuschleppen.«[7]

Sie hatten sich für ihre Studien nicht etwa Santa Cruz ausgesucht, die Hauptinsel des Galapagos-Archipels, wo es Restaurants, Kneipen, Boutiquen, Strand und damit im oft monotonen Forscheralltag etwas Ablenkung gegeben hätte, auch nicht eine der anderen größeren Inseln des Archipels, die wenigstens landschaftliche Abwechslung geboten hätten. Sie wählten stattdessen einen wellenumtosten Felsklotz aus, acht Kilometer von Santa Cruz entfernt, einen kargen – um nicht zu sagen: trostlosen – Vulkankegel, 750 Meter lang und 120 Meter hoch.

Die Insel sieht aus wie eine riesige, umgekehrt auf die Wasseroberfläche gelegte Salatschüssel mit stark konkavem Boden. Ihr Name: Daphne Major.

Schatten bot hier nur eine Höhle oder eher ein Überhang, der den Grants als Lagerraum, Küche und Labor diente. Sie nannten ihn einen »Ort für kühle Reflexionen«[8] – auf Daphne Major wird es so heiß, dass man auf dem Vulkangestein Spiegeleier braten kann. Die Hänge der Insel sind »steil wie ein Dach«[9], nur oben auf dem Kraterrand ist es eben genug, um ein Zelt aufzustellen. Der Kraterboden, der für ein Lager besser geeignet wäre, war und ist für die Biologen tabu. Dort nisten Blaufußtölpel.

Auf der Südseite gibt das Meer bei Niedrigwasser ein kleines, mit Seepocken übersätes Plateau frei, die »Fußmatte« – der einzige Weg, um auf die Insel zu gelangen, sie wieder zu verlassen und Ausrüstung aus- und einzuladen, überall sonst sind die schroffen Klippen haushoch. Einfach ist der Landgang hier nie, denn anlegen kann man nicht; manchmal, wenn der Pazifische Ozean so gar nicht friedlich ist, wird es geradezu halsbrecherisch. »Häufig wird das Boot einige Meter über die Fußmatte geschleudert«, schreibt Weiner, der das Ganze miterleben durfte, »und sinkt dann in einem Schwung einige Meter unter diese Matte oder sogar noch tiefer – das hängt davon ab, wie der Ozean gestimmt ist.«[10] Die Kunst besteht darin, den richtigen Moment abzupassen und zu springen, wenn eine Welle das Boot nach oben treibt.

Trotz aller Hingabe haben das Forscherehepaar und seine Mitarbeiter und Assistenten die Anreisetage nicht selten verflucht. Hatten sie mitsamt ihrem Gepäck endlich festen Vulkanboden unter den Füßen, begann die Schlepperei. Allerlei Ausrüstung, darunter schwere Kisten mit Konserven, musste den Hang hinaufgeschafft werden, auch die *chimbuzos*, bis zu

100 Kilogramm schwere Fässer mit kostbarem Wasser, die auf dem Rücken getragen wurden – Schwerstarbeit.

Für die Zwecke der Grants war Daphne Major ideal. Sie führten auch auf anderen Inseln des Archipels zahlreiche Untersuchungen durch, Daphne Major und ihre Finken blieben aber stets im Zentrum ihres Interesses, trotz aller Beschwerlichkeiten. Die isolierte Lage der Insel verhinderte, dass Finken in größerer Zahl zu- oder abwanderten, was es schwierig oder gar unmöglich gemacht hätte, dort wirksame Umweltfaktoren mit möglichen Veränderungen der Finken in Beziehung zu setzen. Interessanterweise waren es dann aber doch zwei Zuwanderungsereignisse, die die Grants zu Zeugen aufregender und überraschender Entwicklungen machten. Wir werden gleich darauf zurückkommen.

Die Forschungen der Grants hatten viele Fragen und Probleme der Evolutionsbiologie zum Inhalt.[11] Wir konzentrieren uns im Folgenden vor allem auf eine Art der Darwinfinken, die oberflächlich einem Sperling ähnelt, den Mittel-Grundfink (*Geospiza fortis*), die häufigste Spezies auf Daphne Major. Um zu verstehen, was diesen kleinen Burschen in den vierzig Jahren widerfuhr, in denen sie auf der Insel zusammen mit dem Team der Grants tropische Sintfluten, glühende Hitze und verheerende Dürren durchlebten, müssen wir uns die Bewohner der Insel genauer ansehen.

Daphne Major ist klein, die ökologischen Verhältnisse sind daher vergleichsweise einfach. Im Grunde gibt es nur drei von Pflanzen besiedelte Lebensräume: der innere Hang zum Kratergrund, der äußere Hang, der zum Ozean abfällt, und auf der Südseite ein Gebiet mit flacherem Gefälle, das euphemistisch »Plateau« genannt wird. Keine sechzig Pflanzenarten wurden auf der Insel gezählt, die meisten davon selten. Am auffälligsten sind vielleicht die stachligen Opuntien, in denen die Finken ihre Nester bauen. In ähnlich überschaubarer Größenordnung liegt auch die Zahl der Insekten- und Spinnenarten.[12] Das ist wichtig, denn Pflanzensamen und Kleingetier, vor allem Schmetterlingsraupen, bilden die Nahrungsgrundlage der Finken. Die Raupen gibt es nur in der kurzen Regenzeit, wenn die Vögel ihre Jungen aufziehen. Samen werden dagegen das ganze Jahr über gefressen; in der Trockenzeit bilden sie die einzige Nahrung – das sind die Monate, in denen es für die Finken eng werden kann.

Ihre Zahl schwankte über die Jahre stark: Im Maximum waren es fast 1000 Vögel, doch meist lag ihre Zahl deutlich darunter und übertraf selten 150 Brutpaare. Doch egal, ob es wenige oder viele waren, die Grants kannten sie fast alle, jeder einzelne Fink war buchstäblich durch ihre Hände gegangen. Sie hatten sie in Netzen oder Fallen gefangen, sie nach allen Regeln der Kunst vermessen und eigenhändig nach einem ausgeklügelten Code mit farbigen Bändern beringt, um sie später auch aus der Ferne wiedererkennen zu können. Sie kannten ihr Alter und Gewicht, ihre Größe, ihre Flügelspannbreite und Beinlänge sowie Höhe, Breite und Länge ihrer Schnäbel. Sie wussten genau, was die Vögel fraßen, wo sich in der Brutzeit ihre Nester befanden und wie viele Jungvögel darin heranwuchsen. Aber das war noch nicht alles. Sie kannten auch ihre Familienverhältnisse, wussten von jedem einzelnen Vogel, wer Vater, Mutter und Geschwister waren, kannten Großeltern und Nachkommen, konnten auf Nachfrage ganze Stammbäume herunterbeten.

Sich ein derart umfassendes Bild von den Finken machen zu können, wurde nicht unwesentlich durch deren argloses Verhalten erleichtert, für das ja viele Tiere der Galapagosinseln bekannt sind. Während sie vor Eulen und Falken sofort Reißaus nahmen, störte sie die Anwesenheit von Menschen nicht.

»Sie setzen sich immer auf unsere Schultern, unsere Arme und unsere Köpfe«, erzählte Peter Grant. »Wenn ich einen von ihnen ausmesse, kommt es vor, dass andere auf meinem Handgelenk und meinen Armen landen, um zu beobachten, was ich da mache.« Dolph Schluter, ein Mitarbeiter, dem wir später noch in einem anderen Zusammenhang begegnen werden, konnte das nur bestätigen: »In Kenia fliegen die Finken bereits auf, wenn man sich ihnen bis auf dreißig Meter nähert; auf den Galapagosinseln hingegen landen sie auf dem Rand deiner Kaffeetasse. Wenn noch etwas Kaffee drin ist, landen sie sogar mittendrin und nippen daran. Man kann mit der Hand zugreifen und den Vogel ausmessen.«[13]

Viele Vogelarten erkennt man an ihren charakteristischen Gefiederfarben, Darwinfinken tragen jedoch alle mehr oder weniger dieselbe Mischung aus Schwarz, Grau- und Brauntönen. Die verschiedenen Grundfinkenarten sehen sich so ähnlich, dass Laien sie kaum auseinanderhalten können. Ihr wichtigstes Unterscheidungsmerkmal (abgesehen von ihrem Gesang) ist der Schnabel: Von schmal und spitz bis klobig ist alles vertreten.

Die enorme Vielgestaltigkeit der Vogelschnäbel – denken Sie an Storch und Papagei, an Specht und Flamingo, an Geier und Kolibri – ist das Ergebnis einer Spezialisierung auf eine bestimmte Nahrung. Wer eine Schraube oder Mutter lösen will, braucht das dafür geeignete Werkzeug, sonst wird die Aufgabe zu einer mühseligen Angelegenheit oder gar unmöglich. Genauso verhält es sich mit den Vogelschnäbeln. Ein Pelikanschnabel mit Kehlsack ist eine perfekte Ausrüstung, um Fische aus dem Wasser zu keschern, aber es ist so gut wie unmöglich, damit Insektenlarven aus der Rinde eines Baums zu pulen. Ein Adler dürfte kaum in der Lage sein, eine Raupe aufzupicken. Im Zuge der Ernährungsspezialisierung formte die

Evolution die Vogelschnäbel zu Präzisionsinstrumenten, die ihren Trägern jeweils als optimales Werkzeug dienen.

Die Grundfinken ernähren sich vor allem von Samen. Kleine Samen mit dünner Schale kann man einfach aufpicken und ganz verschlucken. Größere mit dicker, harter Schale aber muss man erst knacken, um an die nahrhaften Kerne zu kommen. Dafür wird ein deutlich größerer Schnabel mit kräftiger Muskulatur benötigt. Ein größerer Schabel erschließt seinem Besitzer also neue Nahrungsquellen; ein kleinerer taugt zwar nicht zum Öffnen der harten, großen Samen, erweist sich aber vielleicht als besser geeignet zum Aufpicken der kleinen.

Durch die Ausbildung unterschiedlich geformter Schnäbel wird das Samenangebot ihres Lebensraums gleichsam unter den verschiedenen Arten von Grundfinken aufgeteilt. Natürlich gibt es Überschneidungen im Nahrungsspektrum; da die einen sich aber auf kleine und die anderen eher auf große Samen spezialisiert haben, gehen sie bei gemeinsamem Vorkommen einer Konkurrenz untereinander weitgehend aus dem Weg, und jeder kommt auf seine Kosten.

Das Gleiche gilt auch innerhalb der Arten. Ob die Grants und ihr Team die Vögel nun aus ihren Kaffeetassen oder aus den feinen Netzen fischten, die sie jeden Tag auf- und rechtzeitig wieder abbauten, damit die gefangenen Vögel in der Hitze nicht kollabierten – sie vermaßen Tausende auf mehreren Inseln des Archipels, und was bei den unzähligen Messwerten ins Auge sprang, war die außergewöhnliche innerartliche Variabilität in vielen der Finkenmerkmale, vor allem in der Größe ihrer Schnäbel, die wie die Körpergröße in hohem Maße erblich ist. Diese Variabilität ging weit über das hinaus, was man von anderen Vögeln kannte. Schon der englische Vogelkundler David Lack, der 1947 eine berühmte Monografie über die Darwinfinken[14] veröffentlichte, war über diese Variabilität gestolpert: »Bei keiner anderen Vogelart sind die Unterschiede zwischen den Arten so schlecht definiert.«[15]

Die Mittel-Grundfinken auf Daphne Major waren diesbezüglich die Rekordhalter. Weiner führt folgenden Vergleich[16] an: Wollte man in einer Population der nah verwandten Spatzen nach einem Vogel suchen, dessen Schnabellänge nur 10 Prozent vom Durchschnitt abweicht, müsste man lange suchen. Nur 4 von 10 000 Tieren erfüllen dieses Kriterium. Bei den Mittel-Grundfinken auf Daphne Major war es jeder dritte, trotz einer relativ kleinen Population von nur wenigen Hundert Tieren. Auch innerhalb dieser einen Art gab es also Individuen, die größere hartschalige Samen fressen konnten, und andere, die gezwungen waren, mit den kleinen vorliebzunehmen. Systematische Beobachtungen der Vögel bestätigten das.

Varianten verringern bei begrenztem Nahrungsangebot die innerartliche Konkurrenz, vor allem sind sie aber das Material, mit dem die natürliche Selektion arbeitet. Wenn Umweltbedingungen sich ändern, kann eine hohe genetische und phänotypische Variabilität überlebenswichtig sein. Daphne Majors Mittel-Grundfinken (*G. fortis*) lieferten den Grants ein dramatisches Beispiel.

Niemandem, der diese Tiere nur oberflächlich und für eine kurze Zeit beobachtet hätte, wäre aufgefallen, was die langjährigen Messungen der Grants glasklar und zur Verblüffung der Fachwelt belegten: »die Tatsache, dass *fortis* nicht mehr die Gleichen sind wie vor 40 Jahren«[17] – Weiners »Evolution in Fleisch und Blut«.

Die Finken hatten sich verändert, und zwar auf eine für einen so kleinen Vogel durchaus drastische Weise. Verglichen mit dem Wert im Jahr 1973 waren ihre Schnäbel 2013 um fast 11 Prozent kleiner geworden.[18] Bezogen auf den größten gemessenen Wert betrug die Abnahme sogar mehr als 13 Prozent.

Was auch immer dahintersteckte, es betraf nur die Mittel-Grundfinken, denn die zweite Art, mit der *Geospiza fortis* auf Daphne Major koexistierte, der Kaktusgrundfink *Geospiza scandens*, zeigte keine Schnabelgrößenveränderung. Warum? Was war hier geschehen?

Da die Schnäbel betroffen waren, lag die Vermutung nah, dass diese Veränderung mit der Nahrung, also dem Samenangebot zu tun hatte. Und wie viele Samen Pflanzen produzieren, wie üppig die Blüte ausfällt, hängt nicht zuletzt davon ab, wie gut oder schlecht die Versorgung mit Wasser ist.

Die Niederschläge während der Regenzeit auf Daphne Major schwanken extrem. Im Jahr 1983 fielen über 1300 Millimeter, das ist mehr als das Doppelte der in Berlin üblichen Regenmenge. In solchen Jahren ist die Insel von üppig grünem Gestrüpp bedeckt, und es gibt Nahrung im Überfluss. Viel häufiger sind allerdings deutlich trockenere Jahre mit weniger als 200 Millimetern Niederschlag, sodass Daphne Major gegen Ende der Trockenzeit immer mehr einer Wüste gleicht. Die Vegetation ist daran angepasst. Die Bedingungen sind hart, die Nahrungssuche ist für die Finken mühsam, aber sie kommen über die Runden.

Nicht selten jedoch bleibt der Regen fast ganz aus. So geschehen im Jahr 1977, als in der gesamten Regenzeit nur 24 Millimeter fielen. Die Folgen waren katastrophal: kaum Pflanzenwachstum, fast keine Insekten, die Brut der Mittel-Grundfinken fand nicht statt. Von den 388 Nestlingen, die im Jahr davor, 1976, beringt worden waren, erlebte nur ein einziger das Jahr 1978, ein besonders stattliches Tier mit sehr großem Schnabel. Auch viele der ausgewachsenen Vögel starben. Nur 15 Prozent überlebten, aber die Mortalität verteilte sich nicht gleichmäßig auf alle Vögel. Sie betraf vor allem die kleinen.

Zu den Routinen der Grant'schen Untersuchungen gehörte

immer auch das Zählen der verschiedenen Samen. Und hier zeigte sich der Grund, warum die größeren Vögel so viel besser mit der Dürre zurechtkamen. Der Vorrat an Samen war insgesamt stark zurückgegangen, die kleinen waren schon im Juni 1976 so gut wie aufgebraucht, und da 1977 infolge der Dürre kaum neue dazukamen, bestand das Angebot in jenem Jahr praktisch nur noch aus großen, hartschaligen Samen, die ausschließlich von großen Vögeln mit kräftigen Schnäbeln gefressen werden konnten. Die kleinen verhungerten.

Im Ergebnis machte die durchschnittliche Schnabel- und Körpergröße der Mittel-Grundfinken von einem Jahr auf das nächste einen deutlichen Sprung und blieb dann auch in den Folgejahren auf diesem hohen Niveau. Die Dürreüberlebenden hatten ihre Eigenschaften an ihre Nachkommen weitergegeben.

Die Rekordniederschläge im Jahr 1983 veränderten die Zusammensetzung des Samenangebots. Über etliche Jahre gab es nun kleine, weichschalige Samen in großer Menge, und im Verlauf von zwei Jahrzehnten schrumpfte die Durchschnittsgröße der Schnäbel sogar unter das Ausgangsniveau von 1973. »Wir lernten, dass die Selektion die Richtung ändert.«[19]

Dass die Schnabelgröße der Mittel-Grundfinken auch nach der Jahrtausendwende immer kleiner wurde, hatte aber noch einen anderen Grund. Anfang der 1980er-Jahre war eine neue Finkenart auf Daphne Major eingetroffen, deutlich größer als *Geospiza fortis* und mit einem Schnabel, der fast die gesamte vordere Kopfhälfte einnahm: *Geospiza magnirostris*, der Großgrundfink.

Auch in den Vorjahren hatte es immer mal wieder einen von ihnen nach Daphne Major verschlagen. Großgrundfinken kamen auf den größeren Nachbarinseln vor. Aber so plötzlich, wie sie aufgetaucht waren, waren sie stets wieder verschwunden.

Diesmal waren sie jedoch gekommen, um zu bleiben. Sie, das waren zwei Weibchen und drei Männchen. Sie begannen zu brüten und produzierten siebzehn Nestlinge, von denen nur drei überlebten, darunter ein Weibchen.

Es war klar, dass diese Vögel, sollten sie sich länger auf Daphne Major halten können, vor allem für die Mittel-Grundfinken mit großem Schnabel zu einem Problem werden würden. Denn sie knackten die großen Samen, die bisher exklusiv von den großen Mittel-Grundfinken ausgebeutet worden waren, schneller und effektiver und vertrieben die kleineren Konkurrenten von den Futterplätzen. Auf Inseln, auf denen beide Arten zusammen vorkamen, entwickelten die Mittel-Grundfinken gar keine so großen Schnäbel, denn diese Nische war bereits vom größeren und stärkeren Rivalen besetzt worden.[20] Und der machte sich nun auch auf Daphne Major breit. Das musste über kurz oder lang Konsequenzen haben.

In den ersten Jahren, als die Großgrundfinken noch selten waren, tat sich zunächst nichts. Doch Ende der 1990er-Jahre verdreifachte sich die Zahl der Neuankömmlinge von einem Jahr auf das nächste, und auch danach schwankte die Zahl der Brutpaare zwischen zwanzig und dreißig.

Es war dann eine weitere extreme Dürre in zwei aufeinanderfolgenden Jahren, 2003 und 2004, die das Schicksal der großschnäbligen Mittel-Grundfinken besiegelte und zu dem schon länger erwarteten Einbruch führte. Wieder protokollierten Rosemary und Peter Grant das Sterben um sie herum objektiv und ohne in das Geschehen einzugreifen, aber sicher nicht ungerührt.

Weil unter diesen Umständen und in Gegenwart von *Geospiza magnirostris* kaum einer der großschnäbligen Mittel-Grundfinken seine Eigenschaften vererben konnte, schrumpfte die durchschnittliche Schnabelgröße von *Geospiza fortis* innerhalb von nur einer Generation deutlich. Es war die größte Veränderung, die während der vierzig Forschungsjahre durch die Grants registriert wurde. Nach klimatischen Extremereignissen hatten sich auch die neuen Konkurrenten als starke Treiber der natürlichen Selektion erwiesen.

»Was für ein außerordentlicher Triumph für die Grants, Darwins Fußspuren gefolgt zu sein und gesehen zu haben, wie sich Darwins Prozess vollzog«, schrieb Jonathan Weiner, »nicht im Verlauf von Äonen, sondern im Verlauf von Wochen und Monaten – und auf Darwins Inseln, mit Darwins Finken.«[21]

7
Das flüssige Dutzend

Zeit spielt auch beim *Long-Term Evolution Experiment* eine entscheidende Rolle. Begründet wurde das LTEE, das Langzeit-Evolutionsexperiment, 1988 von Richard Lenski an der University of California. Als Lenski wenige Jahre später nach Michigan an die dortige State University wechselte, zog auch das LTEE um. Das war kein großes Problem. Das Experiment besteht nur aus zwölf handlichen Glaskolben, in denen sich jeweils 10 Milliliter eines Nährmediums befinden. Beim LTEE geht es um die Evolution von Bakterien, genauer gesagt von *Escherichia coli*, dem wohl bestuntersuchten Organismus der Erde.

Im Mai 2020 gab Lenski bekannt, dass er seine mittlerweile berühmten Schützlinge an Jeffrey Barrick von der University of Texas in Austin übergeben werde. Da dieser 2025 wiederum an die Michigan State University wechselte und die Kolben natürlich mitnahm, ist das LTEE inzwischen mehrfach quer durch die Vereinigten Staaten gereist, ohne Schaden zu nehmen – ein Großexperiment im Aktentaschenformat.

Praktischerweise kann man die Kulturen auch einfrieren und wieder auftauen. So geschehen im März des COVID-19-Pandemie-Jahres 2020. Lenski entschloss sich damals, auf die Stopptaste zu drücken, weil für ihn nicht ausreichend gewährleistet war, dass die Kulturen, die mit jedem Jahr, das verging, wertvoller wurden, während der Pandemie zuverlässig versorgt würden. Viel war ja nicht zu tun, um das Experiment am Laufen zu halten; eines war aber unter allen Umständen sicherzustellen: Jeden Tag, auch in den Ferien und an Wochenenden, mussten 0,1 Milliliter der alten Kulturen in einen neuen Kolben übertragen werden, der mit 9,9 Millilitern frischen Mediums gefüllt war. Und alle 75 Tage, das entspricht etwa 500 Bakteriengenerationen, wurde der Rest der alten Kultur bei minus 80 Grad Celsius eingefroren, um fortan als Back-up und Archiv zu dienen.[1] Das konsequent durchzuhalten, war manchmal schon unter normalen Umständen eine Herausforderung; unter Coronabedingungen drohte es zu einer Art Vabanquespiel zu werden. Wer konnte garantieren, dass nicht eines Tages das gesamte Laborteam krank oder das Chaos so groß sein würde, dass sich niemand zuständig fühlen und die Beimpfung der neuen Kolben einfach vergessen würde? Das Risiko war Lenski zu groß.

Doch die Unterbrechung währte nur ein paar Monate. Noch im September des gleichen Jahres wurden die Kulturen wieder aufgetaut, und das Experiment wurde bei konstant 37 Grad Celsius fortgesetzt. Wenn dieses Buch erscheint, läuft das Projekt im 38. Jahr; im August 2024 teilten sich die *E.-coli*-Zellen zum 80 000. Mal. Bald wird das LTEE die 40 Jahre der Grant'schen Studien auf dem Galapagos-Archipel übertreffen.

Wegen ihrer kurzen Generationszeiten und der hohen Anzahl an Individuen auf kleinem Raum sind Mikroben als Versuchsorganismen für Evolutionsexperimente sehr beliebt, und es gibt zahlreiche weitere Experimente dieser Art. Wollte man die 80 000. Generation der berühmten Minifliege *Drosophila melanogaster* erleben, müsste man mehr als 1000 Jahre warten, für 80 000 Mäusegenerationen noch zehnmal länger, bei großen Tieren wie dem Menschen bräuchte es Jahrmillionen.

Wenn man den Evolutionsverlauf von vielen Individuen über viele Generationen hinweg beobachten will, gibt es zu

Mikroben keine Alternative. Und genau darum ging es Lenski bei seinem langfristigen Evolutionsexperiment: Ohne in irgendeiner Weise in den Prozess einzugreifen, wollte er verfolgen, welchen Verlauf die Evolution der zwölf *E.-coli*-Populationen nehmen würde. Er fragte sich: Würde es in allen Kolben dieselbe Entwicklung sein, oder würde jede Population eine eigene Richtung einschlagen? Gesetzt den Fall, es käme zu einer verbesserten Anpassung: »Verläuft die Verbesserung immer langsam und schrittweise? Oder gibt es auch in einer konstanten Umgebung Phasen der schnellen Veränderung und der Stagnation? Wie lange kann sich die Fitness in einer unveränderlichen Umgebung weiter verbessern?«[2]

Für das US-amerikanische Wissenschaftsjournal *Science* war Richard Lenski der »Mann, der Evolution in Flaschen füllte«.[3] Der Biologe hatte Vorstudien durchgeführt, die nur mehrere Hundert Bakteriengenerationen dauerten, und die Dynamik, die er dabei beobachtet hatte, ermunterte ihn zu einem solchen Langzeitexperiment. »Vielleicht war ich mir meiner Sache zu sicher«, sagte er, »aber ich war doch sehr zuversichtlich, dass die Ergebnisse – wie immer sie aussehen mochten – cool sein würden.« Er sollte recht behalten, cool sind sie bislang auf jeden Fall, wobei ihm, wie den Grants, ein rasanter Fortschritt der Molekularbiologie und Bioinformatik zugutekam, mit dem niemand zu Beginn des Experiments hatte rechnen können. »Neue Technologien – wow, das Sequenzieren ganzer Genome – retteten das LTEE.«[4]

Die Herausforderung, die die LTEE-Bakterien bis heute zu bewältigen haben, besteht in der Zusammensetzung des Mediums. Der verwendete *E.-coli*-Stamm (REL606) kann nur den Zucker Glukose als Energie- und Kohlenstoffquelle nutzen, doch davon spendierten ihnen Richard Lenski und seine Mitarbeiter nicht viel: 25 Milligramm pro Liter. Und ihre Nachfolger setzen das natürlich fort. Allzu bequem wollte man es den Bakterien nicht machen. In den Kolben herrscht Mangel, mit dem Ergebnis, dass die Zellen nur sechs Stunden und nicht einmal zwei Teilungen benötigen, um die im Medium vorhandene Glukose restlos zu verbrauchen. Sie teilen sich dann nicht weiter und befinden sich in Wartestellung – bis »einige« von ihnen[5] durch die helfende Hand eines Menschen in frisches glukosehaltiges Medium umgesetzt werden. Diese zyklischen Veränderungen der Glukosekonzentration sind neu für die verwendeten *E.-coli*-Zellen, eine ungewohnte Umgebung. Finden sie Mittel und Wege, um ihre Performance zu verbessern, etwa indem sie effektiver und sparsamer mit der begrenzten Glukosemenge umgehen?

Die Mittel-Grundfinken, die mit Dürreereignissen und verändertem Nahrungsangebot konfrontiert wurden, konnten darauf reagieren, weil sie mit einer hohen Variabilität und damit vielen genetischen Varianten gesegnet waren. Ganz anders die *E.-coli*-Zellen in Richard Lenskis LTEE. Sie sind alle aus einer einzigen Bakterienkolonie hervorgegangen und waren deshalb zu Versuchsbeginn genetisch identisch. An den Start gingen 1988 zwölf Teilpopulationen eines Klons.

Im Zuge der geschlechtlichen Fortpflanzung höherer Organismen wird das Genom in jeder Generation neu gemischt, schon allein dadurch, dass Mutter und Vater über Eizelle und Spermium jeweils die Hälfte zum Genom ihrer Nachkommen beisteuern. Bakterien vermehren sich aber in der Regel ungeschlechtlich durch einfache Zellteilung, aus der zwei identische Tochterzellen hervorgehen. Genetisch bleibt also nach der Teilung alles beim Alten, neu gemischt wird hier nichts. Es gibt nur einen Weg, auf dem in den Kolben des LTEE neue genetische Varianten entstehen können: durch Mutationen. Sie entstehen vor allem durch Kopierfehler bei der Verdopplung der DNA.

Wie nicht anders zu erwarten, verschwendeten die *E.-coli*-Zellen des LTEE keine Zeit. Der Fitnessvergleich – wie schnell vermehren sich die Zellen im Vergleich zur Ausgangspopulation? – ergab schon nach 2000 Teilungen (300 Tagen) einen deutlichen Zugewinn von im Durchschnitt 37 Prozent.[6] Außerdem waren die Zellen größer geworden. Drei Jahre später, nach 10 000 Teilungen,[7] hatte sich daran nur wenig geändert. Offenbar hatten die Zellen in der ungewohnten Umgebung des Experiments zu Beginn einen starken Selektionsdruck erfahren, der dann aber im weiteren Verlauf bei stets gleichbleibenden Bedingungen nachließ.

Die Fitness stieg jedoch, wenn auch langsam, weiter an. Nach der 50 000. Teilung vermehrten sich die Zellen um 70 Prozent schneller als der Ausgangsstamm, und das in einer nach wie vor konstanten Umgebung. Früher war man der Meinung gewesen, dass die Fitness bei der Anpassung an eine neue Umwelt irgendwann ein Maximum erreichen würde, einen »Fitness-Peak«, bei dem die evolutionäre Entwicklung gewissermaßen zum Stillstand käme. Doch im LTEE deutete nichts darauf hin. Bei Richard Lenski und anderen beteiligten Wissenschaftlern reifte die gegenteilige Erkenntnis: »Ich denke, dass die Fitness durchaus noch eine Million Jahre lang weiter zunehmen könnte.«[8]

An Mutationen, die die *E.-coli*-Zellen in diesen ersten Jahren erfahren hatten und die letztlich die Quelle ihrer fortwährenden Verbesserung darstellten, herrschte kein Mangel. Ihre Zahl war astronomisch. In allen zwölf Bakterienpopulationen waren es jeweils etwa zwei Milliarden. Das bedeutet, dass jede einzelne Punktmutation, also der Austausch eines beliebigen Buchstabens der DNA durch einen anderen (eines Basenpaars durch ein anderes), mehr als hundert Mal erfolgt war. Dazu kamen noch komplexere Mutationen, bei denen zum Beispiel DNA-Abschnitte weggefallen oder vervielfältigt worden waren.[9]

In der Hälfte der Kolben traten Mutationen auf, die die Fähigkeit der Zellen zur DNA-Reparatur beeinträchtigten. Auch Bakterienzellen besitzen ausgeklügelte Mechanismen, um Fehler in der DNA, zum Beispiel Strangbrüche oder falsche Basenpaarungen, zu erkennen und zu korrigieren. Die enorme Zahl an Mutationen, die trotzdem auftreten, zeigt, dass diese Reparaturmechanismen alles andere als perfekt arbeiten, doch ohne sie läge die Zahl an Mutationen noch erheblich höher und könnte sogar die Stabilität des DNA-Moleküls gefährden. Die in einigen Kolben des LTEE aufgetretenen Veränderungen führten denn auch zu sogenannten Mutatoren, zu Bakterienstämmen, deren Mutationsrate um Größenordnungen über der der anderen Populationen lag.[10]

Zwischen den zwölf Kolben gab es weitere Unterschiede, aber mit dem Fortgang des Experiments wurden sie immer stärker ausgeglichen. Als Richard Lenski im Jahr 2011 auf 50 000 Bakteriengenerationen zurückblicken konnte, war er erstaunt, wie ähnlich die Entwicklung in den zwölf Parallelversuchen verlief. »Zu meiner Überraschung war die Evolution ziemlich wiederholbar. Obwohl sich die Abstammungslinien in vielen Details sicherlich unterschieden, war ich beeindruckt von den parallelen Verläufen ihrer Evolution.«[11]

Stellen Sie sich vor, es ist Samstag und Sie müssen sich, anstatt auszuschlafen, an einem ungemütlichen Wintertag aus dem Bett quälen, weil man ausgerechnet Sie dazu auserkoren hat, an Ihrer Arbeitsstelle ein paar unaufschiebbare Dinge zu regeln. Vermutlich wären Sie alles andere als begeistert. Sie haben eine anstrengende Arbeitswoche hinter sich – und es ist schließlich Wochenende.

So muss es auch Tim Cooper ergangen sein, als er sich an einem kalten Januarsamstag des Jahres 2003 im Schneegestöber auf den Weg ins Labor machte. Er hatte LTEE-Dienst, da war nichts zu machen, und normalerweise übernahm er die Aufgabe ja auch gern. Er war Teil eines mittlerweile weltberühmten Experiments, das zu diesem Zeitpunkt bereits seit vierzehn Jahren lief. Was zu tun war, hatte er schon oft getan: immer derselbe Ablauf, dieselben Handgriffe, Routine. Doch an diesem denkwürdigen Tag sollte es anders kommen.[12]

Im Labor angekommen, machte er sich sofort an die Arbeit, ging zum Inkubator, um die Kolben zu entnehmen, und stellte die ersten beiden, nicht ohne ihren Inhalt prüfend zu mustern, auf das Tablett, mit dem er sie gleich hinüber zur Arbeitsfläche tragen würde. Durch die vielen Bakterienzellen darin musste das Medium nach einem Tag leicht getrübt sein, nicht zu viel und nicht zu wenig. Jede Abweichung deutete auf irgendeine Störung hin. Aber eine solche hatte er bislang noch nie erlebt.

Bis er an diesem Tag den dritten Kolben in die Hand nahm, der völlig aus der Reihe fiel: Sein Medium war viel zu trüb. Da stimmte etwas nicht, vermutlich eine Kontamination. Bei aller Sorgfalt – es kam manchmal vor, dass irgendein unerwünschtes fremdes Bakterium den Weg in einen der Versuchskolben fand und sich dort explosionsartig vermehrte, und für diesen Fall gab es eine Vorschrift, wie man vorzugehen hatte. Nach dem Ansetzen des neuen Kolbens wurde der alte samt Inhalt für genau solche Fälle noch im Kühlschrank aufbewahrt. Anstatt also 0,1 Milliliter aus dem offenbar kontaminierten Kolben zu entnehmen, pipettierte Tim Cooper diese winzige Menge aus dem gekühlten Rest vom Vortag und füllte sie in einen bereitstehenden Kolben mit frischem Medium. Wahrscheinlich war die Kontamination gestern passiert, und indem er das Ganze wiederholte, wurde sie gleichsam übersprungen.

Doch als Cooper am Sonntag wiederkam, war das Medium im neu angesetzten Kolben ebenfalls trüb. Bei der Betrachtung einer Probe unter dem Mikroskop sah er allerdings keine fremden Eindringlinge, sondern nur *E.-coli*-Zellen. Das war merkwürdig. Der Biologe wurde langsam unruhig.

Auch für diesen Fall – den Fall einer Kontamination, die womöglich unbemerkt schon länger bestanden und erst mit Verzögerung zu einer Massenvermehrung geführt hatte – gab es ein Handlungsprotokoll. Dafür musste auf das letzte turnusmäßig eingefrorene Medium zurückgegriffen werden. Es war vor drei Wochen schockgefroren worden und nun Teil ihrer *frozen fossil records*, des »Archivs«, in dem jede 500. Bakteriengeneration des LTEE aufbewahrt wird. Mit diesem Trick hatten sie bisher sogar die hartnäckigste Verunreinigung in den Griff bekommen.

Es dauerte eine Weile, dann trübte sich dieser Kolben ebenfalls. Mittlerweile war natürlich nicht nur Tim Cooper involviert: Alle Labormitarbeiter waren neugierig geworden. Sie führten einige Kontrolluntersuchungen durch, dann war klar, dass hier gar keine Kontamination vorlag. Die Trübung wurde von den *E.-coli*-Zellen selbst verursacht, die sich ungewöhnlich stark vermehrt hatten. Etwas Vergleichbares hatte es in all den Jahren des LTEE noch nie gegeben, und es hat sich auch danach bis heute nicht wiederholt. Ein ganz außergewöhnliches, seltenes Ereignis hatte stattgefunden. Die Zellen evolvierten die ganze Zeit, aber in diesem einen Kolben hatten sie sich plötzlich, als hätte jemand einen Schalter umgelegt, derart verändert, dass sie im gleichen Medium wie zuvor eine viel größere Zellzahl erreichen konnten. Mit Glukose allein wäre das unmöglich gewesen. Die Zellen mussten einen Weg gefunden haben, einen anderen Bestandteil des Mediums als Kohlenstoffquelle zu nutzen, und dafür kam eigentlich nur das relativ hochkonzentrierte Zitrat infrage, ein Abkömmling der Zitronensäure. In Gegenwart von Sauerstoff war *E. coli* normalerweise nicht dazu in der Lage, Zitrat abzubauen, und obwohl an diesem Bakterium seit Jahrzehnten in vielen Laboren der Welt geforscht wurde, war nur ein einziger derartiger Fall dokumentiert.[13]

Das LTEE – beziehungsweise ein Teil seiner Bakterien – hatte den großen Coup gelandet. Der Generationszähler stand bei ungefähr 31 500. Es ist nicht leicht, einen Vergleich oder eine Analogie zu finden, die verständlich macht, was für eine fundamentale Veränderung diese neue Fähigkeit für ein Bakterium wie *Escherichia coli* bedeutet. Sich plötzlich von einer ganz anderen und in der Umwelt viel häufigeren chemischen Substanz »ernähren« zu können – ist das vergleichbar mit Löwen, die plötzlich anfangen, die Blätter von Sträuchern abzufressen? Nein, das geht dann doch zu weit. Vielleicht dies: Ein Insekt, dem nur eine einzige seltene Pflanzenart schmeckte und das deshalb selbst selten war, sattelt plötzlich auf eine Allerweltspflanze um, auf Löwenzahn oder Brennnessel, und setzt zur Massenvermehrung an.

Einem Mitarbeiter von Richard Lenski, Zachary Blount, blieb es vorbehalten, mittels einer langwierigen, geradezu kriminalistischen Spurensuche herauszufinden, wann und was genau hier geschehen war.[14] Das »LTEE-Zellarchiv«, die *frozen fossil records*, war dabei eine unschätzbare Hilfe. Wie viel Arbeit dahintersteckte, kann man vielleicht ermessen, wenn man sich das Foto von Zack Blount in *Science* ansieht.[15] Der junge Mann sitzt da in Meditationshaltung im Labor vor einem riesigen, deckenhohen, in Tempelform aufgestapelten Berg von Petrischalen. Es müssen viele Tausend sein, und sie alle waren nötig, um das Rätsel zu lösen.

Wie gesagt: Ein vergleichbares Ereignis hat es im LTEE seitdem nicht wieder gegeben. Die Bakterien evolvieren weiter langsam, aber stetig vor sich hin und verbessern ihre Fitness, Zitrat verwertende Zellen gibt es aber nach wie vor nur in diesem einen Kolben. Der alte, auf Glukose angewiesene *E.-coli*-Typ (»Cit-«) schrumpfte darin auf eine kleine Minderheit, um dann zwischen den Generationen 43 500 und 44 000 auszusterben.[16]

Wir können und müssen Zachary Blounts detektivischer Spurensuche hier nicht in allen Einzelheiten folgen.[17] Aber eines sollten wir festhalten: Der sogenannte Cit+-Phänotyp ist nicht das Ergebnis einer einzigen Mutation. Wäre dies möglich, hätte er angesichts der enormen Zahl von Mutationen, die sich in den Bakterienzellen entwickeln, früher und häufiger auftreten müssen.

Blount gelang es in jahrelanger Arbeit, die finale Ursache zu finden – nicht zuletzt dadurch, dass er sich einer Technik bediente, die in der Gründerphase des LTEE noch gar nicht existiert hatte: der DNA-Sequenzierung. Das ausschlaggebende Ereignis war eine Genduplikation, die Verdopplung eines 2933 Basenpaare langen DNA-Abschnitts. Sie war letztlich entscheidend für die neu gewonnene Fähigkeit, Zitrat in Gegenwart von Sauerstoff zu verwerten. Allerdings war ihr Effekt anfangs nur gering gewesen. Sie war bereits in 1500 Generationen der Population präsent gewesen, bevor Tim Cooper den trüben Kolben in der Hand hielt. Was hatte folgen müssen, damit der zunächst noch unvollkommenen Anlage der beobachtete Durchbruch gelang, waren weitere Mutationen, die die Fähigkeit der Zitrat-Verwertung optimierten.

Was aber fast noch wichtiger war: Dass die entscheidende Mutation in genau diesem einen Kolben erfolgte, lag daran, dass in ihm, und nur in ihm, schon lange vorher, etwa bei Teilung 20 000, eine andere Mutation stattgefunden hatte, die Cit+ überhaupt erst möglich gemacht hatte.[18] Vielleicht war sie neutral oder nur geringfügig von Nachteil gewesen, sodass der Selektionsdruck nicht ausreichte, um sie wieder aus der Population zu entfernen. Wahrscheinlicher ist aber, dass sie den Zellen auch damals schon einen Vorteil verschafft hatte. Die Selektion belohnt Merkmale nicht deshalb, weil sie möglicherweise in ferner Zukunft einmal helfen könnten, neue Türen zu öffnen. Es zählt nur der Selektionsvorteil im Moment.

Komplexe Merkmale entstehen im Laufe der Evolution in einer stufenförmigen Abfolge, nur selten als einmaliger Geniestreich. Mehrere Mutationen müssen in einer bestimmten Reihenfolge nacheinander eintreten, damit Großes entstehen kann. Insofern können einzelne Mutationen, die in einer Population auftreten, zum Beispiel nur in einem Kolben des LTEE und in anderen nicht, diese eine zu Sonderentwicklungen befähigen, die sie langfristig von anderen unterscheiden. Die Vorgeschichte entscheidet mit darüber, welche Merkmale für Mutationen überhaupt zugänglich sind. Zack Blount schreibt: »Angesichts der Bedeutung neuartiger Merkmale in der Evolution kann die Geschichte in der Tat eine große Rolle dabei spielen, welche zukünftigen Wege die Evolution wahrscheinlich einschlagen wird.«[19]

Das ist die eine Lektion. Die andere betrifft das Thema Voraussagbarkeit. Gleiche oder ähnliche Individuengemeinschaften wie die Bakterienpopulationen des LTEE werden unter den gleichen Umweltbedingungen ähnliche evolutionäre Entwicklungswege einschlagen. Alle zwölf *E.-coli*-Populationen entwickelten sich hin zu einem schnelleren auf Glukose basierenden Wachstum, zu größeren Zellen und kleineren maximalen Populationsgrößen. Sie zeigten ähnliche Veränderungen ihres Proteininhalts und ihrer Resistenz gegenüber bestimmten Viren. Mehrere der Populationen wiesen Mutationen in denselben Genen auf.[20]

Auf lange Sicht aber werden sie sich voneinander entfernen, die einen mehr, die anderen weniger, denn jeder Kolben weist einen eigenen Satz an Mutationen auf.

»Was wir also sehen, ist diese tiefe Spannung zwischen Zufall und Notwendigkeit«, sagte Richard Lenski in einem Interview, verbunden mit der Hoffnung, sein Experiment möge noch viele Wissenschaftlergenerationen weiterlaufen. »Beide Kräfte – das Zufällige und das Vorhersehbare sozusagen – ergeben zusammen das, was wir Geschichte nennen.«[21]

8
»Experimente auf Steroiden«

So beschrieb Jonathan Losos, was eine neue Generation von Evolutionsbiologen im beginnenden 21. Jahrhundert in Angriff nahm, ermutigt und inspiriert von Endler, Reznick, Lenski, dem Ehepaar Grant, ihm selbst und anderen. »Die experimentell arbeitenden Evolutionsbiologen von heute denken groß.«[1]

Zum Beispiel auf dem Gelände der UBC, der University of British Columbia im kanadischen Vancouver. Um evolutionäre Prozesse an Stichlingen zu untersuchen, ließ der Zoologe Dolph Schluter dort eine künstliche Seenlandschaft errichten: 20 rechteckige Teiche, jeder einzelne 25 Meter lang, 15 Meter breit und an einem Ende 6 Meter tief.

Zusammen mit seinem jungen Kollegen Rowan Barrett untersuchte Schluter hier unter anderem, wie Stichlinge in küstennahen kanadischen Seen überhaupt überleben konnten. Die Tiere stammen von noch heute existierenden marinen Stichlingen ab, die in den Seen regelrecht gefangen wurden, als sich die westkanadische Landmasse, erleichtert vom Gewicht der abgetauten Gletscher, vor wenigen Tausend Jahren hob. Auf dem Kontinent waren die Fische im Winter aber deutlich tieferen und im Sommer höheren Temperaturen ausgesetzt als im Meer. Die Frage, wie sie es geschafft haben, mit diesen deutlich schwierigeren Bedingungen umzugehen, ist heute, in Zeiten des Klimawandels, von großem Interesse.

Bevor der Freilandversuch begann, wurde im Labor die Temperaturtoleranz von Stichlingen aus dem Meer und aus Seen ermittelt. Es zeigte sich, dass beide Stichlingsgruppen gegen hohe Temperaturen ausgesprochen widerstandsfähig sind. Verglichen mit den marinen Fischen tolerieren aber die Seestichlinge einige Kältegrade mehr, und Zuchtversuche zeigten, dass diese Unterschiede in der Kältetoleranz auch an die Nachkommen vererbt werden.[2]

Wie ist es dazu gekommen? Könnten sich auch die heutigen Meeresstichlinge wie ihre Vorfahren vor einigen Tausend Jahren an die klirrende Kälte in Seen anpassen, und wenn ja, wie lange würde das dauern? Zwanzig Jahre, hundert oder noch länger?

Rowan Barrett fing in der nahe gelegenen Oyster Lagoon Meeresstichlinge und setzte jeweils 45 von ihnen in drei Versuchsteichen aus. Nach sechzig Tagen tauchten bereits die ersten Jungfische auf, die Stichlinge hatten ihr neues Zuhause angenommen. Zur großen Überraschung der Forscher dauerte es dann nicht lange, bis sich ein klarer Trend abzeichnete. Zwar hielten viele der aus dem Meer stammenden Fische die rauen Bedingungen der kanadischen Festlandwinter nicht aus und starben. Die Überlebenden und ihre Nachkommen erwiesen sich aber schon nach nur zwei Jahren als fast genauso kältetolerant wie ihre bereits seit Tausenden von Jahren in Seen lebenden Artgenossen.

Leider führte der Winter 2008/09, der härteste seit fast vierzig Jahren, zum vorzeitigen Ende des Experiments. Diese Rekordkälte war dann doch zu viel für die kleinen Fische – alle Stichlinge starben. An dem erstaunlichen Ergebnis der ersten Jahre änderte das jedoch nichts. Kältetoleranz unterliegt einer starken Selektion. Für die Fische geht es dabei buchstäblich um Leben oder Tod. Das Ergebnis: eine rasante Evolution. Marine Stichlinge verfügen auch heute noch »über eine ausreichende genetische Variation, um sich in bemerkenswert kurzer Zeit an Temperaturänderungen anzupassen«.[3]

Rowan Barrett wandte sich danach anderen Tieren zu, sorgte im mittleren Westen der USA für Furore und wurde in der Folge zu einem mehrfach preisgekrönten Shootingstar innerhalb der evolutionsbiologischen Community. Heute leitet er als Professor eine eigene Arbeitsgruppe an der renommierten McGill University in Montreal.

Im Jahr 2010 war Barrett noch einer der *»mouseketeers«*, der »Mausketiere«. So nannten die Einwohner einer kleinen Gemeinde im US-Bundesstaat Nebraska eine Gruppe von Wissenschaftlerinnen und Wissenschaftlern unter der Leitung von Barrett und der Harvard-Forscherin Hopi Hoekstra, die ausgerechnet in ihrer abgelegenen ländlichen Gegend ein aufwendiges Experiment durchführen wollten, das so noch nie versucht worden war – mit Hirschmäusen. Die Bewohner des 2000-Seelen-Städtchens Valentine fanden das zwar irgendwie cool, aber auch ziemlich verrückt. Doch »Mausketiere« und Einheimische lernten sich kennen und kamen schließlich erstaunlich gut miteinander aus. Das »E-Wort« – *Evolution* – fiel zwischen ihnen allerdings nur selten.[4]

Nebraska, gut halb so groß wie die Bundesrepublik Deutschland, wird von etwa zwei Millionen Menschen bewohnt. Kein europäisches Land hat auch nur annähernd eine so geringe Bevölkerungsdichte aufzuweisen. Der Staat ist geprägt von endlosen Feldern und viel hügeligem, menschenleerem Brachland; nur zwei Städte haben mehr als 100 000 Einwohner. Seit mehr als sechzig Jahren ist Nebraska fest in republikanischer Hand. Fast 90 Prozent der Einwohner sind weiß, die Hälfte gehört einer christlichen Religionsgemeinschaft an. Es kann daher kaum überraschen, dass ein Drittel der Menschen in Nebraska glaubt, alle Lebewesen seien genau so von Gott erschaffen worden, wie wir sie heute kennen. Ein weiteres Drittel ist davon überzeugt, dass so etwas wie Evolution existiert, allerdings nur nach Gottes Vorstellungen und Design. Für ein evolutionsbiologisches Großexperiment, das auf Akzeptanz und in gewissem Maße auch auf die Mitarbeit der Einheimischen angewiesen ist, bietet der Staat im Mittleren Westen der USA also ein recht schwieriges Umfeld.

»Am Anfang, als ich die Leute zum ersten Mal getroffen habe, habe ich über Genetik und natürliche Selektion gesprochen«, erzählt Rowan Barrett. »Das E-Wort habe ich nicht benutzt. Das ist eines dieser Triggerwörter, bei denen die Leute in manchen Teilen der Vereinigten Staaten aufhören, dir zuzuhören.«[5]

Die Hirschmäuse (*Peromyscus*), für die sich Rowan Barrett und die anderen »Mausketiere« interessierten, sind die häufigsten wild lebenden Säugetiere in den USA.[6] Der seltsame Name (engl.: *deer mice*) hat natürlich nichts mit irgendwie gearteten Geweihbildungen zu tun. Er soll sich auf das ähnliche Fellfarbmuster der Weißwedelhirsche beziehen, andere sagen: auf ihr Lauf- und Springverhalten. Offenbar weiß man es nicht genau. Bauch und Füße der Mäuse sind weiß, die Oberseite grau- bis rotbraun, auch der Schwanz ist auf der Unterseite weiß und oben braun, wobei, und das ist hier entscheidend, diese Fellfarbe variabel ist und sich von Lebensraum zu Lebensraum unterscheidet. Die Vermutung liegt nahe, dass diese Variabilität und die damit verbundene Anpassung im Laufe der Evolution entstanden sind, um die Tiere vor ihren Fressfeinden zu verbergen. Ähnlich wie beim Birkenspanner wären sie dann das Resultat einer am jeweiligen Standort wirkenden natürlichen Selektion durch optisch jagende Raubtiere, vor allem durch Raubvögel.

Feldversuche haben gezeigt, dass sich Merkmale wie die Farbflecke der Guppymännchen bei vielen Tierarten aufgrund natürlicher Selektion verändern können. Gleichzeitig identifizierten genetische Studien Gene, die sich auf das Erscheinungsbild, den Phänotyp, auswirken. Aber nur sehr selten konnte bisher beides miteinander verbunden werden. In Nebraska sollte genau das geschehen. Dank der enormen Fortschritte der Molekularbiologie verfügte man nun über geeignete Methoden, um zu versuchen, Evolution vom molekularen Geschehen im Zellkern über die Mechanismen, die zum veränderten Aussehen der Tiere führen, bis hin zu den Auswirkungen auf Fitness und Überleben seiner Träger in der Natur zu untersuchen, »den ganzen Prozess der Evolution durch natürliche Selektion«, wie Hopi Hoekstra es beschrieb. »*All in one.*«[7] Charles Darwin hätte sich einen solchen Forschungsansatz nicht einmal vorstellen können.

Allerdings war es, so der Wissenschaftsjournalist Ed Yong, ein echter Krampf, »*a pain in the ass*«.[8] Und das lag auch, aber bei Weitem nicht nur an den agilen Nagern.

Hirschmäuse sind in ganz Nordamerika verbreitet. Dass die Standortwahl für das Experiment auf den Nordwesten Nebraskas fiel, hatte mit den Sand Hills zu tun, einer aus flachen Sanddünen bestehenden Prärieregion mit besonderer Pflanzen- und Tierwelt, die landwirtschaftlich nicht viel hergibt und bis heute kaum genutzt wird. Der helle Quarzsand, der den Sand Hills ihren Namen gab, stammt aus den Rocky Mountains. Er wurde erst nach dem Ende der letzten Eiszeit vor ungefähr 8000 Jahren vom Wind hierhergetragen.

Die auf und in diesem Sand lebenden Hirschmäuse sind deutlich heller gefärbt als ihre Artgenossen auf den dunklen, landwirtschaftlich intensiv genutzten Böden weiter östlich – eine Anpassung, die erst nach der Bildung der Sand Hills entstand und deshalb nicht sehr alt sein kann.

Rowan Barrett hatte vor, auf dunklem und auf hellem Boden spezielle große Gehege zu errichten und darin dunkle und helle Mäuse freizusetzen. Klingt einfach, aber der Weg dahin war weit. In der Rückschau räumte er ein: »Jeder, der mit Mäusen gearbeitet hat, hätte so etwas wohl nie versucht.«[9]

Mäuse – und für die nordamerikanischen Hirschmäuse gilt das im Besonderen – sind klein, flink und gelenkig und können hervorragend klettern, springen und graben. Wenn man also plant, sie im Freiland in Gehegen einzusperren, aus denen sie nicht entkommen dürfen, ist das ein ambitioniertes Vorhaben, und es braucht dafür spezielle, um nicht zu sagen außergewöhnliche Vorkehrungen sowohl über als auch unter der Erdoberfläche. Mit einem einfachen Zaun ist es nicht getan.

Barrett hörte sich um, und das Ergebnis war zunächst alles andere als ermutigend. Andere Biologen hatten bereits etliche Versuche unternommen, Hirschmäuse in Gehegen einzusperren, und alle waren gescheitert. Doch dann fand er heraus, dass Wissenschaftler einer ganz anderen Fachrichtung schon eine Lösung gefunden hatten. Hirschmäuse sind Träger der auch für Menschen gefährlichen Hantaviren. Um medizinische Forschungseinrichtungen mit hantafreien Mäusen zu beliefern, hatte man in New Mexico garantiert ausbruchsichere Freilandkäfige entwickelt, in denen die Mäuse lange in Quarantäne gehalten werden konnten.

Die Lösung bestand in dünnen Stahlplatten, an deren glatter Oberfläche selbst die kletterfreudigsten Mäuse scheitern, anderthalb mal drei Meter lang, insgesamt drei Tonnen Metall, die mit Gabelstaplern und großen Pick-ups an die beiden Gehegestandorte transportiert werden mussten. Einer der Wagen wäre bei starkem Wind fast umgekippt.

Mit der Standortsuche für die Gehege hatten die Probleme schon angefangen. In den ungenutzten Sand Hills war ein passender Ort schnell gefunden, in den fruchtbaren Gegenden mit dunkler Erde gestaltete sich die Suche aber schwierig und drohte beinahe zu scheitern. Keiner der dort wirtschaftenden Farmer wollte auf 10 000 Quadratmeter wertvollen Ackerbodens verzichten, noch dazu für irgendwelche jungen Fremden, die nicht einmal einen Cowboyhut trugen und einer elitären Uni im weit entfernten liberalen Nordosten des Landes angehörten.[10]

Rowan Barrett hatte die Hoffnung fast schon aufgegeben, als er eines Abends in einer Hotelbar neben einem Mann namens Bill Ward, genannt »Wild Bill«, sein Bier trank. Die beiden kamen ins Gespräch, Barrett klagte sein Leid, und Wild Bill erzählte ihm schließlich von einem Alfalfa-Feld, das er bewirtschafte. Der Forscher könne es sich am nächsten Tag ansehen, wenn er wolle. Und ob er wollte. »Ich wäre fast vom Stuhl gefallen«, erzählte Rowan Barrett.[11]

Dann begann der Aufbau: mit sieben bauunerfahrenen Biologinnen und Biologen, die sich an den scharfen Stahlkanten Schnittwunden zuzogen – Hopi Hoekstras Kommentar lautete: »Wir sind es gewohnt, mit Pipetten zu arbeiten, nicht mit Baggern«[12] –, drei lokalen Bauarbeitern und vier Helfern vom lokalen Golfplatz, die die 75 Zentimeter tiefen Gräben für die Metallplatten aushoben. 192 Pfosten wurden gesetzt, an denen die Platten angeschraubt wurden. 90 Zentimeter hoch war die glatte Stahlbarriere, unter der Erdoberfläche ragte sie bis in 60 Zentimeter Tiefe. Da gab es auch für Mäuse kein Durchkommen mehr.

Recht bald stellte sich jedoch heraus, dass die Konstruktion Schwachstellen aufwies, und zwar dort, wo zwei aneinandergrenzende Stahlplatten sich überlappten. Also musste die Erde an diesen Stellen wieder ausgehoben und der Zwischenraum mit Beton ausgegossen werden. Es war harte Arbeit, aber nach zwei Wochen standen die Gehege, und die Stahlplatten glänzten als metallene Fremdkörper in der Sonne.

Die Helfer zogen ab, und mit dem, was nun kam, war das wissenschaftliche Team allein. Nur Wild Bill half beim Fangen der Schlangen. Diese sind keine optisch jagenden Räuber, sondern reagieren auf Wärmestrahlung. Und Mäuse sind ihre bevorzugte Beute. Das hätte die Ergebnisse in unbekannter Größenordnung verfälscht. Also entschloss sich Barrett, die vielen Präriéklapperschlangen und die doppelt so großen Bullennattern eine nach der anderen mit Fangstöcken aus den Gehegen zu entfernen. Doch ihre Zahl wollte einfach nicht kleiner werden. Bis sich herausstellte, dass die großen Schlangen problemlos schafften, was den Hirschmäusen nicht mehr gelang: Sie kletterten von außen über die Stahlplatten in die Areale. Also bekamen die Metallbarrieren noch einen Aufsatz aus engem Maschendraht. Der half auch gegen größere Säugetiere.

Jetzt warteten noch zwei Aufgaben auf die Forscherinnen und Forscher. In der weiteren Umgebung der beiden Stahlgehegekomplexe mussten ausreichend Versuchshirschmäuse gefangen werden, dunkle wie helle. Und die nun eingezäunte Maus-Urbevölkerung der Gehege musste eingefangen und umgesiedelt werden, was sich als schwierig und überaus zeitaufwendig herausstellte. Einmal hatten sie siebenhundert Fallen aufgestellt, um darin am nächsten Morgen ganze zwei Hirschmäuse vorzufinden. Die Fangaktion, für die man zwei bis drei Wochen eingeplant hatte, dauerte schließlich drei Monate. Aber es führte kein Weg daran vorbei. Die alteingesessenen Mäuse mussten weichen – das war eine entscheidende Voraussetzung für das Experiment. Welche Nager in Zukunft auf den Versuchsflächen leben würden, wollten allein die Forschenden entscheiden. Anschließend, so der Plan, würden sie sich zurückziehen und das weitere Schicksal der Hirschmäuse der natürlichen

Selektion überlassen, sprich: den Krallen, Schnäbeln und scharfen Augen der hier lebenden Greifvögel, vor allem der Eulen, die schon mehrmals bei der Jagd innerhalb der Gehege beobachtet worden waren.

Am Ende warteten fast 500 helle und dunkle Mäuse auf ihren Einsatz. Sie alle stammten aus der weiteren Umgebung der beiden Gehegestandorte. Jede einzelne Maus wurde fotografiert, Alter und Geschlecht wurden festgestellt, Länge und Gewicht gemessen, DNA-Proben entnommen, zur späteren Identifizierung wurde ein winziger Chip implantiert und in einem aufwendigen Verfahren die Fellfarbe bestimmt. Dann entließ man an beiden Standorten jeweils 75 bis 100 Tiere in die Gehege, helle und dunkle in gleicher Zahl. Das Experiment hatte begonnen.

In den folgenden vierzehn Monaten kehrten die »Mausketiere« fünfmal für jeweils zwei Wochen nach Nebraska zurück, um die in den Gehegen verbliebenen Mäuse mit Lebendfallen einzufangen, zu untersuchen, ihnen erneut DNA-Proben zu entnehmen und sie dann wieder freizulassen.

In Valentine wusste mittlerweile jeder, was sich da vor den Toren des Städtchens abspielte, und irgendwie hatten die Einwohner es auch zu ihrem Experiment gemacht. Sie erkundigten sich nach den Fortschritten, besuchten die Versuchsanlagen und kontrollierten in Abwesenheit der Biologen die Zäune. Wenn die Forschungsgruppe vor Ort war, traf man sich zum gemeinsamen Grillen oder besuchte die Football-Spiele der örtlichen Highschool-Mannschaft. Eine Familie lud das ganze Team fast jeden Abend zum Essen ein, ein älteres Ehepaar stellte ein Quartier und seine Garage als Geräteschuppen zur Verfügung. »Wir haben dort viele gute Freunde gefunden«, erzählte Barrett.[13] Am Ende konnte er sogar das E-Wort benutzen, ohne dass jemand mit der Wimper zuckte.

Nach vierzehn Monaten lebte in den Gehegen keine einzige der ursprünglich dort ausgesetzten Hirschmäuse mehr, wohl aber deren Nachkommenschaft, deren Schicksal auch über diesen Zeitpunkt hinaus weiter verfolgt wurde. Es war jedoch nicht so, dass die Tiere den Eulen zum Fraß vorgesetzt wurden. Die Mortalität innerhalb der Gehege entsprach genau den Verhältnissen außerhalb. Das Leben als Maus ist kurz und gefährlich und permanent bedroht. Für ihr Überleben in den Gehegen war es ohne Bedeutung, ob die Tiere männlich oder weiblich waren, alt oder jung, dick oder dünn, groß oder klein. Nur die Fellfarbe der kleinen Nager machte einen Unterschied – einen großen.

Der Effekt hatte sich schon in der ersten Untersuchungsperiode gezeigt, nur drei Monate nach Versuchsbeginn. Zu diesem Zeitpunkt betrug die durchschnittliche Mortalität bereits 45 Prozent, aber es war deutlich, dass die jeweils standortfremden Tiere wesentlich schlechtere Karten hatten. In den Sand-Hills-Gehegen auf hellem Boden lebten alle Mäuse gefährlich. Die Sterberate war hier fast doppelt so hoch. Aber je dunkler die Mäuse waren, desto geringer war ihre Überlebenschance. Für die hellsten Tiere lag sie dagegen bei fast 100 Prozent. Auf den dunklen Böden 30 Kilometer entfernt war es genau umgekehrt.

Damit entsprach das Ergebnis den Erwartungen. In Gestalt der heimischen Eulen und anderer Raubvögel hatte die natürliche Selektion schnell und gnadenlos eine Auswahl getroffen.

Während in Nebraska das Experiment noch fortgesetzt wurde, lief andernorts schon die atemberaubende molekularbiologische Labormaschinerie warm, über die die moderne Biologie heute verfügt. Wir sparen uns die Einzelheiten und halten uns an das Wesentliche.

Ob die Hirschmäuse nun helles oder dunkles Fell besitzen – beides ist das Ergebnis von biochemischen Prozessen in den haarbildenden Zellen. Was hatte sich im Inneren der Mäuse abgespielt?

Mithilfe der DNA-Proben wurde das gesamte Genom jeder einzelnen der fast 500 Versuchsmäuse entziffert (»sequenziert«), wobei ein besonderes Augenmerk auf ein Gen und seine Umgebung gerichtet wurde, von dem man weiß, dass es die Fellfarbe beeinflusst: das *Agouti*-Gen. Gefunden wurden Hunderte von Positionen in der Abfolge der DNA-Bausteine (Basen), an denen sich die Individuen unterschieden. Sieben davon schienen sehr interessant, denn sie waren in den Sand-Hills-Populationen drei Monate nach Versuchsbeginn häufiger geworden. Aus verschiedenen Gründen konzentrierte man sich auf eine dieser sieben, eine sogenannte Deletion, das heißt, an dieser Stelle der Erbsubstanz war nicht ein Baustein durch einen anderen ersetzt worden, sondern ein Stück ganz aus dem DNA-Strang herausgefallen. In der Konsequenz fehlte dem Protein, das nach der Information dieses Gens in der Zelle synthetisiert wurde, an einer bestimmten Stelle die Aminosäure Serin, daher der Name: delta-Ser.

Als Ricardo Mallarino, ein Mitarbeiter von Barrett und Hoekstra, dieses mutierte Gen gentechnisch auf Labormäuse übertrug, wuchs diesen tatsächlich ein helleres Fell. Damit war ein heißer Kandidat, der zur Fellfarbe der Sand-Hills-Mäuse beitrug, identifiziert.

Sogar der Mechanismus, über den das *Agouti*-Gen mit delta-Ser zu helleren Haaren führt, konnte erfasst werden. Die biochemischen Einzelheiten müssen uns hier nicht interessieren. Im Ergebnis enthalten die Haare geringere Mengen eines bestimmten Pigments (Phäomelanin) und erscheinen daher heller.

»*All in one*« wolle man die Evolution der Hirschmäuse dokumentieren, hatte Hopi Hoekstra gesagt, und tatsächlich ist dies mit dem Sand-Hills-Experiment in einer bisher nie da gewesenen Weise gelungen.

Lassen wir das evolutionäre Geschehen, so wie es sich jetzt darstellt, kurz Revue passieren: Hirschmäuse besiedelten die Sand Hills erst nach der letzten Eiszeit. Irgendwann kam es zu einer Mutation im für die Fellfarbe zuständigen *Agouti*-Gen, genauer: zu einer Deletion (»delta-Ser«), die dazu führte, dass geringere Mengen eines bestimmten Pigments in den Haaren eingelagert wurden. Das Fell der Mäuse wurde heller. Delta-Ser ist mit Sicherheit nicht die einzige Mutation, die zu hellerem Fell führt, sie trägt aber maßgeblich dazu bei. Für das besonders helle Fell der Sand-Hills-Mäuse sind vermutlich Dutzende von Mutationen verantwortlich, was aber am Prinzip nichts ändert.[14] Einiges spricht dafür, dass delta-Ser schon eine längere Evolutionsgeschichte hinter sich hat und ein paar Mäuse die Mutation bereits in sich trugen, bevor sie die Sand Hills besiedelten. Da sich benachbarte Hirschmauspopulationen, die auf unterschiedlich hellen oder dunkleren Böden leben, an den Rändern permanent durchmischen, sind diese Mutationen weitverbreitet. Sie sind Teil der genetischen Vielfalt der Nager, und das Sand-Hills-Experiment hat gezeigt, wie überlebenswichtig diese Vielfalt sein kann. Jede einzelne dieser Mutationen führt nur zu einer relativ geringen Aufhellung, sodass sie sich auch in Populationen halten konnten, die auf dunkleren Böden leben. Die im Sand-Hills-Experiment eingesetzte dunklere Mäusepopulation trug das *Agouti*-Allel mit delta-Ser ebenfalls in sich, es war nur bei Weitem nicht so häufig vertreten wie bei den hellen Tieren.

Auf den Sandböden Nebraskas setzte nun aber eine starke Selektion ein, wodurch sich die aufhellenden Mutationen hier in der Population anreicherten, weil die dunklen Tiere früher starben. Das Sand-Hills-Experiment hat gezeigt, dass diese Kräfte, die vermutlich in erster Linie von optisch jagenden Raubvögeln ausgehen, nach wie vor wirksam sind. Wenn dunkle Mäuse in den Sand Hills auftauchen, was in den Randbereichen permanent geschieht, werden sie schnell und effektiv die alten Verhältnisse wieder herstellen.

Vielleicht hat sich Ihnen bei alldem eine Frage aufgedrängt: So ein Aufwand, so viel Arbeit, Kreativität und Ressourceneinsatz wegen einiger Fische oder Nagetiere – wozu das alles? Leben hier ein paar Nerds ihren Spieltrieb aus?

Natürlich nicht! Es geht letztlich nicht um Mäuse oder Stichlinge, um Guppys oder *Anolis*. Sie alle sind nur Mittel zum Zweck, Modellsysteme, die sich als besonders geeignet erwiesen haben, um viel grundlegendere Fragen zu beantworten.

Ziel all dieser Experimente ist es, die fundamentalen Prozesse zu verstehen, die das Leben auf der Erde über Jahrmillionen geformt haben und noch immer formen, die für die staunenswerte Vielfalt an Lebewesen auf diesem Planeten verantwortlich sind und dafür sorgen, dass diese mit den unaufhörlichen Veränderungen ihrer Umwelt Schritt halten können, indem sie sich anders entwickeln und anpassen.

Wir haben durch diese Forschungen gelernt und verstanden, dass Evolution und die Wechselwirkungen im Hier und Jetzt keine getrennten Phänomene auf unterschiedlichen Zeitskalen sind, sondern gegenwärtige Prozesse, die wie Schauspieler auf einer Bühne permanent miteinander interagieren und sich gegenseitig beeinflussen und modifizieren. Ökologische Prozesse erzwingen via Selektion evolutionäre Merkmalsmodifikationen, die sich sofort unter den existierenden Umweltbedingungen beweisen müssen. Die Fachleute sprechen in diesem Zusammenhang von »*Eco-evo*-Dynamik«. Gerade in Zeiten des Klimawandels und der großen Krise der globalen Biodiversität versucht die Wissenschaft in vielen Zusammenhängen, das Ergebnis von Umweltveränderungen und ökologischen Interaktionen abzuschätzen und vorherzusagen. Wir wissen jetzt: Wer das tut und Evolution dabei unberücksichtigt lässt, läuft Gefahr, zu falschen Ergebnissen zu kommen.[15]

Im Gegensatz zum Mainstream, der lange Zeit galt, ist das eine so fundamental andere Sicht auf die Evolution, dass mit David Reznick, Jonathan Losos und Joseph Travis führende Vertreter der modernen Evolutionsbiologie von einem »Paradigmenwechsel«[16] sprechen – ein großes Wort, das nicht leichtfertig verwendet werden sollte. Es bezeichnet maßgebliche Umbrüche im wissenschaftlichen Denken, die neue Rahmenbedingungen setzen. Fast ist man versucht zu sagen: Soso, ein Paradigmenwechsel – außerhalb der Evolutionsbiologie hat es kaum einer gemerkt.

Was diese neue Sicht auf das Evolutionsgeschehen bedeutet, illustrieren Reznick, Losos und Travis an einem Vergleich: »Die Ökosystem-Ökologie betrachtete die Welt als ein aus starren Teilen bestehendes Puzzle. Jedes Teilchen war ein Kompartiment, das Biomasse enthielt und Energie und Nährstoffe an andere Kompartimente weitergab. Unter Einbeziehung der zeitgenössischen Evolution bedeutet dies, dass alle Teile ihre Form verändern können. Die Evolution einer Art hat dieselben Auswirkungen wie eine Veränderung der Form eines Puzzleteils, nämlich dass sich andere Teile in der jeweiligen Umgebung entsprechend ändern. Die anderen Teile können andere Arten sein, aber sie umfassen auch die Merkmale der physischen Umgebung, die die biotischen Elemente miteinander verbinden. Mit Veränderungen in der Art und Weise, wie die Teile zusammenpassen, gehen Veränderungen im Nährstoff- und Energiefluss einher und möglicherweise auch eine Veränderung des gesamten Bildes, das das Puzzle darstellt.«[17]

Ein besseres Verständnis der gegenwärtigen Evolution ist nicht zuletzt deshalb so wichtig, weil sich eine einzige Organismenart in noch nie da gewesener Weise zu einem Evolutionsfaktor entwickelt hat, der alle anderen zu überragen beginnt – nicht selten, wie wir noch sehen werden, zu ihrem eigenen Nachteil. Gemeint sind natürlich wir, die Menschen.

Lassen Sie uns im Folgenden einige Bereiche betrachten, in denen der immense und unmittelbare Einfluss des Menschen auf den Evolutionsverlauf anderer Lebewesen besonders deutlich wird.

9
Jagd

Vielleicht haben Sie sich darüber gewundert, auf dem Umschlag eines Buches über »schnelle Evolution« einen Elefanten zu sehen – ausgerechnet das größte lebende Landtier der Erde. Das scheint nicht zu passen. Ein Versehen ist das jedoch nicht. Das Wort »schnell« ist relativ zu verstehen. Schneller als von einer Generation zur nächsten können sich evolutionäre Veränderungen nicht zeigen, und da Elefantenkühe erst mit 10 bis 12 Jahren geschlechtsreif werden (die Bullen noch später) und eine Tragzeit von 22 Monaten haben, dauert eine Elefantengeneration entsprechend lange. Evolutionärer Wandel, der sich innerhalb von wenigen Jahrzehnten abspielt, ist also, nach Elefantenmaßstäben, ziemlich flott, und tatsächlich beobachten wir eine solche Veränderung. Sie ist sogar überaus auffällig.

Bitte werfen Sie noch einmal einen Blick auf den Umschlag: ein Afrikanischer Elefant, unschwer zu erkennen, ein imposantes ausgewachsenes Tier. Uns würde zweifellos mulmig werden, wenn es so, mit drohend abgespreizten Ohren, auf uns zukäme. Aber es könnte noch bedrohlicher wirken. Etwas fehlt: die Stoßzähne.

Diese werden Elefanten schon seit Jahrtausenden zum Verhängnis. Elfenbein wurde in asiatischen Hochkulturen sehr geschätzt, bei Griechen und Römern galt es als Kostbarkeit. Aber die Jagd auf Elefanten war gefährlich, der Nachschub an Elfenbein daher begrenzt. Bedrohlich für den Fortbestand des größten Landsäugetiers wurde es erst, als die europäischen Kolonialmächte die Kontrolle über den Elfenbeinhandel übernahmen. Das vollkommen unregulierte Gemetzel, das damals einsetzte, führte schon im 19. Jahrhundert zu einem dramatischen Rückgang der majestätischen Dickhäuter. Heutzutage werden sie in erster Linie von Wilderern getötet. Und nach wie vor haben es die Jäger vor allem auf das Elfenbein, also auf Tiere mit großen Stoßzähnen abgesehen. Die jahrhundertelange Bejagung blieb nicht ohne Folgen.

Wann Menschen zum ersten Mal auffiel, dass es immer mehr Elefanten ohne Stoßzähne gab, lässt sich heute kaum noch feststellen. In der wissenschaftlichen Literatur hinterließ die Veränderung erstmals in den 1990er-Jahren Spuren.

So beschäftigten sich drei Wissenschaftler vom Institut für Haustierkunde der Christian-Albrechts-Universitat zu Kiel vor dreißig Jahren mit den Asiatischen Elefanten.[1] Den Biologen zufolge gibt es in Asien seit jeher Bullen ohne Stoßzähne, sogenannte Maknas, doch ihr Anteil dürfte generell nie über 10 Prozent gelegen haben. Nur auf Sri Lanka herrsche mittlerweile ein umgekehrtes Verhältnis: Mehr als 90 Prozent der dortigen ausgewachsenen und fast ausgewachsenen Bullen, so die Forscher, besitzen keine Stoßzähne. Warum? Haben wir es auf Sri Lanka mit einer anderen Rasse zu tun als auf dem Festland?

Mit Sicherheit nicht, stellten die drei Wissenschaftler fest. Der Grund liege vielmehr in der lang praktizierten selektiven Jagd auf Bullen mit großen Stoßzähnen. Wie und ob Größe und Vorhandensein der Stoßzähne vererbt werden, wusste man damals noch nicht, es gab aber intensiv bejagte lokale Populationen, in denen kein einziger Bulle mehr Stoßzähne besaß. Die Vermutung, dass hier Vererbung mit im Spiel war, lag nahe. Man hatte so lange gezielt die männlichen Stoßzahnträger aus den Herden entfernt, bis schließlich kein einziger mehr da war, der das Merkmal hätte weitergeben können. »Angesichts dieser Situation schützt sich die Population praktisch selbst vor weiterer Wilderei«, stellten die Autoren fest, nicht ohne diesen Gedanken selbst als »fatalistisch« zu bezeichnen.[2] Glücklicherweise gebe es auf dem asiatischen Festland noch genug Stoßzahnträger unter den Bullen, um dort eine ähnliche Entwicklung zu verhindern.

Bei den Afrikanischen Elefanten tragen normalerweise beide Geschlechter Stoßzähne. Tiere ohne Stoßzähne gibt es unter den Kühen, nie aber unter den Bullen. »Das ist etwas, worüber ich mir schon so lange den Kopf zerbrochen habe«, sagt die Elefantenexpertin Joyce Poole, Mitbegründerin und Leiterin von ElephantVoices, einer gemeinnützigen Wissenschafts- und Naturschutzorganisation. Seit 1989 untersuchte sie mehrere ostafrikanische Populationen und stieß überall auf dasselbe Bild: »Je mehr Tiere getötet wurden, desto mehr weibliche Elefanten ohne Stoßzähne gab es. Aber warum gab es keine männlichen Elefanten ohne Stoßzähne?«[3] Die wenigen, von denen berichtet wurde, haben ihre Stoßzähne wohl bei Kämpfen mit rivalisierenden Bullen oder infolge anderer Traumata verloren.[4] Den Umschlag dieses Buches ziert also mit an Sicherheit grenzender Wahrscheinlichkeit eine Elefantendame.

Mitte der 2010er-Jahre begann sich Shane Campbell-Staton für das Phänomen zu interessieren, ein Evolutionsbiologe von der Princeton University in New Jersey. Campbell-Staton beschäftigt sich mit Evolution, die durch menschliches Handeln angetrieben wird, und ist nebenbei, wie sein ehemaliger Doktorvater Jonathan Losos, ein großartiger und engagierter Kommunikator. Neben Fachartikeln zum Thema produziert er auch Podcasts und eine sehr empfehlenswerte Videoserie mit dem Titel *Human Footprint*.[5] Anfänglich hatte er eher mit Echsen und anderen kleinen Tieren zu tun. Zu den Elefanten kam er durch ein Youtube-Video über die zahnlosen Dickhäuter des Gorongosa-Nationalparks in Mosambik, das ihn derart verblüffte, dass er bald Kontakt zu der dort arbeitenden Joyce Poole aufnahm. Die beiden vereinbarten eine Kooperation, scharten ein Team von Expertinnen und Experten um sich und konnten nach intensiver Forschungsarbeit im Jahr 2021 in der Zeitschrift *Science* erstmals eine detaillierte Erklärung dafür anbieten, wie das Phänomen entsteht und warum es in Afrika anders als in Asien nur die Weibchen betrifft.[6]

Elefantenkühe ohne Stoßzähne hatte es auf dem afrikanischen Kontinent schon immer gegeben, aber in manchen Populationen war ihr ehemals geringer Anteil geradezu explodiert: Im South Luangwa National Park in Sambia war ihr Anteil zwischen 1969 und 1989 von 10 Prozent auf nahezu das Vierfache gestiegen.[7] Noch dramatischer war die Entwicklung in Mosambik. Dort wütete von 1977 bis 1992 ein verheerender Bürgerkrieg, den beide Seiten unter anderem mit Wilderei und dem Verkauf von Elfenbein finanzierten. Mehr als 90 Prozent aller in dem Gebiet lebenden großen Pflanzenfresser wurden damals getötet, die Zahl der Elefanten schrumpfte von 2500 auf 250. Aus dem Gorongosa National Park existiert aus jener Zeit kein einziger Nachweis über einen Bullen ohne Stoßzähne, wohl aber Belege für immer mehr derartige Kühe. Vor dem Krieg war nur knapp jede fünfte, danach jede zweite betroffen.[8] Die Wahrscheinlichkeit, die Zeit des Bürgerkriegs zu überleben, war für Kühe, die keine Stoßzähne besaßen, fünfmal höher als für ihre voll ausgestatteten Geschlechtsgenossinnen. Die massive und selektive Bejagung war in Mosambik zu einem mächtigen Evolutionsfaktor geworden.

Auch unter den Nachkommen der Überlebenden blieb die Zahl der stoßzahnlosen Tiere erhöht. Das Merkmal wurde offenbar vererbt. Voll ausgestattete Weibchen brachten in gleicher

Zahl ebensolche Töchter und Söhne zur Welt. Bei den Nachkommen von Müttern, die keine Stoßzähne hatten, war das Geschlechterverhältnis dagegen stark verzerrt: Zwei Drittel waren weiblich, und nur die Hälfte der Töchter besaß Stoßzähne.

Das war keine gute Nachricht. Normalerweise deutet ein derart ungleiches Verhältnis der Geschlechter auf einen dominanten Erbgang von Merkmalen hin, die auf dem X-Chromosom liegen und für die männlichen Nachkommen tödlich sind. Diese verfügen ja über ein X- und ein Y-Chromosom, sodass eine auf Ersterem liegende letal wirkende Erbanlage nicht durch ein zweites X-Chromosom ausgeglichen werden kann.

Das Team um Shane Campbell-Staton sequenzierte das Genom von achtzehn weiblichen Elefanten, sieben davon ohne Stoßzähne, und spürte auf dem X-Chromosom tatsächlich eine Region auf, in der sich die Tiere mit Stoßzähnen deutlich von denen ohne unterschieden – mittendrin ein Gen namens *AMELX*. Es codiert ein Protein, das eine wichtige Funktion bei der Zahnbildung erfüllt. Von seinem menschlichen Pendant sind Mutationen bekannt, die eine mangelnde Mineralisierung des Zahnschmelzes und brüchige Zähne zur Folge haben. Eine Mutation, die auch die weitere Umgebung des Gens betrifft, führt bei Frauen zu diversen Fehlbildungen, unter anderem zu einem Ausfall der Schneidezähne, die den Stoßzähnen der Elefanten entsprechen. Männliche Föten, die diese Mutation tragen, sterben bereits im Mutterleib.

Noch sind viele Detailfragen zu klären, das Team um Campbell-Staton scheint jedoch auf dem richtigen Weg zu sein. Durch die massive selektive Bejagung ist ein stoßzahnloser Elefantenphänotyp begünstigt worden, der zwar vor Verfolgung geschützt ist, gleichzeitig aber die Hälfte der männlichen Nachkommen sterben lässt und deshalb zu einem stark verzerrten Geschlechterverhältnis führt – ein hoher Preis. Nun »sterben

Tiere nicht nur aufgrund von Wilderei«, sagt Fanie Pelletier, eine kanadische Ökologin, die die Studie für *Science* kommentierte, »sondern es kommt auch zu einem zusätzlichen Rückgang, da die Hälfte der männlichen Nachkommen der Mütter ohne Stoßzähne nicht überlebt«.[9]

Auch für Shane Campbell-Staton ist die Geschichte der stoßzahnlosen Elefanten keine Erfolgsstory. »Selektion hat immer ihren Preis«, sagte er der *New York Times*, »und dieser Preis sind Leben.«[10]

Die Konsequenzen gehen weit darüber hinaus. Stoßzähne sind nicht nur Zierrat, der potenziellen Partnerinnen imponieren soll, oder Waffen, die beim Kampf zwischen den Bullen zum Einsatz kommen. Sie sind Multifunktionswerkzeuge, mit denen die Dickhäuter nach Nahrung, Mineralien und Wasser graben, Baumrinde abschälen und sich verteidigen. Elefanten sind Ökosystemingenieure, die großflächig offene Landschaften und damit Lebensraum für viele andere Tier- und Pflanzenarten schaffen. Beraubt man sie ihrer wichtigsten Hilfsmittel, der Stoßzähne, kann sich dies auf den Pflanzenbewuchs eines weitläufigen Gebiets auswirken. Es verringert das Angebot an unterschiedlichen Kleinlebensräumen und führt auf mittlere und lange Sicht zu stärkerer Bewaldung. Wenn Elefanten in nennenswerter Zahl keine Stoßzähne mehr wachsen, kann das ganze Ökosysteme verändern.

Doch es gibt auch eine gute Nachricht. Seit dem Ende des Bürgerkriegs hat sich die Elefantenpopulation im Gorongosa National Park leicht erholt, und da nicht mehr gewildert wird, steigt die Zahl der weiblichen Tiere mit Stoßzähnen wieder an. Schon in der ersten Nachkriegsgeneration wurde nur noch jedes dritte Junge ohne die Fähigkeit zur Stoßzahnbildung geboren. Wenn die Tiere weiterhin von Wilderern verschont bleiben, könnten sich allmählich Vorkriegsverhältnisse abzeichnen. Unser Buchumschlag wird allerdings noch eine Weile aktuell bleiben. Bis Elefantenkühe mit prächtigen Stoßzähnen in Mosambik wieder zum Regelfall werden, dürften weitere Jahrzehnte vergehen.

Das ist wohl auch bei den Dickhornschafen (*Ovis canadensis*) im westlichen Nordamerika zu erwarten. Das imposante, um die Ohren gewundene und kilogrammschwere Gehörn der Männchen, mit dem die Tiere bei Rangordnungskämpfen mit Karacho aufeinander losgehen, war unter weißen Trophäenjägern schon im 19. Jahrhundert sehr begehrt. Da die Dickhornschafe sich darüber hinaus bei den Schafen der Menschen mit tödlichen Krankheiten infizierten und große Teile ihres Lebensraums verloren gingen, ist ihre Zahl seitdem auf ein Zehntel zusammengeschrumpft.[11]

Trotz diverser Schutzmaßnahmen und obwohl die Jagd auf Dickhornschafe schon seit Längerem streng reguliert ist, haben sich die Bestände kaum erholt. Das Angebot an Männchen mit großen Hörnern ist deshalb begrenzt, und das Recht, sie zu erlegen, wird von den Behörden über Lotterien oder Versteigerungen vergeben. »Ein Weltklasse-Trophäenwidder ist ein äußerst wertvolles Gut«, schreiben britische, US-amerikanische und kanadische Experten.[12] »Jagdgenehmigungen werden für Hunderttausende Dollar versteigert. Ein Sportjäger zahlte 1998 und 1999 über eine Million kanadische Dollar für Sondergenehmigungen zur Jagd auf kapitale Böcke in Alberta, Kanada.«

Der Ram Mountain, ein für seine spektakulären Widder berühmter Berg, lockt Trophäenjäger von weither nach Alberta. Wer das Glück (und das nötige Kleingeld) hatte, für dieses Gebiet eine Jagdlizenz zu erwerben, durfte dort lange Zeit ausschließlich Böcke schießen, deren Hornwindung mindestens vier Fünftel eines Kreises erreicht hatte. 40 Prozent aller Tiere, die dieses Kriterium erfüllten, wurden seit 1975 erlegt, Jahr für Jahr 10 Prozent der dort lebenden männlichen Dickhornschafe. 1996 wurden die Vorschriften deshalb verschärft. Seitdem müssen die Hörner der Abschusskandidaten einen geschlossenen Kreis bilden. Die Zahl der infrage kommenden Tiere wurde dadurch so klein, dass bis 2003 nur noch drei Tiere geschossen werden durften.[13]

Diese Auswahlkriterien sind gut gemeint. Sie sollen die Zahl der getöteten Tiere begrenzen, werden von den Jägern akzeptiert und sind auch von wissenschaftlicher Seite anerkannt. Die für einen Abschuss vorgeschriebenen Horndimensionen wollen allerdings gut überlegt sein, denn was bei einer solchen Regelung unbeachtet bleibt, sind die evolutionären Konsequenzen. Größe und Hornlänge der Männchen sind in hohem Maße erblich, und durch die selektive Jagd verringerte sich bei den Tieren am Ram Mountain seit 1974 beides um etwa ein Viertel. In einer Studie aus dem Jahr 2014 bestätigte ein rein kanadisches Team eine schwächer ausgeprägte Tendenz zu kleineren Hörnern über einen Zeitraum von 37 Jahren für ganz Alberta.[14]

Über den Fortpflanzungserfolg eines männlichen Dickhornschafs entscheiden neben der Horngröße vor allem Dominanzrang und Alter. Die Jäger erlegten vorzugsweise jüngere Männchen im Alter von vier oder fünf Jahren, die ein besonders schnelles Hornwachstum zeigten. Die Tiere starben somit, lange bevor sie sich in nicht selten stundenlangen Kämpfen mit Rivalen die Dominanzleiter emporarbeiten und dann als ranghohes älteres Männchen besonders viele Nachkommen zeugen konnten. Ihr Beitrag zum Genpool zukünftiger Generationen fiel weitgehend aus.

Experten befürchten, dass damit nicht nur die genetische Anlage zu schnellem Hornwachstum, sondern weitere positive Eigenschaften wie Krankheitsresistenzen aus der Population verschwinden könnten, denn es waren ja besonders gesunde und kräftige Tiere, die entnommen wurden. Für die Weibchen signalisieren große Hörner gute Gene. Und auch sie selbst sind betroffen, die Hälfte ihrer Gene stammt ja vom Vater. Neuere Untersuchungen belegen, dass auch die nicht gewundenen Hörner der Weibchen bis Mitte der 1990er-Jahre kleiner geworden sind. Parallel dazu ist die Fruchtbarkeit zurückgegangen und das Alter der Tiere zum Zeitpunkt ihrer ersten Geburt angestiegen. Die Jagd betrifft also nicht nur die Widder, sondern wirkt sich zudem negativ auf Wachstum und Lebensfähigkeit der ganzen Population aus.[15]

Da die selektive Bejagung Männchen begünstigte, deren Hörner langsam wuchsen, erreichten immer weniger von ihnen die behördlich vorgeschriebenen Dimensionen. Die Abschusszahlen gingen deshalb deutlich zurück, obwohl die Populationen stabil waren. Die 1996 verschärften Jagdvorschriften haben ihr Ziel also erreicht.

Seitdem wurden nur noch wenige Tiere entnommen, doch eine Umkehr der Entwicklung ist kaum zu erkennen. Es dauert offenbar lange, bis wieder Widder mit rekordverdächtigem Gehörn heranwachsen, wenn das überhaupt möglich ist. Wahrscheinlich bräuchte die isolierte Population am Ram Mountain dazu frischen genetischen Input von außen. Auch wenn es hier nur um große, trophäentaugliche Hörner und nicht um das Überleben einer Population oder gar einer ganzen Tierart geht, sprechen die Experten in diesem Fall von *genetic rescue*, von »genetischer Rettung«.[16]

Die Jagd in all ihren Erscheinungsformen, ob zu Lande oder zu Wasser, gehört zu den schwerwiegendsten Eingriffen des Menschen in die Natur. Sie hat zahlreiche Großtierarten an den Rand des Aussterbens und darüber hinaus getrieben: Beutelwolf, Riesenalk, Stellersche Seekuh, Dodo, Quagga – um nur einige der bekanntesten zu nennen. Sie alle sind von Jägern in den Artentod getrieben worden.[17]

Doch auch wenn sie nicht zum Aussterben führt, hinterlässt die Jagd tiefe Spuren, indem sie die genetische Vielfalt der Arten verringert und nicht selten sogar evolutionäre Veränderungen erzwingt. Anders als Raubtiere, die sich geschwächte, unerfahrene, alte oder kranke Beutetiere herauspicken, zielen menschliche Jäger in der Regel auf große, gesunde Beutetiere im besten Reproduktionsalter, und das kann das Erscheinungsbild der betroffenen Arten in einer Drastik und Geschwindigkeit verändern, die beispiellos ist. Verglichen mit natürlichen Störungen führt die Jagd dreihundert Mal schneller zu einem phänotypischen Wandel der ausgebeuteten Arten, egal, ob es sich um Fische, Huftiere, Wirbellose oder Pflanzen handelt. Sie wirkt sich auch deutlich schneller aus als andere menschliche Einflüsse. Dementsprechend weisen Organismen, die zum Ziel menschlicher Jagd werden, »einige der abruptesten Merkmalsveränderungen auf, die jemals in Wildpopulationen beobachtet wurden, was ein neues Verständnis dafür vermittelt, wie schnell sich Phänotypen umbilden können«.[18]

Der von der Jagd ausgehende Selektionsdruck treibt Eigenschaften oft in genau die entgegengesetzte als die von Menschen bevorzugte Richtung.[19] Stoßzahnlose Elefanten und verkleinerte Hörner von Wildschafen sind eine Folge des selektiven Tötens, aber ganz und gar nicht im Sinne der Trophäenjäger. Dasselbe ist bei Nashörnern zu beobachten. Die begehrten Hörner aller fünf heute lebenden Arten sind in den vergangenen 150 Jahren deutlich kleiner geworden.[20]

Die dramatischsten Veränderungen haben sich in einem Lebensraum abgespielt, in den die meisten Menschen wenig Einblick haben: in den Ozeanen. Die industriell betriebene

Fischerei hat die globale Biomasse von Raubfischen, die als Speisefische besonders begehrt sind, um zwei Drittel reduziert. Die logische Folge: Deren kleine Beutefische nehmen zu – auch das eine Entwicklung, die den Interessen von Fischern und Konsumenten entgegensteht. Durch entsprechende Maschenweiten der verwendeten Netze hat hier vor allem eine Selektion nach Größe stattgefunden. Die Fische sind dadurch nicht nur kleiner geworden, sie werden auch früher geschlechtsreif. »Das ist nicht völlig überraschend: Ein Fisch, der unter Bedingungen intensiver Befischung seine Geschlechtsreife zu lange hinauszögert, wird wahrscheinlich überhaupt keine Nachkommen hinterlassen, was zu einem starken Selektionsdruck in Richtung früher Geschlechtsreife führt.« Wer als Fisch unter dem Regime des Menschen überleben will, folgt gezwungenermaßen der Devise: »Lebe schnell und sterbe jung.«[21]

Der Jagddruck wirkt sich auch auf andere körperliche Merkmale und das Verhalten aus. Fischarten, die mit Angel und Haken gefangen werden, haben kleinere Mäuler entwickelt, bei Regenbogenforellen hat die Verwendung von Kiemennetzen »aktivere, fette und aggressivere Genotypen« begünstigt.[22]

Das Beispiel eines beliebten Speisefischs soll hier für viele andere stehen:[23] »Nennen wir es den Fall des unglaublichen Kabeljau-Schrumpfens.«

Mit diesen Worten beginnt die Wissenschaftsreporterin Emily Anthes einen Aufsatz, der im Juni 2025 in der *New York Times* erschien.[24] »Vor dreißig Jahren«, fährt sie fort, »konnte man mit dem Kabeljau, der in der Ostsee schwamm, prahlen: Fischerboote zogen Fische von der Größe kleiner Kinder an Land. Heute sind solche Giganten äußerst selten. Ein typischer Ostsee-Kabeljau passt leicht in die hohlen Hände eines Menschen.«

Unter der Überschrift »*Honey, we shrunk the cod*« (»Liebling, wir haben den Kabeljau geschrumpft«) sieht man das Foto eines glücklich-erschöpften Fischers, der an Bord eines Schiffes auf einem Haufen imposant großer Fische liegt. Einen hält er wie ein Baby im Arm und scheint ihn zu streicheln. Das Prachtexemplar dürfte gut einen Meter lang sein. In den klaffenden Mäulern dieser Fische fände ohne Probleme eine große Pampelmuse Platz.

Auf dem Foto daneben, präsentiert auf den ausgestreckten Händen einer jungen asiatischen Frau, sieht man, was heute daraus geworden ist, und der Gegensatz könnte größer kaum sein: keine Fischberge, keine Fische in Kindergröße, kein glücklicher Fischer – nur ein kleiner Fisch auf der Handfläche. Man kann kaum glauben, dass es sich um dieselbe Spezies handelt, doch die Tiere stammen sogar aus der gleichen Population, und zwischen beiden Aufnahmen liegen keine vierzig Jahre.[25] Das Bürschchen könnte ohne Weiteres als Jungtier der Exemplare auf der linken Seite durchgehen. Ist es aber nicht. Dieser Fisch misst 25 Zentimeter und ist ein geschlechtsreifer Kabeljau aus der zentralen Ostsee, gefangen in der Nähe der dänischen Insel Bornholm im Jahr 2024, dem Jahr, in dem der Kabeljau (*Gadus morhua*), bei uns auch »Dorsch« genannt, vom Deutschen Angelfischerverband e. V. zum »Fisch des Jahres« gekürt wurde.

Was, um Himmels willen, ist hier geschehen?

In der westlichen Ostsee sind die Kabeljaufangzahlen seit Mitte der 1990er-Jahre auf rasanter Talfahrt. 2017 und 2018 erreichten sie nur noch 10 Prozent der im Jahr 1996 gefangenen Menge. In der Folge schrumpfte auch die deutsche Fangflotte auf die Hälfte ihrer ursprünglichen Größe. Jahrelang hatten die Verantwortlichen in der EU die Warnungen der Wissenschaft ignoriert und zu hohe Fangzahlen erlaubt, und das, obwohl die Fischer die genehmigten Mengen seit Jahren schon gar nicht mehr erreicht hatten. Eine nicht nachhaltige Fischerei und die zunehmende Erwärmung der Ostsee hatten zu einem Zusammenbruch der Kabeljaubestände geführt. Dem Hering erging es nicht besser. 2021 blieb nichts anderes mehr übrig, als die Reißleine zu ziehen. Seitdem ist die gezielte Kabeljaufischerei untersagt, seit 2024 ist auch Privatleuten der Fang verboten. Zu spät. Der Kipppunkt wurde vermutlich bereits in den 2000er-Jahren unterschritten.[26]

In unserem Zusammenhang interessiert natürlich besonders, was diese katastrophale Talfahrt mit einem der beliebtesten Speisefische gemacht hat. Der Ostsee-Kabeljau hat sich in nur gut zwei Jahrzehnten dramatisch verändert, aber lässt sich das auch auf der Ebene der Genetik nachweisen? Hat hier tatsächlich Evolution stattgefunden, oder ist die Größenreduktion auf schlechte Umweltbedingungen und Nahrungsmangel zurückzuführen? Bis vor Kurzem war die Faktenlage dazu noch sehr unbefriedigend.

Aufhänger des *New-York-Times*-Artikels war eine brandaktuelle Studie[27] des Kieler Helmholtz-Zentrums für Ozeanforschung GEOMAR unter der Leitung des Evolutionsbiologen Thorsten Reusch[28], die genau diese Fragen zum Inhalt hatte. Als Erstautorin zeichnete Kwi Young Han, die im GEOMAR als Postdoc tätig ist. Sie war es, die den verzwergten Dorsch in die Kamera hielt.

Gegenstand der Untersuchungen war die östliche Variante des baltischen Kabeljaus, die in der zentralen Ostsee vorkommt und der es nicht viel besser erging als ihren weiter westlich lebenden Artgenossen. Beide Varianten durchmischen sich nicht, was die isolierte östliche, die sich besonders an die spezifischen Bedingungen dieses flachen Binnenmeers angepasst hat, zu einem idealen Studienobjekt genetischer Untersuchungen macht.

Der Fisch in Kwi Young Hans Händen zeigt es: Obwohl in der Ostsee seit Jahren kein Kabeljau mehr gefangen wird, haben sich die Tiere nicht erholt. »Wir haben jetzt 2025 und sehen noch immer keine großen Fische«, sagt die junge Wissenschaftlerin.[29]

Nach der Einstellung der Fischerei hätten die Tiere ungestört wachsen können, aber das haben sie nicht getan. Offenbar sind sie dazu nicht mehr in der Lage. Der alte Kabeljau hat aufgehört zu existieren – es gibt jetzt einen neuen. »Der heutige Kabeljau«, stellt Emily Anthes fest, »ist nicht deshalb klein, weil die großen Exemplare abgefischt wurden, sondern weil die Fische nicht mehr groß werden.«[30] Der immense Selektionsdruck, der von einer Fischerei ausging, die die großen Fische wegfing und die kleineren durch die Netzmaschen flutschen ließ, führte innerhalb von nur 25 Jahren zu einer Reduktion der Durchschnittsgröße von 48 Prozent.

Die GEOMAR-Studie, die die Entwicklung der letzten 25 Jahre im Blick hat, belegt nun, dass dieses Schrumpfen nicht an einem schlechteren Ernährungszustand, sondern an einem deutlich verlangsamten Wachstum lag.

Zwar konnten die Forscherinnen und Forscher auf drei Chromosomen Regionen identifizieren, deren Funktion sich auf die Körpergröße der Fische auswirkt und in denen sich im Vergleich zu Fischen, die vor 20 oder 25 Jahren gefangen wurden, mehr oder weniger deutliche Veränderungen abgespielt haben. Ein Nachweis, dass hier evolutionäre Prozesse am Werk waren, die durch den Fischereidruck ausgelöst wurden, ist dies streng genommen jedoch nicht. Einen Hinweis in diese Richtung liefern diese Befunde allerdings schon.

Das Problem ist überaus vielschichtig. Während die Körpergröße einfach zu messen ist, stellt sie gleichzeitig eines der komplexesten Merkmale dar, die wir überhaupt kennen – weit entfernt von den vergleichsweise überschaubaren Verhältnissen, die zur Schwärzung der Birkenspanner oder zur veränderten Fellfarbe der Hirschmäuse geführt haben (s. Kap. 4 und 8). Beim Menschen sind einer aktuellen Studie zufolge mehr als 7200 genomische Regionen mit jeweils geringen Anteilen an der Festlegung der Körpergröße beteiligt.[31] Und natürlich haben auch Umweltfaktoren wie Ernährung und Wohlstand einen gewissen Einfluss.

Darüber hinaus hat nicht nur die Fischerei Auswirkungen auf das Leben des Kabeljaus gehabt. Allein im Untersuchungszeitraum von 1991 bis 2016 ist die Temperatur der Ostsee um 1,5 Grad Celsius gestiegen, und mit der Temperatur ändert sich auch der Sauerstoffgehalt des Wassers. Beides hat maßgeblichen Einfluss auf das Wohlergehen der Fische.

All das war den Kieler Forscherinnen und Forschern selbstverständlich bekannt, und niemand von ihnen hatte erwartet, auf das eine alles entscheidende Gen und die eine Mutation zu stoßen, die das Schrumpfen des Ostsee-Kabeljaus erklären könnte. Immerhin erscheint es nach ihrer Studie noch wahrscheinlicher, dass so etwas wie eine von der Fischerei ausgelöste Evolution (*fisheries-induced evolution*) tatsächlich existiert.

Akzeptiert man diese Schlussfolgerung, muss man sagen, dass die evolutionäre Transformation des Ostsee-Kabeljaus ihr Ziel erreicht hat: Die gezielte Jagd auf ihn ist eingestellt.

Allerdings – das kennen wir schon – zahlen die Fische dafür einen Preis. Aus dem größten Fisch der artenarmen Ostsee ist ein Zwerg geworden. Er überlebt zwar, besitzt aber nur noch ein geringes Vermehrungspotenzial. Der Vorteil der Strategie, die Fortpflanzung so lange aufzuschieben, bis die Tiere eine stattliche Größe erreicht haben, besteht ja darin, dass große Fische viel mehr Eier und damit Nachkommen produzieren können als kleine.

An dieser Situation wird sich wohl auf absehbare Zeit nichts ändern. Die Prognose mehrerer deutscher Forschungsinstitute und des International Council for the Exploration of the Sea fällt ernüchternd aus: Angesichts der geringen Größe der verbliebenen Laichpopulation, ihrer verglichen mit den Dorschriesen früherer Zeiten reduzierten Vermehrungsrate und der weiter fortschreitenden Erwärmung der Ostsee, die den entstandenen Zustand stabilisiert, weil auch höhere Temperaturen kleinere Körper begünstigen, ist eine Erholung der Bestände unwahrscheinlich.[32]

Das ist die fatale Natur von Kipppunkten. Ein Zurück gibt es nicht, jedenfalls nicht in gleicher Geschwindigkeit. Werden Kipppunkte über- oder unterschritten, ist die Entwicklung auf lange Zeit unumkehrbar.

10
Invasionen

Neben Wilderei und Überfischung gehören auch biologische Invasionen zu den großen ökologischen Problemen unserer Zeit. Menschen haben Zehntausenden von Tier- und Pflanzenarten eine Umsiedlung in neue Lebensräume und auf ferne Kontinente ermöglicht, Lebewesen, die ohne diese Hilfe nie dorthin gelangt wären. Heute erfolgt diese Verschleppung fast ausschließlich unbeabsichtigt, als kaum zu kontrollierender Begleiteffekt des weltweiten Reise- und Warenverkehrs. Die Zeiten, in denen die Neuansiedlungen von Vereinen und sogenannten Akklimatisationsgesellschaften aktiv betrieben wurden, sind schon lange vorbei, aber … nun ja, das Kind ist in den Brunnen gefallen. Die neuen Pflanzen und Tiere sind im Land, zum Teil schon seit vielen Jahrzehnten, und nur in den seltensten Fällen gelingt es, sie wieder loszuwerden.[1]

An sich sind ein paar neue, fremde Organismenarten[2] kein großes Problem. Die überwiegende Mehrzahl dieser unfreiwillig transferierten Tiere und Pflanzen verhält sich in ihrer neuen Heimat unauffällig und führt dort ein unbeachtetes Nischendasein, zum Beispiel unter der Wärmeglocke der Großstädte. Einigen aber gelingt es, diese Nischen zu verlassen. Sie breiten sich aus, neigen zu Massenvermehrungen und werden invasiv. In Anbetracht der Gesamtzahl der verschleppten Arten sind es nur sehr wenige, aber diese wenigen können sowohl ökonomisch als auch ökologisch immense Schäden verursachen. Das

Problem ist: Viele neue Vorkommen vor allem kleiner Tiere bleiben lange unbemerkt. Und selbst wenn sie entdeckt werden – sofern sie nicht schon in anderen Gebieten unangenehm aufgefallen sind, ist es sehr schwer, ja fast unmöglich vorherzusagen, welche Tier- und Pflanzenarten in der Zukunft schädlich werden könnten und welche nicht. Deswegen verstreicht die Frist, innerhalb derer solche Invasionen noch im Keim erstickt werden könnten, oft ungenutzt.

Im Falle der Aga-Kröten (*Rhinella marina*, früher *Bufo marinus*) ist dieser Zeitpunkt in Australien definitiv verpasst worden. Niemand hätte wohl zu prognostizieren gewagt, dass aus den gut hundert Aga-Kröten, die 1935 im ostaustralischen Cairns freigesetzt wurden,[3] einmal mehrere Hundert Millionen werden würden. Eigentlich sollten diese in Zentral- und Südamerika heimischen Amphibien die Schadinsekten in den australischen Zuckerrohrplantagen vertilgen. Vielleicht taten sie das sogar.

Viel folgenschwerer war jedoch, dass sie sich daranmachten, das gesamte tropische Australien zu erobern, einen Kontinent, der nach der Besiedlung durch Europäer schon viele biologische Invasionen erlebt und damit keine guten Erfahrungen gemacht hatte. Kaninchen, verwilderte Hauskatzen, Füchse, sogar Wasserbüffel und Kamele – sie alle (und noch mehr) verursachten gewaltige Probleme, nicht zuletzt für Australiens außergewöhnliche Tier- und Pflanzenwelt. Deshalb wurden und werden sie zum Teil mit großem Aufwand bekämpft. In einem beispiellosen Gemetzel töteten Jäger vor wenigen Jahren 160 000 verwilderte Dromedare, weil die Herden Wasserstellen und die empfindliche Vegetation im wüstenhaften Landesinneren zerstörten. Gelöst wurde das Problem dadurch nicht. Nach wie vor streifen Hunderttausende durch das Outback.

Auch die Aga-Kröten entwickelten sich zu einer Landplage, und obwohl vieles versucht wurde, gibt es bislang kein Mittel, um ihren Siegeszug aufzuhalten.

Für mitteleuropäische Verhältnisse ist *Rhinella marina* ein wahrer Krötengigant. Denken Sie zum Vergleich an die heimische Erdkröte, die leicht auf einer Handfläche Platz findet. Sie wiegt zwischen 20 und 50 Gramm, Weibchen etwas mehr. Aga-Kröten bringen es auf 1 Kilogramm. Es sind aber etliche Weibchen dokumentiert, die das Format eines Fußballs hatten und deutlich über 2 Kilogramm wogen, das Hundertfache einer Erdkröte.

So viel Kröte braucht viel Nahrung, zumeist Kleintiere wie Insekten, Würmer, Spinnen. Sie verschlucken aber ebenso andere Amphibien, sogar kleine Mäuse, scheuen auch vor Aas nicht zurück. Dieses ungewöhnlich breite Nahrungsspektrum der Aga-Kröten ist sicher einer der Gründe für ihren Erfolg. Durch die ungeheure Zahl und hohe Dichte, in der sie in Australien vorkommen können, sorgt schon allein ihr Appetit für Probleme.

Geradezu verheerend wirkt sich allerdings das giftige Hautsekret aus, das die Kröten bei Gefahr absondern. Abertausende von einheimischen Tieren sind ihm zum Opfer gefallen, vor allem große Raubtiere wie Schlangen, Warane und Krokodile, die so unvorsichtig waren, eine der giftigen Kröten zu verschlucken. Einheimische Kröten (aus der Familie der Bufonidae) gibt es in Australien nicht. Ein solches Wesen war den hiesigen Tieren also unbekannt, sie waren »kröten-naiv«. Wo die invasiven Amphibien auftauchen, brechen die Populationen mancher einheimischer Reptilienarten regelrecht zusammen. Profiteure sind deren Beutetiere.[4]

»Darum ist die Aga-Kröte im tropischen Australien eine Katastrophe«, sagt Richard Shine, ein international hoch angesehener Reptilien- und Amphibienexperte der Macquarie University in New South Wales. »Das macht den Leuten hier große Sorgen.«[5]

Beim Sich-Sorgen bleibt es nicht. Aga-Kröten werden von den Australiern gehasst und mit allen nur erdenklichen Methoden verfolgt. Sie werden erschlagen, tiefgefroren, überfahren und zu Leder verarbeitet. Aufgehalten hat sie das nicht. Rick Shines Arbeitsgruppe, »Team Bufo«, erforscht das Vordringen der Kröten und sucht nach Möglichkeiten, es zu bremsen und die Zahl der Tiere zu reduzieren. Ein Australien ohne *Rhinella marina* wird es jedoch nicht mehr geben.

Der Fall der Aga-Kröte in Australien macht deutlich, warum biologische Invasionen als eines der größten ökologischen Probleme unserer Zeit angesehen werden. Doch auch wenn es angesichts der Dramatik dieser Ereignisse schwerfällt – man kann diese Vorgänge auch unter einem ganz anderen Gesichtspunkt betrachten: Biologische Invasionen liefern evolutionäre Großexperimente *en masse*.[6] In den betroffenen Ökosystemen werden neu dazugekommene Lebewesen mit einer ihnen unbekannten einheimischen Tier- und Pflanzenwelt konfrontiert. Wie die Grillen Hawaiis und die neu eingewanderte parasitische Fliege sind sich beide Seiten nie zuvor begegnet. Eine über Jahrtausende aufeinander eingespielte Organismengemeinschaft mit ihren wechselseitigen Abhängigkeiten und Anpassungen wird von einem aggressiv auftretenden Neuling heimgesucht. Bei allen, die direkt oder auch nur indirekt davon betroffen sind, erzeugt das einen starken Selektionsdruck. Das Ergebnis ist Evolution – nicht immer, nicht überall, aber die Forschung hat mittlerweile viele Beispiele gefunden. Die Eroberung Nordostaustraliens durch die nachtaktiven Aga-Kröten ist sicher eines der spektakulärsten.

Als die Tiere in der Anfangsphase, während der späten 1930er-Jahre, durch das ihnen unbekannte Land hopsten, breiteten sie sich mit 10 bis 15 Kilometer pro Jahr aus. Mittlerweile hat sich die Geschwindigkeit ihrer Ausbreitung im tropischen Norden auf 55 bis 60 Kilometer pro Jahr verfünffacht.[7] Oder, um es mit den Worten von Rick Shine zu sagen: Aus einer »Teichhockerkröte« ist eine »straßentaugliche Rennkröte« geworden.[8] Im Süden hat sie bald Sydney erreicht, im Norden bewegt sie sich auf den Kakadu National Park zu, eine UNESCO-Weltnaturerbestätte.

Die Kröte hat sich verändert: morphologisch, physiologisch und im Verhalten. Shines Team fand heraus, dass die Tiere jetzt in einem anderen Fortbewegungsmodus unterwegs sind. Dabei stießen die Forscher sogar auf einen bislang unbekannten Evolutionsmechanismus, der sich weniger in der Zeit als im Raum entfaltet.

»Wer einen ganzen Kontinent durchqueren will, macht keine großen Sprünge, sondern viele kleine, flache Hüpfer«, erklärt Shine. »Das ist effizienter.«[9] Und schneller. Schnell und ausdauernd zu sein, ist bei einer derart invasiven Art von großem Vorteil. Wer zurück in der Masse bleibt, muss in Anbetracht der hohen Dichte, in der die Kröten vorkommen, mit vielen Artgenossen um Nahrung und Laichplätze konkurrieren. Wenn man aber an vorderster Front mit dabei ist, kann man Neuland erobern und findet einen reich gedeckten Tisch und leere Laichgewässer vor. Viele Fressfeinde gibt es nicht. Die einheimischen Raubtiere, die es versucht haben, beißen dank des Krötengifts kein zweites Mal zu.

Die Verbreitung geht mit einer Art Sortierungsprozess einher. Weit vorne sind immer die schnellsten und ausdauerndsten Kröten, während die trägere Hauptgruppe der Tiere noch auf sich warten lässt. Was das für Folgen hat, kann niemand besser in Worte fassen als Rick Shine: »An der Spitze der Landnahme finden sich immer nur die Bewegungsstärksten. Kommt dann die Brutzeit, paaren sich diese untereinander. Das ist der sogenannte Olympisches-Dorf-Effekt. Am Brutplatz sind Athletinnen und Athleten unter sich. Mom mit den sagenhaft langen Beinen und Dad mit seiner enormen Ausdauer zeugen entsprechende Kinder.«[10] Und die halten noch ein bisschen länger durch und hüpfen noch ein wenig schneller.

Auf diese Weise formte sich im Verlauf des Eroberungszuges bei einem Teil der Kröten ein veränderter Körper, der es den Tieren ermöglicht, ein 1,2 Millionen Quadratkilometer großes Gebiet zu besiedeln.[11] Der Kopf wurde schmaler und kompakter, nahm die Form einer Pfeilspitze an, die Vorderbeine wurden kräftiger und der Brustgürtel breiter, um die vielen Sprünge besser abfangen zu können, und die hinteren Sprungbeine wurden länger und rückten näher zusammen, um den Körper in flachen Kurven voranschnellen zu lassen – fertig ist die »Rennkröte«, entstanden im Zeitraum eines Menschenlebens.

Die Krötenpopulation hat sich in zwei unterschiedliche Phänotypen differenziert, die in hohem Maße erblich sind: in die Eroberer, die schnell vorneweg hüpfen und sich dementsprechend verändert haben, und die Masse der Tiere in den bereits besiedelten Gebieten, bei denen mehr oder weniger alles beim Alten geblieben ist. Das ist umso bemerkenswerter, als Anuren, so die wissenschaftliche Bezeichnung der Froschlurche, sich ansonsten eher durch einen konservativen Körperbau auszeichnen.

Natürlich fordert das Dasein als evolutionär designte »Rennkröte« auch seinen Preis. Die Pioniere, die als Erste in neue Gebiete vordringen, sind einem höheren Risiko ausgesetzt, zeigen schwächere Immunreaktionen, neigen zu Arthritis und kommen seltener zur Reproduktion. Möglich geworden ist diese

Veränderung daher, ohne mehr Nachkommen zu erzeugen als die langsameren Artgenossen, also ohne einen Fitnessvorteil. »Es handelt sich«, so Shine, »um eine Evolution durch Raum und nicht durch Zeit, die nicht von unterschiedlicher Fitness abhängt.«[12]

Dieses Phänomen gibt es nicht nur bei Aga-Kröten. Das Waldbrettspiel (*Pararge aegeria*), ein Schmetterling aus der Familie der Edelfalter (Nymphalidae), hat sich ins nördliche Großbritannien ausgebreitet. In den kolonisierenden Populationen wurden die Falter größer, sie entwickelten breitere Flügel und einen längeren Thorax, um die kräftigere Flugmuskulatur unterzubringen.[13] Europäischen Spatzen wuchsen nach ihrer Einführung in Nordamerika größere Flügel, Erdmäusen, die in Schweden Inseln besiedelten, längere Füße. Bei manchen Tieren, die freiwillig oder unfreiwillig auf Wanderschaft gehen, sorgt die Evolution offenbar für eine angemessene körperliche Ausstattung. Sogar Pflanzen wie die nordamerikanische Weymouth-Kiefer liefern Beispiele. Am Rand ihres Verbreitungsgebiets produzieren die Bäume leichtere Samen, die besser vom Wind verdriftet werden können.[14]

Evolutionäre Anpassungen zeigen aber nicht nur die Invasoren. Auch einheimische Lebewesen können durch neu aufgetauchte Konkurrenten, Fressfeinde oder Pflanzen, die zum Beispiel die Lichtverhältnisse und Bodenfeuchtigkeit modifizieren, unter starken Selektionsdruck geraten, und viele passen sich den neuen Gegebenheiten an. Leider nicht alle. Ausgerechnet die mit den giftigen Aga-Kröten konfrontierten australischen Raubtiere scheinen diesbezüglich eine lange Leitung zu haben, was nicht heißt, dass sie dem Eindringling völlig hilflos gegenüberstünden. Einige, wie die großen Buntwarane (*Varanus varius*), lernen schnell, die unbekömmlichen Amphibien zu meiden, deswegen erholen sich die nach dem Erstkontakt mit Aga-Kröten einbrechenden Bestände mit der Zeit wieder.[15]

Die Lernfähigkeit einiger Warane brachte das »Team Bufo« auf einen pfiffigen Gedanken. In einem Gebiet, das die Aga-Kröten noch nicht erreicht hatten, setzten sie mehr als 200 000 Eier, Kaulquappen und kleine, gerade in Metamorphose befindliche Kröten aus, als sogenannte *teacher toads* (»Lehrerkröten«). Mit ihrer geringen Giftladung sollten die jungen Amphibien den dort lebenden Waranen den Appetit auf Aga-Kröten vergällen, und das möglichst bevor sie den tödlichen großen Exemplaren begegneten. Die bis zu zwei Meter langen, großen Raubechsen wurden regelrecht trainiert, um sie auf die unaufhaltsam herannahende Front der Amphibien vorzubereiten.

Dann, ein Jahr später, im Mai 2019, tauchten die ersten Kröten auf, und in den Kontrollflächen, wo keine *teacher toads* zum Einsatz gekommen waren, nahm das Unheil in den folgenden Wochen und Monaten seinen gewohnten Lauf. Die Warane starben am Krötengift, an manchen Standorten überlebte kein einziges Tier. Da, wo die Warane mit jungen, ungefährlichen, aber durchaus schon giftproduzierenden Aga-Kröten trainiert worden waren, starben zwar auch viele, dennoch gab es überall Überlebende. Und während die Forscherinnen und Forscher zwei Jahre später in den Kontrollgebieten nur noch ein einziges lebendes Exemplar aufspürten, hatte die Zahl der Warane auf den *Teacher-toads*-Flächen schon fast wieder den Stand der Populationsdichte vor dem Eintreffen der Aga-Kröten erreicht – alles in allem ein großer Erfolg.[16]

Zwei Schlangenarten, darunter die Rotbäuchige Schwarzotter (*Pseudechis porphyriacus*), entwickeln nach längerem Kontakt mit den Kröten sogar körperliche Anpassungen: Seit sich die Aga-Kröte in Australien ausbreitet, ist die Maulöffnung der Reptilien kleiner und ihr Körper größer beziehungsweise länger geworden. Schlangen, für die die Amphibien nicht zum Beutespektrum gehören, zeigen keine derartigen Veränderungen. Ben Phillips und Rick Shine, die die Schwarzottern untersucht haben, interpretierten diese Befunde so: Nur große Aga-Kröten produzieren genug Gift, um ausgewachsene Schwarzottern zu töten. Die Selektion hat daher Schlangen mit kleinerem Maul begünstigt, und zwar umso ausgeprägter, je länger Schlange und Kröte bereits koexistieren. Solche Schwarzottern können potenziell tödliche Kröten gar nicht mehr verschlingen, kleinere, deren Giftladung zu gering ist, dagegen schon. Ähnlich verhält es sich mit der Körpergröße: Je größer die Schlange ist, desto eher kann sie das Gift überleben.[17] Die Selektion wirkte also gegen relativ kleine Schlangen. Möglicherweise wachsen die Schwarzottern jetzt schneller, um die besonders gefährdete Jugendphase möglichst kurz zu halten.

Sicher erinnern Sie sich an die *Anolis*, die Studienobjekte von Jonathan Losos (Kap. 5). Diese kleinen Leguanartigen wurden nicht nur als Einheimische »Opfer« biologischer Invasionen, sie waren gleichzeitig auch die Eindringlinge. *Anolis*-alt traf auf *Anolis*-neu.

Orte des Geschehens: der Südosten der USA und eine Reihe von Inseln, die, aufgereiht wie eine Perlenkette, vor der Ostküste Floridas und Kubas liegen. Mitwirkende: die Bahamaanolis, *Anolis sagrei*, in der Rolle der eindringenden Invasoren und die Rotkehlanolis, *Anolis carolinensis*, als einheimische Platzhalter.

Beide Arten haben sehr ähnliche ökologische Ansprüche, sehen aber völlig unterschiedlich aus. Beim Bahamaanolis dominieren Brauntöne mit vielen farbigen Fleckchen. Der etwas kleinere Rotkehlanolis ist dagegen intensiv grün gefärbt. Seine ursprüngliche Heimat ist der Südosten der USA, durch den

Menschen wurde er aber auf viele Inseln der Karibik verschleppt, sogar bis nach Japan, Mikronesien und Hawaii, wo er sich stark vermehrt hat. Der Bahamaanolis, der ursprünglich auf der gleichnamigen Inselgruppe sowie auf Kuba beheimatet war, ist heute noch viel weiter verbreitet. Er gelangte etwa bis nach Israel, Taiwan, Ecuador und Brasilien – ein einziges weltweites, von Menschen herbeigeführtes Durcheinander.[18]

Ursprünglich war der Rotkehlanolis im Südosten der USA die einzige *Anolis*-Art. Seit einiger Zeit breitet sich dort nun aber auch der Bahamaanolis aus, und die beiden kommen sich wegen ihrer sehr ähnlichen Lebensweise zunehmend in die Quere. Was sich dort im Großen abspielt, wollten Jonathan Losos und sein Team im Kleinen untersuchen – in einem ihrer bewährten Inselexperimente.[19]

Vor der Küste Floridas setzten sie im Mai 1995 einige Bahamaanolis auf drei Inselchen aus, auf denen bis dahin nur Rotkehlanolis gelebt hatten. Zusätzlich untersuchten sie auch den Bestand der Rotkehlanolis auf drei Kontrollinseln, auf denen sie keine Eingriffe vornahmen. Die grünen Echsen, denen die Inseln mit ihren begrenzten Ressourcen lange Zeit allein gehört hatten, sahen sich plötzlich mit einem etwas stärkeren Konkurrenten konfrontiert, der den gleichen Lebensraum und die gleiche Nahrung beanspruchte und gegen den sie bei direkten Zusammenstößen zumeist den Kürzeren zogen. Was würde geschehen?

Eine erste Reaktion zeigte sich schnell. Schon wenige Monate nach der Freisetzung der Bahamaanolis hatten die beiden den Lebensraum unter sich aufgeteilt. Die Bahamaanolis bewohnten den Boden und die unteren Vegetationsschichten, während sich die Rotkehlanolis in die oberen Stockwerke zurückgezogen hatten. Zwischen den bevorzugten Aufenthaltsorten beider Arten lagen im Mittel 60 Zentimeter Höhenunterschied. Auf Kontrollinseln, auf denen die Rotkehlanolis unter sich geblieben waren, nutzten diese weiterhin den gesamten Lebensraum vom Boden bis in die Baumkronen.

Im Jahr 2010 besuchte das Losos-Team erneut die Versuchsinseln der 1990er-Jahre sowie weitere und nahm wiederum jedes einzelne Tier genau unter die Lupe. Jetzt zeigten die in die Höhe ausgewichenen Rotkehlanolis auch die typischen Anpassungen an einen Untergrund, der im Wesentlichen aus kleineren Ästen und Blättern besteht: Ihre Zehenpolster, die ihnen unter solchen Umständen besseren Halt verschaffen, waren im Vergleich zu Kontrolltieren signifikant größer geworden. Um alle anderen Erklärungsmöglichkeiten auszuschließen, führte das Team noch weitere Untersuchungen durch. Unter anderem fingen sie trächtige Weibchen, sammelten im Labor die Eier, zogen die geschlüpften Tiere unter identischen Bedingungen in einem *Common Garden Experiment* auf und bestätigten schließlich, dass sowohl die Kontrolltiere als auch die *Anolis*, die in Anwesenheit des Konkurrenten aufgewachsen waren, ihre Merkmale an die Nachkommen vererbten.

Die Rotkehlanolis waren in Reaktion auf die nah verwandten Invasoren »schnell«, das heißt innerhalb weniger Jahre, evolviert.

Der kalifornische Evolutionsbiologe Scott Carroll gehört zu den schillerndsten Persönlichkeiten seines Fachs. An der University of California in Davis ist er der Gründungsdirektor eines Instituts, das das Thema dieses Buches schon im Namen führt: des Instituts für Zeitgenössische Evolution (Institute for Contemporary Evolution).

In Bezug auf die weltweit heiß diskutierte Frage, wie mit biologischen Invasoren umzugehen sei,[20] ob sie in jedem Fall ausgemerzt oder eher toleriert werden sollten, vertritt er einen sehr vorsichtigen – um nicht zu sagen: liberalen – Ansatz. Das wird etwa im Titel eines Meinungsartikels deutlich, den er zusammen mit seinem Kollegen Matthew Chew in der Zeitschrift *The Scientist* veröffentlicht hat: »Die invasive Ideologie – Biologen und Naturschützer sind zu erpicht darauf, gebietsfremde Arten zu verteufeln«.[21]

Seine Auffassung hat sicher mit der Tatsache zu tun, dass er viele Jahre lang ein System studiert hat, in dem sich einheimische Insekten durch evolutionären Wandel zu hilfreichen Nützlingen im Kampf gegen invasive Pflanzen entwickelt haben, ganz ohne rigorose Eingriffe des Menschen. Carrolls Untersuchungen sind fast schon ein Klassiker der evolutionsbiologischen Forschung. Sie zeigen, dass neu auftauchende fremde Pflanzen- und Tierarten für die ortsansässige Flora und Fauna nicht notwendigerweise nur von Nachteil sein müssen. Sie können mithilfe der Evolution auch als wertvolle Ressource entdeckt werden.

Es geht um den Ballonwein (*Cardiospermum grandiflorum*), eine Kletterpflanze, die zu den Seifenbaumgewächsen gehört und damit zur Verwandtschaft von Ahorn und Rosskastanie. Sie bildet dichte Matten und herabhängende Pflanzenvorhänge, die lokalen Pflanzen Luft und Licht zum Wachstum nehmen können. Ursprünglich in Mittel- und Südamerika heimisch, ist sie über den Zierpflanzenhandel mittlerweile in die ganze Welt gereist. Sie kommt auch in Italien und Frankreich vor, ist bisher aber vor allem in Australien invasiv geworden, wo sie im tropischen Norden, im Aga-Kröten-Gebiet, seit 1960 für zunehmende Probleme sorgt. Sie wird deshalb auf internationalen Listen potenziell gefährlicher pflanzlicher Invasoren geführt.[22]

Obwohl sich der Ballonwein in Australien über ein riesiges Gebiet ausgebreitet hat, scheint sich bislang nur eine einzige

Insektenart für ihn zu interessieren.[23] Das ist ja oft das Problem mit fremden Pflanzen: Es gibt in der neuen Heimat keine Gegenspieler, die ihr unkontrolliertes Wachstum bremsen könnten. Die hübsche rote Glasflügelwanze (Familie Rhopalidae) mit Namen *Leptocoris tagalicus*, die sich mit ihrem Saugrüssel nun über den Ballonwein hermacht, ist allerdings ein Spezialist für diese Pflanzengruppe und könnte vielleicht wirklich etwas ausrichten. Bevor sie den invasiven Eindringling für sich entdeckt hat, sog sie an dessen australischen Verwandten.

Das hat Scott Carroll und sein Team auf den Plan gerufen, denn Wanzen derselben Gruppe attackieren auch in den USA die sich dort ausbreitende Verwandtschaft des Ballonweins. Wie in Australien haben sich die Insekten ursprünglich von einheimischen Seifenbaumgewächsen ernährt, und viele tun das auch weiterhin. Ein Teil ist jedoch auf die neuen Pflanzen übergegangen.

Der Sprung von Pflanze zu Pflanze war zwar nicht allzu weit, trotzdem hatten die Wanzen dabei ein Problem zu überwinden: Um an den Samen, die sich in einer Kapselfrucht befinden, saugen zu können, müssen sie mit ihrem Stechrüssel – im Englischen als *beak*, »Schnabel«, bezeichnet – von außen deren Schale durchbohren und bis ins Innere vordringen. Die Rüssellänge muss also zur Größe der Fruchtkapseln passen. Das war aber nicht der Fall, die Früchte der neuen Pflanzen waren deutlich kleiner als die der einheimischen. Was nun? Die Wanzen waren mit dem falschen Werkzeug ausgestattet. Mit einem Meißel kann man keine Schraube lösen.[24]

Carroll und seine Kollegin Christin Boyd[25] vermaßen die Rüssellänge von Wanzen der beiden Baumarten und untersuchten auch zahlreiche Museumsexemplare, die über Jahrzehnte hinweg gesammelt worden waren. Das Ergebnis: Die Stechrüssel der auf den neuen Pflanzen lebenden Wanzen waren deutlich kürzer als die ihrer Artgenossen auf den einheimischen Pflanzen, und anhand der Museumsexemplare konnte man sogar verfolgen, wie diese Verkürzung über Jahrzehnte vorangeschritten war. Andernorts hatte sich an einer weiteren fremden Pflanzenart genau das Gegenteil abgespielt. Deren Samen waren zu groß, und die Vermessung ergab auch hier, dass die daran saugenden Wanzen sich angepasst hatten: Im gleichen Zeitraum, in dem die Stechrüssel einiger Artgenossen kürzer geworden waren, hatten sich ihre verlängert.

Innerhalb weniger Jahrzehnte hatte die Evolution dafür gesorgt, dass sich die Wanzen auf verschiedene neue Pflanzen eingestellt und dabei in unterschiedliche Phänotypen aufgespalten hatten, die sich nicht nur hinsichtlich der Länge ihrer Stechrüssel unterschieden. Dass sie dabei durchaus auch einen Beitrag zur Kontrolle der fremden Pflanzen leisteten, wird klar, wenn man erfährt, dass sie durch ihre Saugtätigkeit bis zu 90 Prozent der Samen abtöten. Ein derart hoher Anteil ist wohl nur zu erreichen, wenn die Saugrüssel optimal auf die Fruchtgröße abgestimmt sind.

Ginge es um Kulturpflanzen, hätte man es hier mit einem gefährlichen neuen Schädling zu tun, gegen den man vermutlich mit Insektiziden zu Felde ziehen würde. Da es sich aber um wild wachsende invasive, nicht heimische Pflanzen handelt, die man zurückdrängen will, kommt den Menschen die neu errungene Effektivität dieser Insekten sehr gelegen.

»So kann eine einheimische Flora und Fauna, die zunächst eine Invasion zulässt, schnell auf eine Weise reagieren, die letztendlich die Bekämpfung erleichtert«, resümierte Carroll.[26]

Auf einen ähnlich durchschlagenden Erfolg hoffte die Wissenschaft auch in Australien. Und tatsächlich: Dort ergaben die Messungen ebenfalls, dass Selektion und Evolution bereits ganze Arbeit geleistet hatten.[27] Die dortige Problempflanze, der Ballonwein, besitzt laternenartige Samenkapseln, die viel größer sind als die der einheimischen Gewächse. Im Verlauf von 30 bis 40 Jahren haben die Wanzen um bis zu 10 Prozent längere Saugrüssel entwickelt – eine Eigenschaft, die ihre Erfolgsquote verdoppelt hat und vererbt wird. Die dieser Entwicklung zugrunde liegenden genetischen Veränderungen der Insekten bezeichnen die Wissenschaftler als »überraschend komplex«.

Für die Wanzen, die sich an den invasiven Ballonwein angepasst haben, bleibt allerdings ein Wermutstropfen: Zurück auf die in Australien heimischen Pflanzen können sie nicht mehr. Für deren Früchte sind ihre Stechrüssel nun zu lang.[28]

Evolutionsbiologische Forschung kann Beiträge zur Lösung ganz aktueller Probleme leisten. Darauf setzen auch Richard Shine und sein »Team Bufo«. Denn bei ihren Untersuchungen der Aga-Kröten-Invasion ist ihnen etwas aufgefallen, das sich möglicherweise gegen die Amphibien einsetzen lässt. Was in deren ursprünglichem Lebensraum nur selten auftritt, scheint in Australien zur Regel geworden zu sein: Die Jugendstadien der Tiere haben sich zu gefräßigen Kannibalen entwickelt.[29] Die Kaulquappen verschlingen die Gelegemassen der eigenen Spezies. (Ein einziges Weibchen kann mehr als 30 000 Eier legen, insofern ist das Wort »Masse« keineswegs übertrieben. Im Dienst der Arterhaltung scheint da das eine oder andere Ei durchaus verzichtbar zu sein.)

Die Forschenden erklären sich dieses veränderte Verhalten mit der ungewöhnlich hohen Dichte der Kröten, die in Australien zehnmal so hoch sein kann wie in ihrer südamerikanischen Heimat. Befreit von der Bedrohung durch einheimische Räuber und Parasiten, haben sich die Invasoren im neuen Lebensraum so erfolgreich entwickelt, dass die Konkurrenz unter

Artgenossen zum bestimmenden Selektionsfaktor geworden ist. Für Rick Shine ist die Strategie, die hinter dem Kannibalismus steckt, offensichtlich: »Legt ein anderes Krötenweibchen seine Eier in deinen Teich, wirst du die Konkurrenz am besten schleunigst los.«[30] Die Kaulquappen tun das in Australien so gründlich, dass von später in ihrem Gewässer abgelegten Eiern kaum ein Schlüpfling überlebt. Wer zu spät kommt, den bestrafen die eigenen Artgenossen.[31]

Unmittelbar nach dem Schlüpfen ist die Brut besonders gefährdet. Bevor sie anfangen zu fressen, verharren die Schlüpflinge für längere Zeit unbeweglich in der gallertigen Masse ihres Geleges und zehren vom Eidottervorrat in ihrem Körper. Gegenüber anderen Raubtieren sind sie gut geschützt, denn die Mutterkröte hat das Gelege mit einer Dosis ihres Gifts versehen. Den älteren Kaulquappen macht das jedoch nichts aus, im Gegenteil: Sie werden davon magisch angezogen – ein Verhalten, das in einem Vergleichstest mit südamerikanischem Aga-Kröten-Nachwuchs nur die australischen Tiere zeigten. Die Evolution hat dafür gesorgt, dass sie ihr normales Fressverhalten eingestellt haben und stattdessen ganz gezielt auf die nachwachsenden Konkurrenten der eigenen Spezies losgehen.

Man mag das aus menschlicher Sicht abstoßend finden, in einem derart übervölkerten Lebensraum ist diese Strategie aber sehr erfolgreich. Anstatt dass der gesamte Nachwuchs in einem hoffnungslos überbesetzten Laichgewässer Hunger leidet und zugrunde geht, wird ein Entwicklungsstadium zugunsten eines anderen geopfert, sodass wenigstens ein Teil der Tiere überlebt.

Wenn man genauer hinsieht, wird allerdings deutlich, dass sich hier ein faszinierender Handel oder Abwägungsprozess vollzogen hat, »ein evolutionäres Wettrüsten zwischen dem kannibalistischen Kaulquappenstadium und den verletzlichen

Eiern und Jungtieren«, aus dem aber keiner als eindeutiger Verlierer hervorgehen darf.[32] Der evolutionäre Wandel, der hier stattgefunden hat, sorgt nicht nur für das Überleben der älteren Kaulquappen, er verhindert gleichzeitig, dass der Aderlass unter den Schlüpflingen zu groß wird.

Sie sind vollkommen hilflos. Was könnte man aufseiten der »verletzlichen Jungtiere« überhaupt tun? Jeder Vorteil der einen Seite gereicht der anderen zum Nachteil. Und über allem steht die Erhaltung der Art.

Die Lösung, die die Evolution gefunden hat, erscheint geradezu salomonisch: Die Entwicklung der wehrlosen Schlüpflinge verläuft schneller. Die Dauer dieses sensiblen Stadiums wurde verkürzt, von fünf Tagen bei den südamerikanischen Aga-Kröten auf drei Tage bei den invasiven australischen. Mehr noch: Einige der Schlüpflinge sind offenbar in der Lage zu erkennen, ob sie kannibalischen Artgenossen ausgesetzt sind oder nicht, und darauf flexibel zu reagieren. Sind keine älteren Kaulquappen anwesend, lassen sie sich mit der Entwicklung Zeit, gibt es sie, legen sie den Turbo ein.[33]

Rick Shines Prioritätensetzung bei der Bekämpfung der Aga-Kröten ist klar: »Töten ist Zeitverschwendung. Man muss sie am Brüten hindern.«[34] Könnte man sich in diesem Zusammenhang den neu erworbenen Kannibalismus der Kaulquappen zunutze machen?

»Da die Kaulquappen der Aga-Kröte die Eier der Aga-Kröte fressen, wären sie ein hervorragendes Mittel zur Bekämpfung der Aga-Kröte«, erklärte Rick Shine der Zeitschrift *Australian Geographic.* »Außerdem fressen sie kaum Eier einheimischer Frösche und sind fast ungiftig, bis sie sich (in Babykröten) verwandeln und so giftig werden, dass sie die Raubtiere, die sie fressen, töten.«[35]

Die Wirkung der Kannibalen ist allerdings zeitlich begrenzt, denn irgendwann werden aus ihnen Kröten, die das Laichgewässer verlassen und ganz andere Nahrung zu sich nehmen. Wollte man sie zur Bekämpfung einsetzen, wäre das unbefriedigend. Was aber, wenn man die Metamorphose verhindern und sogenannte Peter-Pan-Kröten züchten könnte, also Tiere, die nie erwachsen werden und das Laichgewässer nie verlassen? Würden die Kaulquappen ihr Vernichtungswerk dann bis zum eigenen Tod fortsetzen?

Man würde damit nichts Neues schaffen, betonte Rick Shine gegenüber dem *Australian Geographic*, nichts, was in der Natur nicht schon existiere: In jedem Gelege der Amphibien gebe es einige Tiere, die niemals eine Metamorphose vollzögen und zu besonders großen Kaulquappen heranwüchsen.[36]

Was noch vor wenigen Jahren reinste Science-Fiction gewesen wäre, liegt heute im Bereich des Möglichen. Dazu muss allerdings schweres Geschütz aus dem Methodeninventar der modernen Molekularbiologie aufgefahren werden, und zwar in Form der Genschere CRISPR/Cas9. Mit ihrer Hilfe gelingt es, sehr gezielt beliebige Abschnitte der DNA herauszuschneiden. Nur … niemand hatte bisher versucht, diese Technik an Aga-Kröten anzuwenden.

Ein erster Test verlief grandios erfolgreich. Das Ziel war, die Pigmentproduktion gentechnisch zu blockieren. Bald schwammen quicklebendige Albinokaulquappen in »Team Bufos« Laboraquarien der australischen Macquarie-Universität. Und nachdem diese die Metamorphose durchlaufen hatten, bestaunten die Forscherinnen und Forscher prächtige rotäugige Albino-Aga-Kröten. Fotos solcher Exemplare sind auf der Homepage *Cane Toads In Oz* des »Teams Bufo« im Internet zu sehen.[37] Die Methode funktionierte.

Dann wurde es ernst. Der nächste Versuch sollte die Produktion von Thyroxin blockieren, dem Schilddrüsenhormon, das bei Amphibien für die Einleitung der Metamorphose sorgt. Und auch das klappte. Den Kaulquappen wuchsen zwar noch kleine Hinterbeine, doch dann kam die Entwicklung zum Stillstand. Im Frühjahr 2024 meldeten diverse Presseorgane, dass »Peter-Pan-Kröten« in der Welt seien. Sie existieren. Und – was soll man sagen? – sie übererfüllen das, was man sich von ihnen erhofft hat.

»Zu unserer großen Freude sind es Super-Kannibalen«, verkündete »Team Bufo« auf seiner Homepage. »Sie fressen viermal so viele Eier wie normale Kaulquappen.«[38]

Bisher wurden alle Experimente in streng abgeschotteten Räumen durchgeführt.

»Warum so vorsichtig?«, fragt »Team Bufo« und gibt selbst die einzig mögliche Antwort: »Weil das Beispiel der Aga-Kröten, die zur Bekämpfung von Schädlingen nach Australien gebracht wurden, uns ständig an eine mögliche Katastrophe erinnert. Wenn man die wahrscheinlichen Folgen seiner Handlungen nicht sorgfältig prüft, kann viel schiefgehen. Zur Vermeidung des Fehlers der Zuckerrohrforscher in den 1930er-Jahren gehen wir langsam und vorsichtig vor, um einen risikoarmen, wirksamen neuen Ansatz zur Bekämpfung der Aga-Kröten zu entwickeln.«[39]

Viele Fragen sind noch zu klären. Die »Peter-Pan-Kröten« können sich nicht fortpflanzen. Es sind ja gar keine Kröten, sondern übergroße Kaulquappen, die nie geschlechtsreif werden. Andererseits dürften die Forscher kaum in der Lage sein, auf Jahre hinaus Tausende dieser Laborkreaturen zu erzeugen, um sie immer wieder von Neuem auszusetzen. Soll man es wagen, ganze Gewässer voller »Peter-Pan-Kaulquappen« mit Thyroxin zu behandeln, um die Blockade nach getaner Kannibalenarbeit zu lösen und eine Metamorphose in genetisch veränderte Aga-

Kröten zu ermöglichen? Diese würden Zehntausende von »Peter-Pan-Eiern« produzieren, das Nachschubproblem wäre gelöst. Sie müssten dann »nur« noch eingesammelt und auf die Laichgewässer verteilt werden.

Zunächst stehen in isolierten Gewässern in Trockengebieten oder auf Inseln erste Freilandversuche an. Sie sollten 2025 beginnen.

Für Rick Shine könnte ein Wunschtraum in Erfüllung gehen. Als er diese Idee zum ersten Mal hatte, »erschien sie wie ein ›Mondflug‹, der wahrscheinlich unmöglich sein würde, aber unglaublich spannend sein könnte, wenn er funktionierte. Dieser Traum ist nun fast Wirklichkeit geworden. Wir können Aga-Kröten dazu nutzen, sich selbst zu regulieren.«[40]

11
Evolutionsküche Stadt

Wir Menschen und die Konsequenzen unseres Tuns sind zu einem entscheidenden Selektionsfaktor geworden. Für viele Pflanzen- und Tierarten heißt das: Sie müssen sich anpassen. Wem das nicht gelingt, der läuft Gefahr, entweder auszusterben oder in eine Randexistenz abgedrängt zu werden. Allerdings – in einer vom Menschen gestalteten Umwelt bieten sich denen, die sie zu nutzen wissen, auch neue Chancen.

Nirgendwo wird dieses Spannungsfeld deutlicher als in den größten Artefakten, die Menschen je geschaffen haben: in den Städten. Sie sind die einzigen Ökosysteme dieser Welt, die nicht schrumpfen, sondern wachsen – wenn man sie denn »Ökosysteme« nennen will. Mittlerweile verwenden viele diese Bezeichnung für urbane Zentren, etwa die New Yorker Biologin Kristin Winchell. »Ja, unbedingt. Und wir sollten sie als spezifische Ökosysteme [*distinct ecosystems*] ansehen, wie wir das mit all den anderen auch tun«, sagt sie.[1] Prominente Kollegen stimmen ihr zu: »Städte stellen neuartige Ökosysteme dar, für die es keine natürliche Entsprechung gibt.«[2]

Moderne Großstädte wie New York, London, Singapur, Bangkok oder Berlin in einer Reihe mit Wäldern, Wüsten und Korallenriffen?

Lange Zeit war eine solche Kategorisierung nicht üblich. Im Gegenteil: Die biologischen Wissenschaften fühlten sich für natürliche, ungestörte Systeme zuständig und ließen die Städte naserümpfend links liegen. Das hat sich geändert. Stadtbiologie ist heute ein eigenständiger Zweig der Wissenschaft, für den sich viele Forscherinnen und Forscher interessieren, auch und gerade aus dem Bereich der Evolutionsbiologie. Mit einer gewissen Verzögerung – spätestens seit uns auf den Bürgersteigen unserer urbanen Nachbarschaft verblüffend entspannt wirkende Rotfüchse über den Weg laufen – hat auch die Öffentlichkeit eher verwundert als erfreut zur Kenntnis genommen, dass moderne Städte heute Lebensraum für eine erstaunlich große Zahl von Tierarten geworden sind. In einer Metropole wie Berlin wird ihre Zahl auf 20 000 bis 30 000 geschätzt. Parks, Friedhöfe, Grünanlagen, Wildwuchsareale, Brachen, Vorgärten, Hinterhöfe, Böschungen, Hecken, Straßenbäume, Teiche, Flüsse, Seen, Wälder und Agrarflächen – moderne Städte sind Mosaike aus den unterschiedlichsten Biotoptypen und bieten denen, die das zu nutzen wissen, Unterschlupf und überreichlich Nahrung.[3]

In unserem Zusammenhang ist es natürlich besonders interessant zu wissen, ob und wie sich Tiere und Pflanzen durch Evolution an die besonderen Eigenschaften urbaner Umgebungen anpassen. Treiber einer solchen Entwicklung gibt es genug. Städte sind »oft wärmer, trockener und stärker durch Lärm, Licht und chemische Giftstoffe belastet« als ländliche Lebensräume. Wasserundurchlässige Oberflächen und Bodenverdichtung führen zu einer veränderten Hydrologie. In Ballungsgebieten leben viel mehr invasive Arten als außerhalb, wobei aber die Artenvielfalt insgesamt deutlich geringer ist. Bei Arten, die nicht sehr mobil sind, zum Beispiel bei Salamandern, leidet infolge der starken Fragmentierung auch die genetische Diversität. Die Nahrungsressourcen sind in Städten oft andere, vor allem aufgrund der »Ergänzung durch menschliche Nahrung und Verschiebungen bei den typischen Beutetieren«.[4]

Dass die Anpassung an diese urbanen Besonderheiten schnell gegangen sein muss, liegt auf der Hand. Erst achtzig Jahre sind vergangen, seit ein verheerender Krieg große Teile vieler europäischer Städte in Schutt und Asche legte. Es sind die gleichen, die sich heute in Hochglanzbroschüren stolz der Zahl ihrer Vogel-, Schmetterlings- und Pflanzenarten rühmen.

Manche Spezies mussten sich gar nicht sehr verändern, um im urbanen Raum erfolgreich zu sein. Sie brachten Voranpassungen mit, Präadaptationen, die ihnen den Übergang erleichterten. Dazu zählt zum Beispiel die Vorliebe von Felsentauben und Mauerseglern für senkrecht aufragende Felswände als Nistplätze. Damit fiel der Umzug in die Kunstfelsmassive der Menschen vergleichsweise leicht. Auch das von jeher breite Nahrungsspektrum der Rotfüchse gehört zu den hilfreichen Veranlagungen. In Städten ernähren sie sich kaum noch von Nagetieren und Vögeln, sondern hauptsächlich von Abfällen, Essensresten und Regenwürmern.[5] Die eigentlich küstenbewohnenden Austernfischer, die heute im niederländischen Leiden leben, haben, so der Evolutionsbiologe Menno Schilthuizen, »das Watt gegen Rasen, die Muscheln gegen Regenwürmer und den Kiesstrand gegen die Flachdächer des Leidener Universitätsklinikums eingetauscht«.[6] Wohl dem, der für das urbane Leben von vornherein ein hohes Maß an Flexibilität mitbringt.

Andere Arten mussten größere Hürden überwinden, um auch in Städten gut leben zu können. Zum Beispiel unsere alten Bekannten, die *Anolis*, die praktisch zu jeder evolutionsbiologischen Fragestellung etwas beizutragen haben. Aus den Städten Puerto Ricos, von denen viele noch vor dreißig Jahren kaum als solche bezeichnet worden wären, sind die flinken kleinen Echsen[7] heute kaum noch wegzudenken. Kristin Winchell hat sie untersucht und mit denen verglichen, die in Wäldern außerhalb der Städte leben. Sie ließ sie zum Beispiel eine steile Rampe mit verschiedenen Untergründen hinauflaufen, mit Beton, Metall oder Baumrinde.[8] Wie würden die *Anolis* unterschiedlicher Herkunft bei diesem Test abschneiden?

Die Ausgangshypothese war klar: Die Stadtechsen kommen mit künstlichen Untergründen besser zurecht, die Waldechsen mit natürlichem Untergrund. Und das Ergebnis? Die Stadt-*Anolis* waren immer die schnellsten, egal, auf welchem Material Kristin Winchell sie laufen ließ. Ihr Geheimnis: Sie haben einen breiteren Körper, größere Zehenpolster und mehr von den feinen Lamellen, aus denen die Zehenpolster bestehen. Ausschlaggebend für die höhere Geschwindigkeit sind aber in erster Linie ihre längeren Hinterbeine.

Wurde die Rampe steiler (bis zu 60 Grad), verloren die städtischen *Anolis* an Geschwindigkeit, vor allem auf gestrichenem Beton. Bei noch steilerer Schräge scheiterten auch sie und verloren den Kontakt zum Untergrund. Ideal ist die Anpassung also nicht. Ihre körperlichen Veränderungen sind das Ergebnis eines Kompromisses (*trade-off*). Könnten sie wie Geckos glatte Wände emporklettern, würden sie im flachen Gelände an Geschwindigkeit verlieren. Auf ebener Fläche schnell (davon-)laufen zu können, scheint für die kleinen Echsen in Städten aber besonders wichtig zu sein.

In allen Städten Puerto Ricos, in denen Kristin Winchell *Anolis* untersucht hat, zeigten die Reptilien dieselben Anpassungen. In vielerlei Hinsicht stellten Städte wiederholte »natürliche Experimente« dar, schreibt sie, »in denen geografisch getrennte Populationen innerhalb kurzer evolutionärer Zeiträume adaptiv auf ähnliche Selektionsdrücke reagieren«.[9]

Kristin Winchell und Shane Campbell-Staton, an dessen Studien über die stoßzahnlosen Elefanten in Mosambik (Kap. 9) Sie sich sicher erinnern, haben mit diesen kleinen puerto-ricanischen Echsen detaillierte genetische Analysen durchgeführt. Diese zeigen überraschend eindeutig, dass *Anolis* aus einer Stadt mehr mit den Tieren des benachbarten Waldes gemeinsam haben als mit den *Anolis* anderer Städte. Die Besiedlung der urbanen Räume muss daher mehrfach unabhängig aus der jeweiligen Umgebung erfolgt sein – ein Ergebnis, das auch genetische Untersuchungen von Rotfüchsen und Amseln in Europa ergeben haben.[10] Dass die Tiere trotzdem überall sehr ähnliche Anpassungen zeigen, untermauert die These, dass die Evolution bei gleichartigem Selektionsdruck zu übereinstimmenden Ergebnissen führt.

Das trifft insbesondere auf die Temperaturtoleranz zu. Aufgrund der urbanen Hitzeglocke sind Stadtbewohner deutlich höheren Temperaturen ausgesetzt als ihre Artgenossen in den nahen Wäldern. Setzt man *Anolis* aus beiden Lebensräumen nach einer Akklimatisierungsphase steigenden Temperaturen aus, reagieren die städtischen Echsen deutlich robuster als die Waldtiere. Diese in jeder Stadt unabhängig erworbene Hitzetoleranz ist bei allen Tieren sehr ähnlich ausgeprägt – bis hin zu den genetischen Details, die dieser Eigenschaft zugrunde liegen.[11]

Euphorie wegen der erstaunlichen Anpassungsfähigkeit vieler Spezies an urbane Gegebenheiten ist allerdings nicht angebracht. Die Urbanisierung zerstört viel mehr Lebensraum, als sie schafft, und gemessen an der Gesamtzahl der Arten können in diesen Gebieten nur verhältnismäßig wenige leben. Auch dafür liefern Puerto Ricos *Anolis* ein gutes Beispiel. Zwölf Arten leben auf der Insel; zwei von ihnen gelang es, auch in Städten Fuß zu fassen, doch nur eine davon, *Anolis cristatellus*, ist häufig.[12] Städte sind voller Leben, aber als Archen für die schwindende organismische Vielfalt des Planeten sind sie ungeeignet.

Die Fragmentierung der Lebensräume ist ein wesentliches Merkmal der Urbanisierung, und in Städten stellt sie Lebewesen, die nicht fliegen können, vor große Herausforderungen. Wie soll sich zum Beispiel eine Pflanze vermehren und verbreiten, die innerhalb des einen Quadratmeters frei liegenden Bodens rings um den Stamm eines Straßenbaums Wurzeln schlagen konnte, mitten in einer nahezu völlig versiegelten Innenstadt? Glücksfall oder Sackgasse? Sie ist dort ausschließlich von gepflasterten oder asphaltierten Flächen umgeben, und die nächste exakt gleich große, »mit Hundehaufen, weggeworfenen Bonbonpapierchen und Gauloises-Kippen dekorierte«[13] Baumscheibe ist zehn Meter entfernt.

Eine von 96 Pflanzenarten, die im südfranzösischen Montpellier gern in solchen innerstädtischen Baumscheiben wächst, ist der Heilige Pippau (*Crepis sancta*) aus der Verwandtschaft des Löwenzahns. Auch er bildet nach der Blüte pusteblumenartige Fruchtstände, in denen viele Samen an zarten, mit Fallschirmen versehenen Stängelchen sitzen. Wenn diese sich nach einem Windstoß oder dem Pusten eines Menschen in die Luft schwingen und auf den Weg machen, kann man sich leicht vorstellen, was mitten in der Stadt mit ihnen passieren wird. Fast alle Samenfallschirme werden auf Pflaster, Asphalt, in der Kanalisation oder im Flusswasser landen, von Vögeln oder Ameisen gefressen oder irgendwo verrotten, denn zum Keimen geeignete Böden bedecken in diesem urbanen Umfeld weniger als ein Prozent der Fläche. »Verbunden« sind die Flächen nur durch Bienen, die Pollen von einer Baumscheibe zur nächsten transportieren.[14]

Die Möglichkeiten des Pippaus sind jedoch mit den Fallschirmsamen noch nicht erschöpft. Er ist zur sogenannten Heterokarpie fähig, das heißt, er kann zwei verschiedene Arten von Samen produzieren – die leichten, die gerade davongesegelt sind, und deutlich schwerere ohne Fallschirm, die nahe bei der Mutterpflanze einfach auf den Boden fallen. Der Anteil der schweren Samen an der Gesamtsamenproduktion wird vererbt. Außerhalb von Städten ist das eine sinnvolle Doppelstrategie: mit den schweren Samen den eigenen Standort festigen und mit den leichten das Erbgut weiträumig in der Gegend verteilen.

Die erste Pippau-Pflanze, die in einer bestimmten urbanen Baumscheibe Wurzeln geschlagen hat, verdankt diesen Erfolg ihrem Fallschirm, denn wahrscheinlich ist sie aus einem leichten Samen hervorgegangen; anders konnte sie kaum hierhergelangen. Hat sie in der Stadt aber erst einmal Fuß gefasst, lohnt sich die Produktion leichter Samen nicht mehr, weil sie in dieser Umgebung kaum Chancen haben, auf fruchtbaren Boden zu fallen. Aufwand und Ertrag stünden in keinem Verhältnis. Die Theorie sagt unter solchen Umständen voraus, dass es einen starken Selektionsdruck gegen weiträumige Ausbreitung geben wird. Schwere Samen werden mit hoher Wahrscheinlichkeit innerhalb der Baumscheibe und damit auf einem Fleckchen Erde landen, das es ihnen erlaubt zu keimen. Also wird eine Stadtpflanze im Vergleich zu ländlichen Artgenossinnen wohl mehr schwere Samen zuungunsten der leichten produzieren.

Pierre-Olivier Cheptou vom CNRS, dem Centre National de la Recherche Scientifique in Montpellier, hat das zusammen mit Kolleginnen und Kollegen genau überprüft.[15] Sie sammelten auf sieben Straßen im Stadtzentrum und vier Wiesen im Umland Pippausamen, zogen die daraus entstandenen Pflanzen in einem *Common Garden Experiment* unter identischen Bedingungen auf und zählten schließlich die von jeder Pflanze produzierten Samen, die leichten und die schweren. Von letzteren erzeugten die urbanen Pflanzen fast anderthalbmal so viele wie ihre ländlichen Artgenossinnen. Da der Anteil schwerer Samen, den eine Pflanze hervorbringt, erblich ist, kann das nur durch Evolution geschehen sein. Wann die Häuser gebaut und die Straßen gepflastert worden waren, war genau bekannt. Deshalb konnte Cheptou berechnen, wie lang die Entwicklung vom Land- zum Stadtpippau gedauert hatte: Es waren fünf bis maximal zwölf Generationen.

Diese schnelle Evolution hin zu reduzierter Ausbreitungsfähigkeit wird die ohnehin bestehende Isolation der einzelnen Vorkommen in fragmentierter Landschaft noch verstärken – letztlich ist das also keine gute Nachricht.

Isoliert sind auch die Weißfußmäuse (*Peromyscus leucopus*) in New York City, eingesperrt in Grünflächen und Parks, die immerhin 20 Prozent der Stadtfläche einnehmen.[16] Die Mäuse gehörten schon zu den Ureinwohnern der bewaldeten und noch unbesiedelten Halbinsel Manna-hata – indianisch für »hügeliges Land« oder für »Ort, an dem man Holz für Bögen findet« –, und die atemberaubende Entwicklung dieses Landstrichs zu einer riesigen Metropole, der menschengemachte Trubel der letzten dreihundert Jahre hat sie nicht daraus vertreiben können. Doch anstatt wie früher eine einzige große Population zu bilden, die das ganze Gebiet bewohnt, wurden sie auf immer kleiner werdende bewaldete Restflächen aufgeteilt und zurückgedrängt. Weißfußmäuse leben noch heute in jedem größeren Park der Millionenstadt, ob in Manhattan oder der Bronx, in Brooklyn oder Queens, allerdings ohne Chance, je auf Artgenossen aus einer anderen urbanen Habitatinsel zu stoßen, und das seit dem Ende des 19. Jahrhunderts, als sich die expandierende Metropole die verbliebenen Lebensräume einverleibte und sie von anderen trennte. Einen Genfluss vom Central Park zum Battery Park an Manhattans Südspitze oder zum Prospect Park in Brooklyn gibt es seitdem nicht mehr.

Trotzdem scheint es den Weißfußmäusen New Yorks gut zu gehen. Der Biologe Jason Munshi-South bezeichnet sie als *urban adapters*, die auch an gestörten Standorten in hohen Dichten vorkommen können. Der an der Fordham University, New York, arbeitende Forscher hat die Stadtnager untersucht und ihre vielen urbanen Subpopulationen genetisch analysiert, mit einem verblüffenden Ergebnis.[17]

Die genetische Vielfalt ist bei den Weißfußmäusen insgesamt erstaunlich groß geblieben; im Verlauf der 120 Jahre währenden Isolation hat aber jede einzelne Parkpopulation eine eigene Signatur entwickelt. »Wenn uns jemand eine Maus brächte, ohne uns zu sagen, wo sie herkommt, könnten wir [anhand ihres Genoms] klar bestimmen, aus welchem Park sie stammt. So stark unterscheiden die sich inzwischen«, sagt Munshi-South.[18]

In kleinen Populationen kann der zufällige Verlust einiger Individuen einen großen genetischen Effekt erzielen, weil dadurch die Wahrscheinlichkeit wächst, dass mit ihnen seltene Allele aus dem Genpool verschwinden – ein Grund, warum kleine Populationen so gefährdet sind. Auch diese sogenannte Gendrift führt zu evolutionären Veränderungen (sprich: zu veränderten Allelhäufigkeiten), allerdings nicht als Ergebnis einer natürlichen Selektion. Diese Mutationen sind zum großen Teil dem Zufall geschuldet und nicht adaptiv.

Übrigens kommt schon bei der Besiedlung der Städte ein anderer Prozess zum Tragen, der dazu führt, dass kleine Populationen genetisch verarmen und sich stark unterscheiden: der »Gründereffekt«. Als die *Anolis* die Zentren Puerto Ricos besiedelten oder als Füchse oder Amseln wiederholt in urbane Räume Europas vordrangen, waren es ja stets nur einige wenige Tiere, die aktiv vorangingen, und mit ihnen gelangte nur ein Teil des Genpools dieser Spezies in die Städte. Ganz zufällig war die Auswahl der Allele, die sie mitbrachten, nicht, denn vermutlich waren es besonders mutige, stressunempfindliche Individuen, die sich als Pioniere vorwagten und die diese Eigenschaften dann an ihre urbanen Nachkommen weitergaben.

Ganz anders ist die Ausgangslage, wenn ein Gebiet – ein Friedhof, ein Wäldchen, ein Gewässer – vom expandierenden Häusermeer gleichsam umspült oder umwachsen wird, wie das im 19. und 20. Jahrhundert in vielen Städten geschah und wie es auch heute im Zuge der fortschreitenden Urbanisierung geschieht, wenn außerhalb der alten Stadtgrenzen neue Wohn- oder Gewerbegebiete erschlossen werden. Alles, was sich nicht aus dem Staub machen kann, wird der Stadt einverleibt. Wieder gelangt nur ein Ausschnitt des Genpools der davon betroffenen Arten in den urbanen Raum – in diesem Fall ist die Auswahl aber rein zufällig.

In der Regel gelten eine geringe Individuenzahl und ein limitierter Genpool als großer Nachteil, zumal wenn es keine Grünkorridore gibt, die isolierte Populationen verbinden und einen Genfluss ermöglichen. Aber, so fragte sich Jason Munshi-South, bieten kleine Populationen nicht auch die Möglichkeit zu lokalen Anpassungen, weil Allele sich relativ leicht durchsetzen können? Wenn man also nach Spuren urbaner Evolution sucht, wären dann solche kleinen Populationen nicht ein vielversprechender Ansatzpunkt?

Zusammen mit seinem Mitarbeiter Stephen Harris fing Munshi-South deshalb auf dem Land und in mehreren New Yorker Stadtparks Weißfußmäuse, und sie analysierten nicht deren DNA-Basensequenz, sondern die in den Zellen verschiedener Organe der Nager vorhandene Messenger-RNA (deutsch: »Boten-RNA«), kurz: »mRNA«.[19] Das ist der Stoff, in den die Sequenzinformation der DNA umgeschrieben (»transkribiert«) wird, bevor außerhalb des Kerns im Zellplasma die Produktion der Proteine beginnen kann. Wichtig ist für uns an dieser Stelle vor allem, was sich aus den mRNA-Molekülen einer Zelle ablesen lässt: Man erfährt, welche Gene in dieser Zelle tatsächlich aktiv sind und in mRNA übersetzt wurden (das sind eben bei Weitem nicht alle) und wie das aufgrund dieser mRNA synthetisierte Protein genau aussehen wird. Der Analyse der Zellen anhand von mRNA-Daten – die Fachleute sprechen von deren »Transkriptom«[20] – läuft also auf einen Vergleich von Genaktivitätsmustern hinaus.

Die Erforschung der New Yorker Weißfußmäuse galt etwa der Beantwortung der Fragen: Welche Gene sind in der Leber von Central-Park-Mäusen aktiv, und wie sieht im Vergleich dazu das Genaktivitätsmuster in Mausleber aus Queens, Brooklyn oder vom Lande aus? Gibt es Gene, die an den Untersuchungsstandorten unterschiedlich aktiv waren und sind, und kann man in diesen Daten möglicherweise spezifische Herausforderungen erkennen, die die Mäuse in den Parks zu bewältigen haben?

Tatsächlich fanden Harris und Munshi-South etliche Positionen (»Loci«) im Genom der Mäuse, die an den verschiedenen Standorten und vor allem im Stadt-Land-Vergleich unterschiedlich aktiv waren, und fast alle hatten mit dem Stoffwechsel der Tiere zu tun. Evolution heißt für die New Yorker Weißfußmäuse nicht wie für die *Anolis* in Puerto Rico, schneller laufen oder besser klettern zu können, sondern vor allem, ihren Metabolismus umzustellen, von einer Nahrung aus Arthropoden (Insekten, Spinnen), Früchten, Nüssen, verschiedenen grünen Pflanzen und Pilzen hin zu einer sehr fett- und kohlenhydrathaltigen Kost. Mäuse aus dem Central Park zeichneten sich etwa durch ein stark verändertes Gen aus, das für die Entgiftung von Aflatoxinen zuständig ist, krebserregenden Giftstoffen, die in Schimmelpilzen auf Nüssen und Samenkernen gebildet werden. Ein anderes Gen sorgt für eine bessere Verträglichkeit äußerst fettreicher Nahrung.

Es liegt nahe, all das mit dem Fast- und Streetfood in Verbindung zu bringen, das in zahlreichen Restaurants und Buden rings um die Parks verkauft, von menschlichen Besuchern hineingetragen, im Grünen verzehrt und dann dort in überquellen Mülleimern zurückgelassen wird.[21] Die sich evolutiv verändernden Genome der urbanen Weißfußmäuse sind ein Spiegelbild unserer eigenen Essgewohnheiten.

Tierische Stadtbewohner werden nicht nur mit ungewohnter Nahrung konfrontiert. Wer sich so nah an die Menschen heranwagt, stößt immer wieder auf Dinge, kleine, große und sehr große, die man nie zuvor gesehen hat und deren Eigenschaften und Fähigkeiten man weder kennt noch einschätzen kann – ebenso wenig wie die möglicherweise von ihnen ausgehenden Gefahren. Das müssen keine spitzen, scharfen oder explosiven Gegenstände sein. Menno Schilthuizen erinnert zum Beispiel an die von McFlurry-Softeisbechern angelockten Igel, die von deren leckerem Vanilleduft verführt den Kopf hineinsteckten und ihn dann wegen ihrer Stacheln nicht wieder zurückziehen konnten.[22] Viele Igel sind auf diese Weise elendig zugrunde gegangen, bis McDonald's auf ein anderes Becherdesign umstieg.

Ein gewisses Maß an Vorsicht gegenüber unbekannten Dingen scheint in Städten also durchaus angebracht zu sein. Andererseits könnten darin oder darunter auch ungeahnte neue Nahrungsquellen stecken. Erforschen oder nicht erforschen? Diese Frage stellt sich Stadtvögeln wesentlich häufiger als ihren Artgenossen aus Wald und Flur. Verhalten sie sich deshalb anders, sind sie neuen Dingen gegenüber aufgeschlossener, interessierter, kurz gesagt: Sind sie neophiler?

Ich zitiere eine meiner Lieblingspassagen aus dem Buch *Darwin in der Stadt* des niederländischen Evolutionsbiologen Menno Schilthuizen: »Seit Jahren ist es für Experimentalbiologen ein Riesenspaß, sich Tests für die Neophilie von Stadttieren auszudenken. Was könnte vergnüglicher sein, als ein schräges Fantasieprodukt zusammenzubasteln, das keinem bekannten Ding gleichsieht, und ein argloses Versuchstier damit zu konfrontieren? Das ist für Biologen so etwas wie das TV-Format *Verstehen Sie Spaß?*. Im Namen der urbanen Verhaltensbiologie wurden zum Beispiel in Australien Hirten-Mainas mit grünen Haarbürsten und gelben Klebebandrollen bekannt gemacht, in England Krähen mit aus Knabberzeugtüten, Marmeladengläsern und Fastfood-Verpackungen aus Styropor zusammengestückelten modernen Kunstwerken und in Tennessee Carolinameisen mit prächtigen Türmen aus Duplo-Schokoladenriegeln.« In Polen verzierten Forscher 160 Vogelhäuschen innerhalb und außerhalb von Städten mit einem hellgrünen Gummiwesen, das obendrauf ein Haarbüschel trug. »Und praktisch in allen derartigen Fällen«, fasst Menno Schilthuizen zusammen, »näherten sich Stadtvögel diesen bizarren Dingen schneller und interessierter als die argwöhnischen Landvögel.«[23]

Berliner Brandmäuse (*Apodemus agrarius*) verhalten sich genauso. Fünf Potsdamer Forscherinnen um Valeria Mazza verglichen Stadtmäuse mit Tieren, die in ländlicher Umgebung gefangen wurden. Die Tiere beider Gruppen konnten über ein dunkles Rohr aus einer Behausung in ein Freigehege gelangen. Gemessen wurde, wie lange es dauerte, bis sich die Mäuse aus dem Rohr hinauswagten, und wie lange sie das Gehege erforschten. Die Stadtmäuse erwiesen sich als mutiger, neugieriger und flexibler als ihre Artgenossen auf dem Land.[24]

Etwas Ähnliches erlebten australische Forscher um Matthew Symonds, als sie die Fluchtdistanz von 42 verschiedenen Vogelarten in der Stadt und auf dem Land verglichen.[25] In allen Fällen erwiesen sich die in Städten lebenden Vögel als wesentlich furchtloser als ihre vom Land stammenden Artgenossen. Nur ein Beispiel von vielen: Ließen urbane Stockenten (*Anas platyrhynchos*) Menschen bis auf gut 3,5 Meter an sich herankommen, ergriffen Landenten schon die Flucht, wenn Beobachter einen Abstand von knapp 28 Metern unterschritten.

Diese Unterschiede zwischen Stadt- und Landvögeln waren unabhängig von der Gehirngröße der Vögel, aber umso ausgeprägter, je länger die Vogelarten schon in Städten lebten. Für Menno Schilthuizen spricht das dafür, »dass Wagemut und Unerschrockenheit das Ergebnis *einer evolutionären Entwicklung* sind«.[26] Und viel deutet aus seiner Sicht darauf hin, dass dies auch für das Problemlösungsverhalten und für Neophilie gilt.

Ich habe hier nur wenige ausgewählte Beispiele für evolutionäre Veränderungen aufgrund von Anpassungen an die spezifischen Gegebenheiten großer Städte angeführt. Jason Munshi-South und sein kanadischer Kollege Marc Johnson listen über 140 Tier- und Pflanzenarten auf – vom Regenwurm bis zum Puma –, für die solche Prozesse in noch mehr Studien und vielen Städten der Welt seit den 1950er-Jahren untersucht und nachgewiesen wurden.[27] Städte, daran kann kein Zweifel bestehen, sind Hotspots aktueller evolutionärer Veränderungen.

Bei einigen Arten gehen die Anpassungen an die urbane Umwelt so weit, dass manche Forscherinnen und Forscher über die mögliche Entstehung urbaner Arten spekulieren, von Organismen, die nur in Städten leben und sich mit den auf dem Land oder in Wäldern lebenden Populationen, aus denen sie einmal hervorgegangen sind, nicht mehr vermischen. Amseln

(*Turdus merula*) gelten als erste heiße Kandidaten für eine solche Entwicklung. Sie werden nicht die einzigen bleiben.

Knapp zweihundert Jahre sind vergangen, seit Amseln erstmals brütend in südwestdeutschen Städten beobachtet wurden.[28] Die meisten von ihnen waren damals noch scheue Waldbewohner, und weiter östlich, zum Beispiel in der Gegend um Moskau, sind sie es bis heute geblieben. Warum die Vögel gerade hier in Deutschland und zu jenem Zeitpunkt ein Faible für die Städte der Menschen entwickelten, werden wir vermutlich nie erfahren.

Zuerst besiedelten sie Gärten und Parks am Stadtrand, dann überwinterten sie in der nahen Stadt, schließlich folgten dort erste Brutversuche. Waren sie erfolgreich, nahm die Population rasch zu, und dies geschah überall in Mitteleuropa: 1830 in Augsburg, 1840 in Stuttgart und Frankfurt am Main, 1880 in Göttingen, dann in dänischen Städten und Danzig. Um 1930 wurde London besiedelt, später auch Oslo, Helsinki, St. Petersburg, Kiew. Aber wie bei den *Anolis* Puerto Ricos belegen genetische Untersuchungen zweifelsfrei, dass die Stadtamseln von den Vögeln der jeweiligen Stadtumgebung abstammen. Nicht sie selbst sind von Stadt zu Stadt gezogen, sondern ihr Verhalten. Das Interesse an Städten mit ihrem Angebot an Nahrung und Lebensraum breitete sich unter den Amseln des alten Kontinents aus wie ein Lauffeuer.[29]

Mittlerweile ist *Turdus merula* in Europa zum Stadtvogel schlechthin geworden und hat dabei viele Eigenschaften hervorgebracht, die sich so sehr von jenen der heute noch im Wald lebenden Artgenossen unterscheiden, dass eine Behandlung als getrennte Arten durchaus gerechtfertigt erscheint:[30] Die urbanen Amseln sind zu Standvögeln geworden, die in den Städten überwintern und sich keine Fettvorräte für weite Flüge mehr anfressen müssen. Ihre innere Uhr wurde deutlich verstellt, sodass Stadtamseln einen Monat früher brüten als Waldamseln; dafür erforderliche Hormonsignale erfolgen bei Männchen statt Mitte Mai sogar schon im März. Ihre Fluchtdistanz ist um ein Drittel kürzer als die von Waldamseln, auf Stress reagieren sie weitaus entspannter. Sie singen bereits Stunden vor Sonnenaufgang, in höherer Tonlage und ausdauernder. Der Schnabel ist kürzer und gedrungener – vermutlich eine Folge der Tatsache, dass Futter in der Stadt »ohne Hacken, Bohren und Zerknacken mit dem Schnabel zu haben ist«.[31] Etliche dieser Merkmale werden vererbt, *Common-Garden*-Experimente haben das belegt.

Warum die Fachleute trotz all dieser Unterschiede zögern, gleichsam offiziell eine Stadtamsel, *Turdus urbanicus*, aus der Taufe zu heben, hat unter anderem damit zu tun, dass diese Veränderungen in sämtlichen von dieser Vogelart besiedelten Städten unabhängig voneinander vor sich gegangen sind oder noch vor sich gehen. Und die Populationen haben untereinander so gut wie keine Verbindung. Gibt es also so viele verschiedene Stadtamselarten, wie es Städte gibt?

Beenden möchte ich dieses Kapitel mit einem Abgesang auf eines der meistzitierten Beispiele urbaner Evolution. Auch dabei ging es um die mögliche Entstehung einer neuen Tierart.

Es war einfach zu schön, Kriegsdramatik und Gruselfaktor inklusive. Niemand, der sich zur Evolution in Städten äußerte, konnte auf dieses Beispiel verzichten, sogar ausgewiesene Fachleute wie Menno Schilthuizen nicht, der diesen Fall noch 2018 als Aufhänger für sein wunderbares Buch *Darwin in der Stadt*[32] benutzte. Und wäre mir nicht vor wenigen Wochen die in *Science* publizierte Studie[33] von Carolyn McBride, Yuki Haba und anderen auf den Tisch geflattert, hätte auch ich begeistert vom dunkel-feuchten Labyrinth der Londoner U-Bahn erzählt, in dem die Evolution ein arglose Menschen attackierendes Insektenmonster ausgebrütet habe. Doch das ist nun vorbei.

Trotzdem gehört die Geschichte in dieses Buch, denn sie lehrt uns eine wichtige Lektion. Sie zeigt, wie Wissenschaft funktioniert, wie sie sich fortwährend selbst korrigiert; sie demonstriert ein weiteres Mal das ungeheure Potenzial der modernen molekularbiologischen Methoden und ist eine Mahnung, uns vermeintlicher Gewissheiten, sogar wenn sie sich über Jahrzehnte halten, nicht allzu sicher zu sein.

Die Geschichte begann im Zweiten Weltkrieg, im Winter 1940/41, als Zehntausende von Londonern in den U-Bahnhöfen der Stadt Schutz vor wochenlangen deutschen Bombenangriffen suchten. Doch auch tief unter der Erdoberfläche wurden sie nicht in Ruhe gelassen. Oben explodierten die Bomben, unten fielen aus den dunklen Tunneln kommende aggressive, stechfreudige Moskitos über die dicht an dicht lagernden Menschen her. Von der Existenz dieser Insekten hatte man bis dahin nichts gewusst. Biologen tauften die Untergrundform, die äußerlich von der an der Erdoberfläche lebenden Gemeinen Stechmücke, *Culex pipiens*, nicht zu unterscheiden war, auf den Namen *Culex molestus*, »belästigende« oder »lästige Stechmücke«.

Ende der 1990er-Jahre folgte Katharine Byrne, eine Doktorandin der University of London, nach Mitternacht Streckenarbeitern in die nachts verkehrsfreien Tunnel der englischen Hauptstadt und spürte in verdreckten Wasserpfützen die Larven dieser Mücken auf. »Die Temperatur ist warm und praktisch konstant«, erzählte sie später einem Reporter des Magazins *Natural History*. »Es gibt keinen Regen, keinen Schnee: Es ist großartig für einen ganzjährigen Lebenszyklus.«[34]

Die Lebensweise der beiden Arten ist sehr unterschiedlich. Die über der Erde lebende *Culex pipiens* stillt ihren Bluthunger an Vögeln und ist nur im Sommer aktiv; die Männchen brauchen offenen Raum, um Schwärme zu bilden, aus denen heraus dann die Paarung erfolgt. Die kälteempfindliche *C. molestus* saugt dagegen an Säugetieren, an Ratten, Mäusen und Menschen, und pflanzt sich im warmen Untergrund ganzjährig fort. Um die ersten Eier zu legen, brauchen die Weibchen noch nicht einmal eine Blutmalzeit, die Männchen kommen ohne offenen Raum aus. Zur Paarung im Labor reicht *molestus* ein kleiner, enger Kasten.

Aus gesammelten Larven zog Katharine Byrne Mücken beider Populationen auf und stellte (zu Unrecht, wie man heute weiß) fest, dass sie miteinander keine lebensfähigen Eier produzierten. Der Untergrundmoskito schien reproduktiv isoliert zu sein, und Byrne bezweifelte auch, dass die beiden, so unterschiedlich, wie sie waren, sich überhaupt im Freiland begegneten. Genetische Untersuchungen zeigten, dass sich Mücken, die weit voneinander entfernt im U-Bahn-Netz lebten, mehr ähnelten als die unterirdischen generell den nur wenige Meter über ihnen in der Stadt vorkommenden *C. pipiens*. Die U-Bahn-Mücken stammten also voneinander ab und breiteten sich in den Tunneln aus, wahrscheinlich durch die Luftkissen, die die Züge vor sich herschoben. Sie waren nicht aus den an der frischen Luft lebenden Mücken hervorgegangen.

Byrne und ihr Doktorvater Richard Nichols vermuteten, dass sich diese Tiere, die man nun umständlich als »*Culex pipiens* form *molestus*« bezeichnete, irgendwann nach dem Bau der Londoner U-Bahn von der oberirdischen Form (*C. pipiens* form *pipiens*) abgespalten und anschließend in den Tunneln der *tube* ihren eigenen evolutiven Weg eingeschlagen hätten. Und ihre Evolution schien immer weiterzugehen. Erstaunlicherweise gab es unter ihnen Subpopulationen, die für bestimmte Linien der *London Underground* charakteristisch waren, für die *Victoria*, *Waterloo* oder *Central Line.* Dass man solche unterirdisch lebenden Mücken an immer mehr Orten entdeckte, unter der Upper Westside von Manhattan, in Untergrundbahnen von mehreren russischen Städten, in Australien und Japan, wurde zur Kenntnis genommen, bewirkte aber kein Umdenken. Industriemelanismus wie beim Birkenspanner hatte es nicht nur in Großbritannien gegeben, sondern unabhängig davon auch auf dem europäischen Festland und in Nordamerika. Und die Stadt-*Anolis* Puerto Ricos zeigten überall dieselben Anpassungen, obwohl sie mehrfach autonom aus den umgebenden Wäldern in die Städte eingedrungen waren. Warum also sollten nicht beide Moskitos denselben Weg eingeschlagen haben, wenn die Menschen sie überall durch den Bau riesiger unterirdischer Höhlensysteme dazu einluden? Die Londoner U-Bahn-Mücke wurde zum »Kultbeispiel für schnelle urbane Anpassung« und zur ersten durch Evolution entstandenen Stadttierart.[35]

Heute werden die oberirdisch und die unterirdisch lebende Form von *Culex pipiens* als zwei verschiedene Ökotypen derselben Spezies angesehen – *Culex pipiens pipiens* und *Culex pipiens molestus* –, die nebeneinander existieren. Das Interesse an dem Insekt ist nicht nur evolutionsbiologisch, sondern vor allem medizinisch begründet. Diese Stechmücke ist weltweit in urbanen und suburbanen Gebieten der gemäßigten Zonen verbreitet und Überträger zahlreicher Krankheiten, mit denen sich Menschen, aber auch Vögel anstecken können. So wird sie zum Beispiel für die Ausbreitung des West-Nil-Virus in Europa und den USA verantwortlich gemacht, und durch eine Hybridisierung der beiden Ökotypen, die, wie wir mittlerweile wissen, eben doch möglich ist, könnten Erreger von Vögeln auf Menschen übertragen werden. Die Mücke gilt heute als der am intensivsten untersuchte Überträgerorganismus der nördlichen Hemisphäre, doch die Befunde hinsichtlich der Herkunft und Verwandtschaft der verschiedenen Formen und Unterarten und deren Beitrag zum Übertragungsgeschehen waren lange Zeit verwirrend und widersprüchlich.[36]

Die in Princeton lehrende Evolutionsbiologin Carolyn (Lindy) McBride, ihr Doktorant Yuki Haba und mehrere internationale Kolleginnen und Kollegen sorgen nun für Klarheit in diesem Durcheinander und beenden damit gleichzeitig den Mythos von einer im Londoner Untergrund entstandenen urbanen Mückenspezies. Denn *Culex pipiens molestus* ist viel älter als die Londoner U-Bahn, sogar älter als London selbst.[37]

Während die beiden Ökotypen im kühleren Mitteleuropa und weiter nördlich, also auch in London, strikt getrennt sind – *molestus* lebt dort nicht nur in den Tunneln von Untergrundbahnen, sondern auch in Kellern, Abwasserkanälen und ähnlichen »Biotopen« –, vermischen sie sich weiter südlich mehr und mehr, was sich auch in ihrem Erbgut nachweisen lässt. In Südfrankreich, Griechenland oder Nordafrika kann es also vorkommen, dass ein Mensch nachts in seinem Bett von *Molestus*-Mücken heimgesucht wird. In London müsste man unter der Erde schlafen, um das zu erleben.

In Israel und Ägypten scheint nur *molestus* vorzukommen, und es gibt eine Reihe von Hinweisen, dass der Typus hier entstanden sein könnte und schon seit mehreren Tausend Jahren hier lebt. Die Argumentation, die zu dieser Aussage führt, ist überaus spannend, denn sie verbindet Kunst- und Medizingeschichte.

Ein parasitischer Wurm, *Wuchereria bancrofti*, der in Lymphgefäßen des Menschen lebt, verursacht eine sogenannte lymphatische Filariose. Meist verläuft sie ohne Symptome, in seltenen Fällen kann der Parasit jedoch durch Lymphstau zu einer monströsen Anschwellung von Körperteilen führen, die »Elephantiasis« genannt wird. Fotos der bedauernswerten Menschen, die davon betroffen waren, haben gruselfilmaffine Studierende von jeher fasziniert und allen anderen einen Schauer über den Rücken gejagt.

Überträger des Parasiten ist *Culex pipiens*, wobei es sich natürlich um die an Säugetieren saugende Variante handeln muss, also um den uns interessierenden Ökotyp *molestus*. Heute ist der Parasit aus Ägypten verschwunden, im 19. Jahrhundert aber stellte er noch ein ernsthaftes Gesundheitsproblem dar, und es gibt faszinierende Belege dafür, dass die Krankheit dort schon vor 4000 Jahren existierte, womöglich sogar weitverbreitet war. Darstellungen auf Papyrus und in Stein gemeißelte Pharaonenskulpturen wie die von Mentuhotep II. zeigen Menschen, bei denen ein Bein deutlich vergrößert oder angeschwollen ist, unverkennbar gezeichnet durch Elephantiasis, ausgelöst von dem Parasiten *Wuchereria bancrofti* und übertragen von *Culex pipiens molestus*.

Viel wahrscheinlicher als eine Entstehung vor Ort, in den U-Bahn-Tunneln Londons, für die es so gut wie keine echten Belege gibt, ist daher eine Ausbreitung des seit sehr langer Zeit existierenden Ökotyps nach Norden, vielleicht begünstigt durch warme Perioden. Dafür spricht auch, dass genetisch sehr ähnliche Mücken in weit voneinander entfernten Gegenden gefunden wurden, unter anderem in Deutschland, Spanien, Belarus, Kirgistan und den USA. Sie alle haben einen gemeinsamen Ursprung, der wahrscheinlich im östlichen Mittelmeerraum liegt.[38]

Viele dieser Daten waren auch schon Byrne und Nichols in London bekannt. In der Einleitung ihrer Studie weisen sie sogar auf die Möglichkeit hin, dass die vermeintlichen U-Bahn-Tunnelbewohner auch im Mittleren Osten entstanden sein könnten. Dass man diese Möglichkeit überging und die Londoner U-Bahn-Theorie bevorzugte, zeigt, wie stark die Anziehungskraft war, die von dieser Geschichte ausging.

Wir müssen uns jetzt von ihr verabschieden – und ehrlich gesagt: Im Sinne eines realistischen und vorurteilsfreien Blickes auf das, was sich in der Stadtnatur abspielt, ist das kein großer Verlust. Ein gruseliges Faszinosum urbaner Evolution hat sich als Irrtum entpuppt, die Stadt als Evolutionsküche verliert dadurch aber nicht an Bedeutung. In mehr als 1600 Fällen phänotypischer Veränderungen von Pflanzen und Tieren hat ein hochkarätiges Team um die an der University of Washington in Seattle arbeitende Stadtplanerin und Biologin Marina Alberti »ein klares Signal der Urbanisierung« ausgemacht: Evolution in Städten ist schneller und in ihren Auswirkungen stärker als in natürlichen oder in nichturbanen, aber anthropogen beeinflussten Umgebungen.[39] Um Strategien zu mehr Nachhaltigkeit zu entwickeln – etwas, das auf der Agenda der Verwaltungen aller Großstädte der Welt steht –, ist es wichtig, diese evolutionären Veränderungen zu beobachten, zu verstehen und vielleicht in Zukunft sogar zu steuern und zu nutzen.[40]

Durch das Phänomen der Telekoppelung – der globalen Fernvernetzung von Großstädten durch Informations- und Datenaustausch sowie Waren- und Besuchsverkehr – kommt es zu einer intensiven Beeinflussung und Homogenisierung sogar über große Entfernungen hinweg. Stadtamseln gibt es nicht nur in Europa. Sie schmettern ihre Lieder auch auf der anderen Seite des Erdballs, in Auckland und Melbourne. Die Übereinstimmung der spontanen Vegetation von Baumscheiben in europäischen Städten ist untereinander viel größer als mit jeweils gleich großen, zufällig ausgesuchten Vegetationsflächen in der umgebenden Natur. Sogar mit Baumscheiben im US-amerikanischen Baltimore zeigen ihre europäischen Pendants eine Übereinstimmung von 80 Prozent.[41]

»Die Stadtnatur der Zukunft«, schreibt Menno Schilthuizen, »könnte ein global homogenisiertes, weit verstreutes Ökosystem sein: bewohnt von einem gemeinschaftlichen dynamischen System von Organismen, das fortwährend evolviert und dabei zur Bewältigung der technischen Neuerungen, mit denen die Menschen ihre Städte ausstatten, Arten und Gene und Innovationen austauscht.«[42]

12
Evolution – oder nicht?

Würde man Laien fragen, was sie unter »biologischer Evolution« verstehen, erhielte man vermutlich einen Satz wie den folgenden zur Antwort: Evolution ist der langsame Wandel von Tier- und Pflanzenarten im Laufe der Zeit. In ähnlicher Weise stellt es auch Wikipedia dar, präzisiert aber: Evolution sei »die von Generation zu Generation stattfindende allmähliche Veränderung der vererbbaren Merkmale einer Population von Lebewesen«.[1]

Sie erinnern sich vielleicht daran, dass die Definition der seit der ersten Hälfte des 20. Jahrhunderts geltenden Synthetischen Theorie anders klingt: Evolution ist die Änderung von relativen Allelhäufigkeiten innerhalb einer Population.

Im Grunde sagen beide Definitionen dasselbe aus; die Synthetische Theorie hebt nur auf die Vorgänge ab, die hinter der »allmählichen Veränderung der vererbbaren Merkmale« stecken. Denn warum wandeln sich die Attribute einer Population? Weil sich von Generation zu Generation die Häufigkeit der ihnen zugrunde liegenden Genvarianten, der Allele, verschiebt, entweder weil ehemals seltene Varianten durch positive Selektion häufiger werden (oder umgekehrt) oder weil durch Mutation völlig neue Allele entstanden sind.

Entscheidend ist, dass evolutionäre Umbildungen immer eine genetische Basis haben, denn nur dann können sie auch vererbt werden. Bei den bisher behandelten Beispielen haben wir deshalb stets darauf hingewiesen, wenn sich genetische Veränderungen direkt in der Sequenz der DNA ablesen ließen – die *Flatwing*-Mutation bei den hawaiianischen Grillen, das Transposon beim Birkenspanner, die Mutationen von an der Zahnbildung beteiligten Genen bei Afrikanischen Elefanten – oder wenn, zum Beispiel durch *Common-Garden*-Experimente, die Erblichkeit bestimmter modifizierter Merkmale belegt wurde. Erfolgte solch ein Nachweis nicht, und bei vielen abweichenden Phänotypen von Pflanzen- oder Tierarten, die beschrieben wurden, ist das der Fall, kann man streng genommen nicht sicher davon ausgehen, dass sich hier tatsächlich Evolution vollzogen hat.

Moment … Veränderungen des Phänotyps ohne Evolution? Wie sollen sich Merkmale und Phänotypen denn sonst verändern? Oder anders gefragt: Gibt es etwas, das wie Evolution aussieht, aber keine ist?

Das gibt es tatsächlich – bei allen Lebewesen, bei Pflanzen, Tieren, Mikroben, sogar bei Viren, und es ist keineswegs selten, sondern im Gegenteil weitverbreitet.[2] Man bezeichnet es mit dem etwas sperrigen Wortpaar »phänotypische Plastizität«. Gemeint ist damit die unterschiedlich ausgeprägte, aber nahezu universelle Fähigkeit von Organismen, in Abhängigkeit von bestimmten Umwelteinflüssen oder -signalen mehr als nur einen Phänotyp hervorzubringen.

Sehen wir uns einen einfachen Fall an – eine Pflanze, die jeder kennt: den Gewöhnlichen Löwenzahn (*Taraxacum officinale*). Sicher ist es Ihnen schon einmal aufgefallen: Je nachdem, wo er wächst, kann Gewöhnlicher Löwenzahn ganz unterschiedlich aussehen. Das Spektrum reicht von üppigen Pflanzen mit unterarmlangen Blättern und vielen Blüten bis hin zu sehr mickrigen, fast verkümmert wirkenden Exemplaren, die sich aus engen Pflasterfugen zwängen. Wenn man die beiden

Extremformen nebeneinander sieht, hält man es kaum für möglich, dass es sich tatsächlich um dieselbe Spezies handelt. Beide könnten sogar demselben Klon entstammen und genetisch identisch sein.

»Der Phänotyp ist nicht nur Ausdruck des vererbten Genotyps eines Individuums«, schreiben die Biologen Scott Gilbert und David Epel. »Vielmehr gibt es Wechselwirkungen zwischen dem Genotyp eines Organismus und seiner Umwelt, die aus einem genetischen Repertoire möglicher Phänotypen einen bestimmten Phänotyp hervorbringen.«[3]

In unserem Beispiel ist es neben dem Genom die jeweilige Versorgung mit Nährstoffen (vor allem Stickstoff), Wasser und Licht, die darüber entscheidet, wie sich eine Löwenzahnpflanze entwickelt, welches Erscheinungsbild sie annimmt, ob sie sich üppig entfaltet, sich gerade so am Leben erhält oder irgendeinen Zustand dazwischen erreicht. Viele Pflanzen zeigen ein unterschiedliches Äußeres, je nachdem, wie nah die Bedingungen des Standorts ihrem Optimum kommen. Auch bei Insektenarten kennt man enorme Größenunterschiede, die auf den Ernährungszustand der Larven zurückgehen. Meistens gilt die einfache Beziehung: Je mehr Nahrung es gibt, je mehr sie fressen konnte, desto größer wird die Larve und das aus ihr hervorgehende Vollinsekt.

Manchmal – und da beginnt es wirklich spannend zu werden – ist der Zusammenhang zwischen dem Umweltsignal und dem Phänotyp diskontinuierlich, wie bei dem im südlichen Europa vorkommenden Stierkopf-Dungkäfer (*Onthophagus taurus*). Er wird mit steigender Nahrungsmenge nicht einfach nur größer, sondern ändert irgendwann recht plötzlich seine Gestalt. Überschreitet die Körpergröße der Larve einen bestimmten Schwellenwert, bildet der aus der Puppe schlüpfende Käfer zwei nach hinten ragende Hörner am Kopfschild aus, mit denen er seinem Namen alle Ehre macht. Je nach Stärke eines Umweltsignals, in diesem Fall der Menge an aufgenommener Nahrung, werden also zwei unterschiedliche Entwicklungspfade eingeschlagen, die zu zwei verschiedenen Phänotypen führen: zu Männchen ohne und Männchen mit Hörnern.

Interessanterweise verfolgen die beiden Typen unterschiedliche Fortpflanzungsstrategien. Männchen mit langen Hörnern sind im Kampf deutlich überlegen. Sie verteidigen die Brutröhren, die die Weibchen in ihre Dungkugel gegraben haben, und benutzen dabei auch ihre Kopfanhänge. Die etwas kleineren Männchen ohne Hörner haben zwar im Kampf gegen die großen keine Chance, sind in den engen Brutgängen aber wesentlich beweglicher. Sie versuchen, sich an den gehörnten Wächtern vorbeizuschleichen, und verstecken sich in den Gängen oder in der Nähe des Eingangs, um das Weibchen dort abzupassen. Beide Strategien sind erfolgreich. Zwischenformen, also Männchen mit mittellangen Hörnern, sind dagegen sehr selten.[4]

Harlekinwanzen (*Murgantia histrionica*) entwickeln in Abhängigkeit von der Temperatur, in der sie aufwachsen, eine gelbe oder schwarze Körperfärbung. Unterschiedliche Farbgebung infolge verschiedener Temperaturen kann man auch bei Heuschrecken in Florida beobachten. Afrikanische Schmetterlinge der Art *Precis octavia* sehen völlig anders aus, je nachdem, ob sie in der Regen- oder in der Trockenzeit herangewachsen sind. Die Raupen der Sommerbrut einer amerikanischen Falterart fressen Eichenblätter und ahmen verblüffend echt kleine Äste nach. Raupen derselben Spezies, die im Frühling schlüpfen, sehen dagegen völlig anders aus. Sie fressen und imitieren die Blütenkätzchen der Eichen.

Temperatur, Feuchtigkeit, Licht, Nahrung, Berührung, mütterliche Fürsorge – verschiedenste Einflüsse und Signale aus der Umwelt können dazu führen, dass Lebewesen unterschiedliche Phänotypen ausprägen. Wie wir gleich sehen werden, kann auch die Anwesenheit von Konkurrenten, Krankheitserregern oder Fressfeinden das Erscheinungsbild verändern. Dies geschieht nicht durch dauerhafte genetische Veränderungen wie bei Mutationen, sondern dadurch, dass während der Entwicklung über Sinneswahrnehmungen und daran gekoppelte chemische Signalketten unterschiedliche Genaktivitätsmuster ausgelöst werden. Die Fähigkeit dazu ist nicht neu erworben, sondern bereits im Erbgut angelegt. Die entstehenden Phänotypen werden daher in der Regel nicht an die Nachkommen weitergegeben. Vererbt wird »nur« die Befähigung, bei bestimmten Signalen mit flexibler Formbarkeit auf die Umwelt zu reagieren. Hinter dieser Kompetenz steckt oft ein atemberaubend komplexes molekulares Geschehen. Es ist, als würde VW eine ganze Fabrik, die bisher den Golf hergestellt hat, mittels Knopfdruck auf die Produktion von Passats umstellen.[5]

Sicher erinnern Sie sich an die Guppys in den Flussbassins Trinidads und an John Endler und David Reznick, die mit ihnen experimentierten. Gibt es in ihren Becken keine Bedrohung durch Raubfische, tragen die Guppymännchen viele unterschiedlich große Farbflecken zur Schau – ein Merkmal, das den Weibchen gefällt und das durch die von ihnen ausgehende sexuelle Selektion gefördert wird. Müssen die Guppys ihr Becken aber mit Hechtbuntbarschen teilen, sind die Männchen infolge der starken Selektion durch die Raubfische grau und unauffällig mit wenigen bunten Punkten, um nur ja nicht aufzufallen. Die Zahl und Größe der Farbflecke sind erblich.

Zum Vergleich begleiten wir ein Team französischer Forscherinnen und Forscher und schauen uns an, was sie über die

Spitze Blasenschnecke (*Physella acuta*) herausgefunden haben, eine etwa 10 Millimeter lange Süßwasserschnecke mit einem zarten, fast durchscheinenden gewundenen Gehäuse.

Wir finden die Tiere in einem Teich in Südfrankreich, wo sie friedlich zwischen den Wasserpflanzen sitzen. Ein paar von ihnen nehmen wir mit ins Labor und messen dort alles, was es an so kleinen Wesen zu messen gibt: Länge und Breite der Individuen sowie des Gehäuses, Gesamtgewicht, Weite der Gehäuseöffnung, Schalendicke, Bruchfestigkeit und so weiter.

Ganz in der Nähe befindet sich ein zweiter Teich, in dem es ebenfalls Blasenschnecken gibt. Ihre Situation ist jedoch eine völlig andere, denn in diesem Gewässer leben auch vergleichsweise riesige Flusskrebse, die schlimmsten Feinde der zarten Schnecken.[6] Dass hier etwas anders sein muss, ist schon daran zu merken, dass die Schnecken nur schwer zu finden sind. Wir entdecken sie schließlich an aus dem Wasser ragenden Pflanzenteilen. Weitere Unterschiede offenbaren sich nach den Messungen im Labor. Die Schnecken aus dem zweiten Teich sind größer und besitzen ein dickeres, stabileres Gehäuse mit einer kleineren Öffnung.

Guppys und Schnecken scheinen sich auf den ersten Blick ganz ähnlich zu verhalten. Beide entwickeln in Anwesenheit von Raubtieren eine bessere Abwehr, entweder durch Tarnung wie die Guppys oder indem sie sich wie die Schnecken zu einer unattraktiveren Beute machen, die schwerer zu verzehren ist. Bei näherer Betrachtung wird jedoch klar, dass hier fundamentale Unterschiede bestehen. Die Guppys brauchen mehrere Generationen, um sich zu verändern, denn ihre Anpassung ist das Ergebnis von Evolution. Und wie sieht es bei den Schnecken aus?

Die fiktive Szenerie mit den zwei Teichen sollte die Situation in der Natur veranschaulichen. Nun folgen wir den Forschenden in ihre Labors, wo die Protagonisten dieses kleinen Dramas einzeln in Aquarien gehalten werden: Spitze Blasenschnecken auf der einen Seite und die viel größeren Flusskrebse auf der anderen.[7]

Die Schnecken kriechen in ihren kleinen Aquarien an Blättern von Wasserpflanzen entlang und weiden friedlich die Algen ab. Sie hatten noch nie Kontakt zu Feinden und entsprechen insofern unseren fiktiven naiven Schnecken in Teich 1. Jetzt nimmt eine Wissenschaftlerin ein Becherglas, schöpft damit Wasser aus einem Aquarium, in dem seit zwei Tagen ein stattlicher Flusskrebs gehalten wird, und kippt es zu einer seelenruhig fressenden Schnecke.

Man muss nun ein wenig Geduld haben – Schnecken neigen nicht zu übertriebener Hektik. Dann tut sich etwas: Die *Physella* bemüht sich, aus dem Wasser zu kriechen, und klebt schließlich knapp über der Wasserlinie an der Aquarienwand. Das ist das sogenannte Anti-Räuber-Verhalten. Die Schnecke ist offenbar durch Substanzen in dem Wasser, das aus dem Krebsaquarium stammt, alarmiert worden und versucht, sich in Sicherheit zu bringen. Als Süßwasserschnecke kann sie keine längeren Wege an Land zurücklegen, um in ein neues, krebsfreies Gewässer umzuziehen. Sie bleibt daher auch in einer natürlichen Situation in unmittelbarer Nähe des Wassers, in einer Position, die jener ähnelt, in der wir die fiktiven Tiere im zweiten Teich vorgefunden haben.

Eine Woche später sieht sich das Forschungsteam die durch das Krebswasser aufgeschreckten Schnecken genauer an und wiederholt seine Messungen. Ihr Gehäuse ist größer und stabiler geworden, die Kalkschale dicker, die Öffnung kleiner. Die Tiere nähern sich nach nur sieben Tagen ihren Artgenossen aus dem zweiten Teich an, in dem die Schnecken seit Längerem mit den Krebsen koexistierten.

Damit ist klar, dass wir es hier nicht mit Evolution zu tun haben, obwohl es danach aussah, solange wir nur das End- oder Zwischenergebnis, nämlich die Phänotypen der Schnecken aus den beiden Teichen, kannten. Jetzt wissen wir aber: Die Verwandlung erfolgt innerhalb weniger Tage. Es sind dieselben Tiere, die sich in veränderter Gestalt präsentieren, nicht erst die nachfolgenden Generationen wie bei den Guppys. Auslöser waren Signale aus der Umwelt, chemische Stoffe, die den Schnecken die Anwesenheit eines Räubers verrieten. Der Kontakt mit dem Wasser aus dem Krebsaquarium führte binnen einer Woche zu Veränderungen ihrer Anatomie, Physiologie und ihres Verhaltens, so als hätten Späher das Näherkommen feindlicher Truppen entdeckt und sofort die passive Verteidigung der eigenen Garnison aktiviert, das Anlegen von Rüstungen und den Rückzug in Schutzräume veranlasst. Die erstaunliche Verwandlung ist das Ergebnis phänotypischer Plastizität innerhalb einer Generation.[8]

Der Umstand, dass die Bedrohung durch Prädatoren sowohl räumlich als auch zeitlich schwanken kann, begünstigt die Evolution phänotypischer Plastizität. Warum sollte man immer in voller Rüstung herumlaufen, wenn Räuber nur an wenigen Orten lauern? Und warum sollte man sich das ganze Jahr über versteckt halten, wenn Fressfeinde nur gelegentlich attackieren? Viel energie- und ressourcenschonender ist es doch, die Anwesenheit der Fressfeinde möglichst schnell zu registrieren, und erst dann, wenn die Bedrohung akut wird, in die eigene Verteidigung zu investieren, auch auf die Gefahr hin, dass sich Einzelne vielleicht nicht schnell genug schützen können. Die auf diese Weise gesparte Energie kann für Wachstum und die eigene Fortpflanzung genutzt werden.[9]

Kein Wunder, dass derartige Verteidigungsanpassungen, die gleichsam bei Bedarf eingeleitet werden, zu den eindrucksvollsten Beispielen für phänotypische Plastizität zählen. Sie sind sowohl im Pflanzen- als auch im Tierreich weitverbreitet. In Gegenwart von Libellenlarven verstecken sich die Larven von Molchen häufiger, entwickeln eine dunklere Färbung und größere Köpfe und Schwänze als ohne die gefräßigen Prädatoren. Von vielen Froscharten ist bekannt, dass ihre Kaulquappen bei Bedrohung Verhalten und Körpergestalt verändern.[10] Sind räuberische Fische vorhanden, wachsen Wasserflöhen im Verlauf weniger Häutungen Panzer mit Zähnchen oder langen, spitzen Stacheln an Kopf und Schwanz, die sie zu einer sperrigeren Beute machen und nachweislich vor den Nachstellungen der Fische schützen. Manche der kleinen Krebse entwickeln Helme und kräftigere Brustpanzer, zeigen verändertes Verhalten oder investieren in Wachstum statt in Fortpflanzung. Die Reaktionen sind mitunter so spezifisch, dass verschiedene Räuber unterschiedliche oder sogar vollkommen gegensätzliche Anpassungen auslösen können. Pflanzen produzieren, wenn sie von bestimmten Phytophagen attackiert werden, genau auf die Feinde abgestimmte Abwehrstoffe und alarmieren ihre Artgenossen, damit diese sich ebenfalls schützen können.[11]

Was ihre Wirkungskraft und Schnelligkeit angeht, scheint die Antwort durch phänotypische Plastizität gegenüber dem evolutionären Wandel fast die bessere Option zu sein, und in vielen Fällen ist sie das vermutlich auch. Es gibt jedoch Nachteile. Die Veränderung ist relativ starr und stereotyp und bietet angesichts neuartiger Herausforderungen keine Hilfe. Bei andauernd hohem Gefahrenpegel müssen die Alarmglocken für jede Generation aufs Neue läuten, denn die phänotypische Umbildung klingt mit der Zeit ab und kann nicht vererbt werden. Oder etwa doch?

Machen wir die Probe aufs Exempel. Wir erlösen unsere von Krebsausdünstungen gestressten Schnecken, setzen sie in frisches Wasser und gestatten ihnen, sich einen Tag lang zusammen zu vergnügen. Dann werden die Tiere vereinzelt und nach dem Ablegen der Eier aus dem Becken entfernt. Die bald aus dem Gelege schlüpfenden Babyschnecken verbringen gemeinsam zehn unbeschwerte Tage in frischem Wasser, bevor es ernst wird und die Tiere vermessen werden.

Und tatsächlich: Sie sind größer, und ihr Gehäuse ist wegen einer dickeren Schale bruchresistenter als das der Vergleichstiere, deren Eltern keinen Räuberkontakt hatten. Nur ihr Verhalten ist so, als hätte es nie einen Feind gegeben. Obwohl weder sie selbst noch die Eier, aus denen sie geschlüpft sind, jemals Kontakt mit Krebsen oder mit Wasser aus deren Aquarien hatten, haben sie morphologisch den Anti-Räuber-Phänotyp von ihren Eltern übernommen. Es gibt also nicht nur eine phänotypische Plastizität in Form einer unmittelbaren Reaktion innerhalb einer Generation, sondern auch eine generationsübergreifende (»transgenerationale«) Plastizität.[12] *Physella* ist allerdings einer der wenigen Organismen, bei denen das nachgewiesen wurde. Ärgert man die Nachkommen noch einmal mit Krebswasser, sind die Tiere in der Lage, ihre Verteidigungsanstrengungen sogar noch ein wenig zu verstärken.[13]

Wie weit man dieses Spiel treiben könnte, ist nicht bekannt, das Ganze ist aber auch so schon erstaunlich genug. Die Schneckeneltern haben ihren Nachkommen eine Information über die Umwelt, die sie erwartet, mitgegeben – »Da, wo ihr aus dem Ei schlüpfen werdet, können sehr gefährliche Raubtiere auftauchen« –, und vorsorglich haben sie sie gleich mit einem verbesserten körperlichen Schutz ausgestattet. In seinen Auswirkungen kommt das einer echten adaptiven evolutionären Veränderung ziemlich nahe, wobei wir aber nicht vergessen dürfen, dass bei alldem die genetische Information sowohl der Eltern als auch der Nachkommen unverändert geblieben ist.

Welche molekularen Mechanismen zur Weitergabe des Anti-Räuber-Phänotyps geführt haben, ist nicht bekannt.[14]

Neue Untersuchungen von Émilien Luquet und seinem Team machen den Fall der kleinen *Physella*-Schnecke noch geheimnisvoller.[15] Ebenso wie Jason Munshi-South bei den New Yorker Weißfußmäusen vorgegangen ist, so haben sie sich das Transkriptom der krebsgestressten Schnecken und ihrer Nachkommen angesehen. Zur Erinnerung: Unter dem Transkriptom einer Zelle versteht man die Gesamtheit ihrer mRNAs; es gibt Auskunft darüber, welche Gene zu einem bestimmten Zeitpunkt aktiv sind und in RNA transkribiert werden.

»Zwischen dem Empfang des Signals und der Entstehung des endgültigen Phänotyps können Dutzende von Schritten liegen, die von Hunderten von Genen und unzähligen Umwelt-/physiologischen Faktoren beeinflusst werden«, heißt es in einem ziegelsteinschweren Mammutwerk[16] über die phänotypische Plastizität bei Insekten. »Dies ist einer der Gründe, warum es so schwierig ist, sowohl die genetische als auch die physiologische Steuerung der Plastizität zu verstehen.«

Auch Émilien Luquet und sein Team sind auf komplizierte Verhältnisse gestoßen. In Zellen des Anti-Räuber-Phänotyps fanden sie 112 Gene, deren Aktivität sich im Vergleich zu der von Genen in Tieren ohne Krebsberührung verändert hatte. Der bloße Kontakt mit Wasser, in dem einmal ein Krebs gehockt hatte, sorgte also im biochemischen Kontrollzentrum der kleinen Blasenschnecken für erhebliche Unruhe – da fand ein reges Herauf- (101 Gene) und Herunterregulieren (11 Gene) statt. Bei den Nachkommen, die selbst nicht mit den Fressfeinden in Berührung gekommen waren, wohl aber morphologische Veränderungen aufwiesen, zeigten 23 Gene eine veränderte Aktivität. Dass es so wenige waren, lag wahrscheinlich an der Art der Untersuchung. Das Verwirrende war nur: Es waren nicht dieselben Gene. Soweit man ihre Funktionen überhaupt kannte, waren sie zwar für dieselben Bereiche zuständig (Stoffwechsel und Regulation der Transkription), es gab aber keinerlei Überschneidungen. Kann es sein, fragten sich die Fachleute verwundert, dass die beiden Formen phänotypischer Plastizität, also die innerhalb einer Generation und die transgenerationale, unabhängig voneinander entstanden sind?[17]

Es ging hier nicht darum zu entscheiden, welche die bessere oder effektivere Taktik zur Anpassung an eine veränderte Umwelt ist – der evolutionäre Wandel oder die phänotypische Plastizität. Wir können wohl davon ausgehen, dass beide spezifische Vorteile für Lebewesen haben. Im Interesse einer sauberen wissenschaftlichen Analyse müssen wir sie aber auseinanderhalten können. Mit den Methoden der modernen Molekularbiologie ist das heute viel leichter möglich als noch vor zwanzig Jahren.

Eine andere Frage erscheint jedoch überaus berechtigt: die nach dem Verhältnis der beiden. Bremst die phänotypische Plastizität die Evolution, indem sie den Selektionsdruck, der zum Beispiel durch die Krebse auf den kleinen Blasenschnecken lastet, durch deren verbesserten Schutz reduziert? Oder fungiert sie im Gegenteil als Beschleuniger und Antreiber der Evolution, weil sie neue Phänotypen hervorbringen kann?[18]

Letzteres zielt mitten hinein in eine Auseinandersetzung, die die Evolutionsbiologie schon länger beschäftigt.[19] Eine wachsende Zahl von Forscherinnen und Forschern hält die seit fast hundert Jahren gültige, auf Gene und Allele fixierte Synthetische Theorie der Evolution für dringend erweiterungsbedürftig und möchte sie durch eine *Extended Synthesis* ersetzen, die auf der Synthetischen Theorie aufbaut,[20] darüber hinaus aber auch neuere Erkenntnisse berücksichtigt. Dabei geht es um die

Vererbung von Merkmalen, die nach Auffassung der Kritiker wesentlich mehr umfassen sollte als nur die genetische Vererbung,[21] und vor allem um die zentrale Bedeutung der Entwicklung von Lebewesen, vom Moment der Befruchtung bis zum ausgewachsenen geschlechtsreifen Organismus.[22]

»Eine alternative Sichtweise der Evolution bildet sich allmählich heraus, in der die Prozesse, durch die Organismen wachsen und sich entwickeln, als Ursachen der Evolution anerkannt werden«, schrieben der in Schottland lehrende Evolutionsbiologe Kevin Lala[23] sowie sieben Kolleginnen und Kollegen in einem Meinungsbeitrag für das Wissenschaftsjournal *Nature*. »Im Wesentlichen besagt diese Synthese, dass wichtige Triebkräfte der Evolution, solche, die sich nicht auf Gene reduzieren lassen, in das Gefüge der Evolutionstheorie selbst eingewoben werden müssen.«[24]

Phänotypische Plastizität ist eine immanente Eigenschaft der organismischen Entwicklung. Lebewesen entfalten sich nicht im luftleeren Raum, sondern sind schon im mütterlichen Organismus oder im Ei und erst recht außerhalb dieser geschützten Umgebungen einer Fülle von Umwelteinflüssen ausgesetzt. Im Grunde ist die Plastizität die unvermeidliche Folge der Tatsache, dass nahezu alle biochemischen Prozesse stark von Umweltvariablen wie der Temperatur und dem pH-Wert abhängen. Laut dem New Yorker Biologen und Philosophen Massimo Pigliucci ist sie »schlicht ein Resultat der Standardbiochemie«. Oder wie sein Kollege Frederik Nijhout von der Duke University in North Carolina es ausdrückt: »Phänotypische Plastizität erhält man gratis, als Nebenprodukt der Physik und Chemie« organismischer Entwicklung.[25] Jede Veränderung der Umweltparameter wirkt auf den Phänotyp ein, beeinflusst ihn, prägt ihn, verändert ihn, mal mehr, mal weniger, und es ist der Phänotyp, an dem die Selektion ansetzt, nicht der von all diesen Einflüssen weitgehend unberührte Genotyp.

Die US-amerikanische Biologin Mary Jane West-Eberhard, die von den Anhängern der *Extended Synthesis* als eine ihrer wichtigsten Lehrerinnen verehrt wird, geht sogar so weit, Gene eher als *follower* denn als *leader* des Evolutionsprozesses anzusehen.[26] Ihrer Ansicht nach bildet sich zuerst der durch die Umwelt veränderte Phänotyp heraus. Bestehen der Umwelteinfluss und damit auch der neue Phänotyp über längere Zeit fort, kommt es zur genetischen Fixierung dieser Veränderung – ein Prozess, den man als »genetische Assimilation« bezeichnet. Die Rebellen sprechen in diesem Zusammenhang von *plasticity-led evolution*, von durch Plastizität ausgelöster Evolution.[27]

Die Stimmen, die nach einer »Erweiterten Evolutionstheorie« rufen, in der dann die phänotypische Plastizität ein zentraler konstruktiver Prozess auf dem Weg zu evolutionären Neuerungen wäre, werden zahlreicher und lauter. Mittlerweile hört ihnen die Mehrheit der Evolutionsbiologen zu, bezeichnet deren Darstellung der, wie sie es nennen, »Standardevolutionstheorie« aber als »Karikatur«, in der sie sich nicht wiederfinden und die ihr Forschungsfeld als »statisch und monolithisch« diskreditiere. Sie fordert sie stattdessen auf, weiterhin gemeinsam am Gebäude der Evolutionsbiologie zu bauen: »Wir laden Laland und die Kollegenschaft ein, sich uns bei einer umfangreicheren Erweiterung anzuschließen, anstatt sich Trennungen vorzustellen, die es gar nicht gibt«, heißt es in *Nature* in einer Erwiderung auf die Forderung nach einem Umdenken aus Lalands »Lager«. Sieben zum Teil prominente Forschende (etwa Richard Lenski, Hopi Hoekstra und Dolph Schluter) begründen darin, warum sie einen völlig neuen Ansatz für unnötig halten: »Wir schätzen ihre Ideen als wichtigen Teil dessen, was die Evolutionstheorie in Zukunft werden könnte. Auch wir wünschen uns eine erweiterte Synthetische Theorie, aber für uns sind diese Begriffe gewissermaßen kleingeschrieben, weil sich unser Fachgebiet schon immer auf diese Weise weiterentwickelt hat.«[28]

Und so geht der Streit weiter: Die einen fühlen sich nicht gehört, die anderen falsch verstanden – und es klingt alles in allem nicht so, als wäre bald mit einer Einigung zu rechnen. Eine allgemein anerkannte »Erweiterte Synthetische Theorie der Evolution« wird wohl, falls sie denn überhaupt je kommt, noch eine Weile auf sich warten lassen.

13
Kleine Helfer

Phänotypische Plastizität kann Organismen dabei helfen, auf Umweltreize und -veränderungen zu reagieren und sich besser an eine neue Situation anzupassen, etwa in Form der eben betrachteten Schutzmaßnahmen gegenüber Raubtieren. Praktisch jedes Merkmal kann innerhalb gewisser Grenzen unterschiedlich ausgeprägt werden, die Möglichkeiten sind ungeheuer vielfältig. Bei alldem gehen wir unwillkürlich davon aus, dass die Fähigkeiten, die diesen Reaktionen zugrunde liegen, allein aus den betroffenen Organismen selbst kommen. Woher auch sonst?

Noch ein einfaches Beispiel: Bei intensiver Sonneneinstrahlung färbt sich die Haut weißer Menschen braun, die eine mehr, die andere weniger – ein genialer Mechanismus. Auf einen Umweltreiz hin, also nur dann, wenn es tatsächlich gebraucht wird, produzieren bestimmte Zellen, nämlich die in der unteren Epidermis, dem *Stratum basale*, liegenden Melanozyten, ein dunkles Pigment, das Melanin, das an benachbarte Hautzellen weitergegeben wird und deren Zellkerne mit der Erbsubstanz vor gefährlicher UV-Strahlung schützt. In diesem Fall ist es tatsächlich der vom Sonnenlicht getroffene Körper, der diese phänotypische Plastizität besitzt. Er produziert umso mehr Melanin, je länger er intensiver Strahlung ausgesetzt ist. Aber nicht immer handelt es sich um eine vom Körper selbst initiierte Veränderung. Wer oder was könnte noch im Spiel sein?

Betrachten wir ein ganz anderes Szenario. In den Jahren 1997 und 1998 geschah in den Meeren etwas Außergewöhnliches: Ein starker El Niño im tropischen Pazifik war rasch in ein ebenso starkes La-Niña-Ereignis übergegangen, und vermutlich in diesem Zusammenhang führten ungewöhnlich hohe Temperaturen in den oberen Wasserschichten der Ozeane zu einer Korallenbleiche, wie sie in diesem Ausmaß noch nie zuvor beobachtet worden war. Betroffen waren der Mittlere Osten, Ostafrika, der Indische Ozean, Süd-, Südost- und Ostasien, Teile des Pazifiks, die Karibik und der Atlantische Ozean.[1] Es war das erste Ereignis dieser Art, das fast den ganzen Globus erfasste. Die Wissenschaft war alarmiert, die Öffentlichkeit erschüttert. Ein Fünftel aller Riffe war betroffen – das herrlich bunte Treiben der Korallengärten schien in ernsthafter Gefahr. »Schockreaktion der Korallentiere« titelte die *Frankfurter Allgemeine Zeitung*.[2] Man wusste damals noch nicht, dass das nur der Anfang war. Es folgten drei weitere globale Korallenbleichen, und zwar in den Jahren 2010, 2014 bis 2017 und zuletzt 2023/24, und jede davon fiel schlimmer aus als die vorangegangene.[3]

Am Ende des 20. Jahrhunderts erwiesen sich die Verlustängste noch als voreilig. Natürlich bestand schon damals Anlass zur Sorge, der Schutz der Riffe musste dringend verbessert werden, aber bereits wenige Jahre nach der ersten weltweiten Bleiche hatten sich die Korallen in vielen Riffen wieder erholt, so auch die in den Gewässern der Bahamas. Dort hatten US-amerikanische Wissenschaftler die Riffe vor, während und nach der Bleiche untersucht und dabei eine faszinierende Entdeckung gemacht.[4] Die Korallen erwiesen sich als resilienter als befürchtet. Sie hatten sich angepasst, aber nicht, indem sie sich evolutionär verändert hätten. Sie hatten sich erholt, weil sie mit neuen Partnern liiert waren.

Die Biologie ist in den letzten Jahren ordentlich durchgeschüttelt worden, was vor allem den im Zuge des Humangenomprojekts entstandenen und danach weiterentwickelten neuen molekularbiologischen Methoden zu verdanken ist. Mitunter vergeht sogar den Wissenschaftlern dabei Hören und Sehen. »Aus biologischen Labors sprudeln neue Erkenntnisse und Entdeckungen in einer Geschwindigkeit, die viele Forscher taumeln lässt«, schrieb kürzlich eine Gruppe von hochkarätigen Biologinnen und Biologen.[5] Wie soll es da erst der Öffentlichkeit gehen?

Eine der – in diesem Fall ist dieser Begriff wirklich angebracht – *revolutionären* neuen Erkenntnisse der letzten Jahre ist, dass Organismen auf dieser Welt nicht als Einzelwesen existieren, sondern stets in engem Verband mit zahllosen Mikrobenarten, vor allem mit Bakterien.[6] Jede mit der Außenwelt in Kontakt stehende Oberfläche des Wirtskörpers, zum Beispiel eines Menschen oder auch einer Koralle, wird unvermeidbar von zahlreichen Kleinstlebewesen bewohnt, die wichtige Funktionen erfüllen, von der Verdauungshilfe bis zur Abwehr krankheitserregender Keime. Die Gesamtheit dieser körperbewohnenden Mikroorganismen wird als »Mikrobiom« bezeichnet. Wirt und Mikrobiom bilden zusammen einen »Metaorganismus« oder »Holobionten«.

Zu manchen dieser Winzlinge unterhalten die Wirte eine besonders enge Beziehung zu gegenseitigem Vorteil: Sie leben miteinander in Symbiose. Eines der Paradebeispiele dafür sind die Steinkorallen und die in ihren Zellen lebenden Algen. Die Fähigkeit der kleinen Korallenpolypen, auch die nährstoffarmen tropischen Meere zu besiedeln und dort nicht nur zu gedeihen, sondern sogar die größten von Lebewesen geschaffenen Strukturen, die Kalkriffe, aufzubauen – und damit einen Lebensraum für Zehntausende von marinen Tier- und Pflanzenarten –, verdanken sie ihren winzigen Symbiosepartnern.[7] Die Algen versorgen die Polypenkolonien mit den Produkten ihrer Fotosynthese und erleichtern die Kalkabscheidung, während die nesselnden Polypen ihren grünen Partnern einen geschützten Platz im lichtdurchfluteten Oberflächenwasser bieten.

Bei den Algen handelt es sich um einzellige Dinoflagellaten der Gattung *Symbiodinium*. Sie können von den Korallenpolypen aktiv aus dem Umgebungswasser aufgenommen, aber auch abgestoßen werden. Letzteres liegt dem Phänomen der Bleiche zugrunde, das vor allem durch zu hohe Wassertemperaturen ausgelöst wird. Da nach dem Abstoßen der Symbionten das weiße Kalkskelett im Innern durch das fast transparente Gewebe der Polypen schimmert, sehen die Kolonien aus wie ausgebleicht. Dauert dieser Zustand zu lange an, sterben sie ab. Die Polypen können eine solche Bleiche jedoch auch überstehen, indem sie neue *Symbiodinium*-Zellen aufnehmen. Genau das ist nach der globalen Korallenbleiche in den Riffen der Bahamas geschehen.

Als Forscher aus New York City und Miami die Algenzellen genetisch genauer unter die Lupe nahmen,[8] stellte sich heraus, dass nach der Bleiche von 1998 ein anderer Typ von Symbionten – man spricht von »Kladen«[9] – in den Polypen dominierte. Statt *Symbiodinium* der ursprünglich überwiegenden Klade C enthielten die Korallen nun in erster Linie Algen der Klade D. Auch an anderen Standorten, die eine Bleiche erlebt hatten, im Golf von Persien oder vor der Ostküste Kenias, überwog die Klade D. In Riffen, die von der Korallenbleiche in den Jahren 2017/18 weitgehend verschont geblieben waren, zum Beispiel bei Mauritius und im Roten Meer, herrschte noch die alte Klade C vor.

Untersuchungen in Australien bestätigten, dass Kolonien, die die Klade D enthalten, tatsächlich höhere Temperaturen tolerieren als jene mit Klade C als Symbionten. Der Unterschied beträgt etwa 1 bis 1,5 Grad Celsius.[10]

Die Begeisterung war groß. Von einem »Körnchen Hoffnung« (*nugget of hope*) war die Rede.[11] Offenbar können sich Korallen in einem gewissen Maß vor steigenden Wassertemperaturen schützen, indem sie sich mit natürlicherweise vorkommenden hitzetoleranteren Symbionten zusammentun. Würde das vielleicht sogar reichen, um in Zeiten des Klimawandels zu überleben?

Der Mensch versucht nachzuhelfen. Mittlerweile hat man *Symbiodinium*-Algen außerhalb von Korallen über Jahre hinweg mittels experimenteller Evolution eine größere Hitzetoleranz antrainiert. Nehmen gebleichte Korallen solche trainierten Algenzellen auf, werden auch sie hitzetoleranter. Die Verbindung der beiden bleibt über Jahre stabil – ein neuer Hoffnungsschimmer im Kampf um das Überleben riffbildender Korallen. Zumindest könnte es für einen Zeitgewinn sorgen.[12]

Gelingt das, wozu die Korallen fähig sind, auch anderen Lebewesen? Oder allgemeiner: Können Pflanzen und Tiere sich nicht nur aus sich selbst heraus an eine veränderte Umwelt anpassen, indem sie evolvieren oder phänotypische Plastizität zeigen, sondern auch durch Veränderungen der Zusammensetzung des Mikrobioms, also der Beschaffenheit jener Mikroorganismen, mit denen sie als Wirte einen Metaorganismus bilden?

Noch ist es viel zu früh, um diese recht neuen Gedanken abschließend bewerten zu können.[13] Doch dass solche vom Mikrobiom ausgehenden Effekte wichtig für die Evolution von Organismen waren und sind, gilt in der Fachwelt aus mehreren Gründen als sehr wahrscheinlich: Alle komplexeren Lebewesen sind einmal in einem Meer von Mikroben entstanden. Und alle vielzelligen Lebewesen sind an die Omnipräsenz von Mikroben in dieser Welt angepasst und mit hoher Wahrscheinlichkeit selbst Wirte eines mit ihnen assoziierten Mikrobioms.

Auf Veränderungen der Umwelt können solche Mikrobengemeinschaften auf unterschiedliche Weise reagieren. Viele sind in der Lage, sich auf einen äußeren Reiz hin physiologisch zu transformieren, zum Beispiel auf andere Stoffwechselwege umzuschalten, wenn neue Nahrung verfügbar ist. Bei Darmbakterien von Mäusen und Menschen wurde das bereits nachgewiesen.[14] Mikrobiome können sich aber auch genetisch verändern, also selbst evolvieren, und das aufgrund ihrer kurzen Generationszeiten innerhalb weniger Wochen – viel schneller als die Wirte. Dafür gibt es ebenfalls Belege.

Die häufigste Reaktion besteht in Verschiebungen innerhalb der Mikrobengemeinschaften. Korallenpolypen enthalten in der Regel eine Mischung verschiedener Symbiontentypen. In der Karibik wurde aber nach einer Bleiche im Jahr 2005 eine rasche Zunahme der hitzetoleranten *Symbiodinium*-Algen Klade D beobachtet, die eigentlich aus dem indopazifischen Raum stammen und schon vor längerer Zeit wiederholt in den Atlantik eingeschleppt wurden, wofür die ersten Nachweise in den 1990er-Jahren erbracht wurden. Offenbar waren sie daher bereits in geringer Zahl unter den Symbionten vieler Korallenkolonien vorhanden, als die akuten Stressbedingungen der Bleiche eine starke Vermehrung und Ausbreitung ermöglichten, besonders in den Korallenarten, die von den hohen Wassertemperaturen letztlich am stärksten geschädigt wurden. Klade-D-Algen erhöhten die Temperaturtoleranz ihrer Wirte um 1 bis 2 Grad Celsius; trotzdem schienen sie für die karibischen Korallen keine optimalen Partner zu sein, denn ihre Kalkabscheidung ging um fast die Hälfte zurück. Die höhere Temperaturtoleranz wurde mit einem Rückgang des Riffwachstums erkauft. Als sich die Umweltbedingungen wieder normalisiert hatten, wurden die Klade-D-Algenzellen von den Korallen peu à peu über einen Zeitraum von Monaten oder Jahren durch typische einheimische Symbionten ersetzt.[15]

Durch die Aufnahme von Mikrobenarten aus der Umwelt können sogar ganz neue Fähigkeiten erworben und bestehende erweitert werden – so etwa bei einer Gruppe von Wanzen, die eine enge Beziehung zu Bodenbakterien der Gattung *Burkholderia* pflegt.[16] Jede Wanzengeneration muss die Bakterien von Neuem aufnehmen, indem die Jugendstadien Bodensubstrat fressen. Im Mitteldarm der Tiere leben die Bakterien dann zu Millionen in speziellen, nur für sie bestimmten Organen, sogenannten Krypten. Ohne diese Symbionten erreichen die Wanzen bei Weitem nicht ihre normale Körpergröße. Die *Burkholderia*-Bakterien, denen sie Kost und Logis gewähren, scheinen also wichtig für sie zu sein, aber was genau die Bakterien für ihre Insektenpartner tun, ist nicht klar. Vermutlich sorgen sie wie in vergleichbaren Fällen für Vitamine und essenzielle Aminosäuren, denn der Pflanzensaft, den die Wanzen saugen, bietet davon nicht genug.

Erst in den letzten Jahren ist die Forschung an Insekten-Mikroben-Symbiosen noch einer weiteren bedeutsamen Funktion dieser Bakterien auf die Spur gekommen. Die Winzlinge verfügen über eine Enzymausstattung, die in der Lage ist, bestimmte Inhaltsstoffe (die sogenannten sekundären Metaboliten) zu entgiften, darunter so berühmt-berüchtigte Stoffe wie Terpene, Koffein, Nikotin und Kokain, die von Pflanzen produziert werden, um sich Fressfeinde vom Leib zu halten. Aber nicht nur das. Manche Bakterien sind auch imstande, Insektizide zu zerlegen, also Stoffe, die von Menschen produziert und ausgebracht werden, um Insektenschädlinge zu töten – zum

Beispiel Fenitrothion, genannt »MEP«, eines der weltweit am häufigsten verwendeten Organophosphat-Insektizide. Man kann sich vorstellen, dass es für Insekten, die mit derartigen Stoffen angegriffen werden, von allergrößtem Vorteil ist, über diese Fähigkeit zu verfügen.

Zu den Bakterien, die MEP unschädlich machen können, gehört neben einem Dutzend anderer Arten auch *Burkholderia.* Und unter den Wanzen, die mit *Burkholderia* eine Symbiose eingehen, ist die Bohnenwanze, *Riptortus pedestris*, ein in Ostasien verbreiteter Schädling, gegen den die Landwirte MEP spritzen. Damit ist die Verbindung klar.

Normalerweise sind MEP abbauende Bakterien im Boden so selten, dass sie unterhalb der Nachweisgrenze liegen. Wird das Insektizid jedoch intensiv ausgebracht, steigt ihr Anteil an den Bodenbakterien mit jeder Anwendung drastisch an, während die Vielfalt an Bodenmikroben insgesamt zurückgeht. Die dominierenden *Burkholderia* nehmen das Insektizid auf, zerlegen es in zwei unschädliche Stoffe und nutzen diese als Kohlenstoffquelle.[17] Ihnen dient das Insektengift als Nahrung.

Die Jugendstadien der Bohnenwanze, die auf einer insektizidbehandelten Fläche aus dem Ei geschlüpft sind und sich dort mit Symbionten ausstatten, nehmen dabei automatisch auch MEP zersetzende *Burkholderia*-Bakterien zu sich. Nun muss nur noch sichergestellt werden, dass auch die richtigen Zellen in die Krypten gelangen, was alles andere als trivial ist, denn der Boden ist voller Bakterien der unterschiedlichsten Art. Dazu dient ein Engpass zwischen Vorder- und Mitteldarm, an dem sich ein spezielles, erst kürzlich entdecktes Sortierorgan befindet, das auf überaus raffinierte und noch nicht vollkommen verstandene Weise nur mit Geißeln ausgestattete *Burkholderia*-Zellen durchlässt, die nach der Passage die Krypten füllen.[18] Durch die Aufnahme der richtigen Symbionten werden aus heranwachsenden normalen Bohnenwanzen MEP-resistente Schädlinge.

Was für eine geniale Abkürzung der Entwicklung hin zur Resistenz. Ob dieser Zustand für die Wanzen durch evolutionären Wandel überhaupt zu erreichen gewesen wäre, ist fraglich – die Tiere hätten einen weiten Weg zurücklegen müssen.

Man hat noch nicht herausgefunden, ob dieser Prozess auch umgekehrt ablaufen kann, ob also MEP abbauende Bakterien von den Wanzen in die Umwelt abgegeben werden können. Von anderen Symbiosen ist ein solches Verhalten bekannt, und es wäre von großer Bedeutung, denn die Dichte resistenzverleihender Bakterien im Boden würde dadurch weiter erhöht werden. Was aber noch wichtiger wäre: Da die Wanzen mobil sind und sich von Feld zu Feld bewegen, könnten MEP abbauende Bakterien auf diese Weise auf Flächen gelangen, auf denen das Insektizid nie angewendet wurde. Die Resistenz könnte sich ausbreiten, auch ohne weiteren MEP-Einsatz.[19]

Alle Säugetiere einschließlich des Menschen verfügen über ein immens vielfältiges, spezifisches und in seiner Zusammensetzung charakteristisches Darmmikrobiom, das für ihre Evolution eine wichtige Rolle gespielt hat.[20] Darmmikroben waren entscheidend an der Diversifizierung der Säugetiernahrung beteiligt und haben den Phänotyp ihrer Wirte beeinflusst, zum Beispiel indem spezielle Darmkompartimente wie der Pansen der Wiederkäuer entstanden sind. Diese besonderen Darmabschnitte optimieren einerseits die Bedingungen für das Mikrobiom und erlauben andererseits den Wirten, es zum Zwecke des eigenen Wohlergehens zu kontrollieren.

Nur die Anwesenheit spezialisierter Bakterien in ihrem Darm hat es den Säugetieren ermöglicht, pflanzliche Nahrung zu sich zu nehmen (Phytophagen), Chitin zu verdauen (Insektenfresser) und sogar giftige Nahrung zu fressen, wie Koalas oder nordamerikanische Buschratten es tun.

Pflanzen enthalten komplexe Polysaccharide, die von Säugetieren allein nicht verwertet werden könnten. Nur spezielle Bakterien sind in der Lage, diese Stoffe aufzuschließen und in Substanzen umzuwandeln, die von ihren Säugetierwirten aufgenommen und weiterverarbeitet werden können.

Statt selbst unterschiedliche und aufwendig zu produzierende Stoffwechselwege für eine Vielzahl von pflanzlichen Stoffen bereitzuhalten, verfolgen nicht nur Säugetiere eine Art Outsourcing-Strategie, wie man sie von Industrieunternehmen kennt. Fertigkeiten, die mit »hohen Kosten, aber geringem Gewinn«[21] verbunden sind, werden schlicht an andere, Versiertere delegiert – in diesem Fall an Bakterien, die inkorporiert werden und als Gegenleistung Kost und Logis erhalten. Sinnvoll ist das zum Beispiel, wenn sich die Nahrung aus vielen verschiedenen Pflanzen zusammensetzt oder saisonalen Veränderungen unterworfen ist.

Sind die Symbionten einmal Teil des Mikrobioms, können sie aufgrund der kurzen Generationszeiten sehr schnell aktiv werden, wenn das Substrat, für das sie optimal ausgerüstet sind, plötzlich in der Nahrung enthalten ist. Innerhalb weniger Tage oder sogar Stunden können sie sich durch Teilung stark vermehren und dann umso schneller ihre biochemische Arbeit verrichten.

Die die Polysaccharide einer speziellen Pflanzenart abbauenden frei lebenden Bakterien befinden sich mit großer Wahrscheinlichkeit in unmittelbarer Nähe dieser Pflanzen, werden beim Fraß also automatisch mit aufgenommen. So sind wahrscheinlich die Enzyme, die man zur Verwertung bestimmter Meeresalgen braucht, in die Darmflora der Japaner gelangt, die leidenschaftlich gern Algen essen. Sie sind bislang das einzige

Volk weltweit, das über die erforderlichen Enzyme verfügt. Da mittlerweile aber viele Menschen überall in der auch kulinarisch globalisierten Welt gern Sushi oder Algensalat essen, wird es interessant sein zu verfolgen, ob auch Amerikaner oder Europäer irgendwann über die entsprechenden Fähigkeiten verfügen werden.

Sich im Laufe ihrer Evolution neue pflanzliche Nahrungsquellen zu erschließen, hieß für die Wirte also auch immer, die zu deren Verwertung notwendigen Bakterien aus der Umwelt aufzunehmen, sie zu einem Teil des eigenen Mikrobioms zu machen und dann auf Dauer zu behalten und zu kontrollieren. Das führte sogar zu extremen Spezialisierungen wie etwa der Vorliebe der australischen Koalas für bestimmte giftige Eukalyptusarten. Die Fähigkeit zur jeweiligen Verarbeitung war eine Schlüsselinnovation, einer der entscheidenden Schritte in der Evolution der Mammalia, dem letztlich die heute existierende Vielfalt an pflanzenfressenden Säugetieren, von der Maus bis zum Elefanten, zu verdanken ist.

Beim Menschen scheint es in einem Fall ausnahmsweise einmal andersherum gelaufen zu sein: Eine neue Kompetenz ging mit dem Verlust von Mikroben einher. Die Fähigkeit, Laktose (Milchzucker) abzubauen, verlieren die Menschen und fast alle anderen Säugetiere genetisch bedingt mit dem Übergang zum Verzehr von fester Nahrung. Die Produktion des Milchzucker spaltenden Enzyms Laktase wird weitgehend eingestellt. Die einzige Ausnahme stellen die Nordeuropäer dar und alle, die von ihnen abstammen. Sie erlitten vor 6000 bis 7000 Jahren im *LCT*-Gen, das für die Herstellung des Enzyms Laktase verantwortlich ist, eine Mutation, die zur sogenannten Laktasepersistenz führte. Die Produktion des Enzyms wird bei ihnen auch im Erwachsenenalter fortgesetzt, während der Rest der

Welt (die Menschen in Afrika, Südasien, Süd- und Mittelamerika) nach wie vor überwiegend laktoseintolerant ist.[22]

Obwohl erwachsene Säugetiere in der Regel keine Milch mehr zu sich nehmen, verfügen fast alle über Bifidobakterien in ihrem Darm, die auch zur Laktosefermentierung fähig sind. Einiges spricht deshalb dafür, dass diese Bakterien es den ersten Milch trinkenden erwachsenen Menschen ermöglichten, damit in beschränktem Maße fortzufahren. Bis irgendwann eine Mutation das *LCT*-Gen veränderte, den Laktoseabbau vereinfachte und die Bifidobakterien überflüssig machte. Deren Anteil im Darmmikrobiom sank daraufhin in die Bedeutungslosigkeit.

14
Resistent

Klebsiella – wie harmlos dieser Name klingt, lustig geradezu. Und eigentlich, für die meisten Menschen zumindest, ist *Klebsiella* auch harmlos. Laut Angaben des Helmholtz Zentrums für Infektionsforschung tragen 3 bis 5 Prozent von uns dieses stäbchenförmige Darmbakterium in sich, ohne dass es irgendwelche Probleme verursachen würde.[1]

Doch Kristian Riesbeck ist überhaupt nicht nach Lachen zumute. Im Gegenteil, er ist überaus besorgt. Manchmal, das weiß man, kann *Klebsiella pneumoniae*, wie das Bakterium mit vollem Namen heißt, bei immungeschwächten Personen schwere Infektionen des Magen-Darm-Trakts verursachen. Je nachdem, wo sich die Bakterien ansiedeln, kommt es in seltenen Fällen zu Lungenentzündungen, Blutvergiftungen oder Wundinfektionen. Im Jahr 2011 musste die Neugeborenen-Station des Bremer Klinikums Mitte vorübergehend schließen, weil drei Frühchen an einer *Klebsiella*-Infektion gestorben waren; im gleichen Jahr kam es auch in den USA zu einem Ausbruch, der für elf der achtzehn Infizierten tödlich endete.

Manche Stämme haben gegen gängige Antibiotika Resistenzen entwickelt – auch das ist seit Längerem bekannt. *Klebsiella* gehört deshalb zu den gefährlichsten Krankenhauskeimen. Aber, so Kristian Riesbeck, »die Größenordnung dieser Situation übertrifft alles, was wir bisher gesehen haben«.[2]

Riesbeck ist Professor für Klinische Bakteriologie an der Universität Lund in Schweden, und er spricht hier über Proben, die er und sein Team von Oleksandr Nazarchuk erhalten haben, einem Mikrobiologen der Universität Winnyzja in der Ukraine. Sie stammen von 133 Erwachsenen mit schweren Kriegsverletzungen oder Verbrennungen, die in drei verschiedenen Krankenhäusern notoperiert und intensiv gepflegt werden mussten, sowie von acht Kleinkindern, die an Lungenentzündungen erkrankt waren und künstlich beatmet wurden. Nazarchuk und seine Kolleginnen und Kollegen sahen sich bei diesen Patienten mit Bakterien konfrontiert, die gegen mehrere Antibiotika resistent waren, und sie baten die schwedischen Bakteriologen um Hilfe, weil die Ukraine nicht über die Ressourcen verfügt, um das Ausmaß dieser Resistenz zu ermitteln. Die Ergebnisse der Untersuchungen, die 2023 im britischen Medizinjournal *The Lancet Infectious Diseases*[3] veröffentlicht wurden, waren erschreckend – auch für einen erfahrenen Bakteriologen wie Kristian Riesbeck.

»Ich bin sehr dickhäutig und habe zahlreiche Fälle erlebt, in denen es um Patienten und Bakterien ging«, erklärte er auf der Website seiner Universität. »Aber ich muss zugeben, dass ich noch nie zuvor mit Bakterien zu tun hatte, die derart resistent waren.« Einige widerstanden sogar neuen Antibiotika, die noch gar nicht auf dem Markt waren. »Fast zehn Prozent der Proben enthielten Bakterien, die selbst gegen unser ›Reserveantibiotikum‹, Colistin, resistent waren. Wir haben zwar bereits ähnliche Fälle in Indien und China festgestellt, doch nichts ist mit dem Ausmaß der Resistenz vergleichbar, das in dieser Studie beobachtet wurde. Sage und schreibe sechs Prozent aller Proben enthielten Bakterien, die gegen jedes von uns getestete Antibiotikum resistent waren.«

Keiner dieser Erreger beunruhigt Kristian Riesbeck so sehr wie das multiresistente Bakterium *Klebsiella pneumoniae*. Es könnte auch gesunde Menschen mit einem intakten Immunsystem attackieren.

Die ukrainischen Patienten, von denen die Proben stammen, haben sich ausnahmslos in Krankenhäusern infiziert. Die Stationen sind überfüllt, die Infrastruktur ist zerstört. Das medizinische System des von Russland angegriffenen Landes operiert seit Längerem am Limit und steht wegen begrenzter Ressourcen unter immensem Druck. Infektionsprävention und Kontrollmessungen sind unter diesen Umständen kaum zu gewährleisten.[4]

Riesbeck richtete einen eindringlichen Appell an die Unterstützerländer: Genauso wichtig, wie der Ukraine militärisch zur Seite zu stehen, sei es, in dieser Situation zu helfen – im ureigenen Interesse. Wenn sich diese Keime ausbreiteten, könnten sie ganz Europa bedrohen.

Wie berechtigt diese Sorge ist, zeigte eine Studie, die zwei Jahre später erschien und auf viel größeren Fallzahlen basierte. 28 Prozent der Proben, in denen *Klebsiella* festgestellt wurde, erwiesen sich als resistent gegen alle getesteten Antibiotika.[5]

Das Problem ist der weite Weg, den Schwerverwundete zurücklegen müssen, bevor sie in spezialisierte Behandlungszentren eingeliefert werden. Nachdem sie aus dem Frontgebiet evakuiert wurden, durchlaufen sie »typischerweise« drei oder vier Krankenhäuser, in denen sie vor dem Weitertransport jeweils ein paar Tage verbringen, und jede dieser Einrichtungen verschreibt »Antibiotikakuren mit unterschiedlichen Maßnahmen zur Infektionsprävention und -kontrolle«.

Ausschlaggebend sei die Unterscheidung zwischen einer bakteriellen Wundbesiedlung, die unvermeidbar sei, und einer echten Infektion mit Symptomen wie Fieber und akuten Störungen des Herz-Kreislauf-Systems (hämodynamische Instabilität), betonen Experten. Nur Letzteren sollten Antibiotika vorbehalten bleiben. Für eine detailliertere Analyse der Wundbakterien reicht in kleineren frontnahen Krankenhäusern aber oft die Zeit nicht. Jeden Tag werden Hunderte von Patienten und Patientinnen eingeliefert, verwundete Soldaten und verletzte Zivilpersonen, deren Betten Gänge und Kellerräume füllen. Häufig fällt der Strom aus, es herrscht zunehmend Personalmangel, und manchmal fehlt es sogar an Alkohol zur Sterilisation. Deshalb kommen notgedrungen Breitbandantibiotika zum Einsatz. »In Verbindung mit einer verzögerten oder suboptimalen Wundreinigung tragen diese Umstände zur Selektion und Verbreitung von weitgehend arzneimittelresistenten Bakterien bei (…).«[6]

Richard Stone, *Senior International Correspondent* des Wissenschaftsjournals *Science*, drückt es drastischer aus: »Die vom Krieg zerrüttete Ukraine brütet medikamentenresistente Bakterienstämme aus« lautet die Überschrift seines alarmierenden Berichts.[7] Auch er zitiert darin einen führenden Experten auf dem Gebiet der multiresistenten Mikroben, Jason Bennett, Direktor am Walter Reed Army Institute of Research (WRAIR), der größten biomedizinischen Forschungseinrichtung des US-Verteidigungsministeriums in Silver Spring, Maryland. Es sei frappierend festzustellen, wie unglaublich resistent einige der Bakterien aus der Ukraine seien, sagte Bennett und fügte fast wortgleich wie Kristian Riesbeck hinzu: »Ich habe etwas Derartiges noch nie gesehen.«

Bewaffnete Konflikte sind »berüchtigte Wiegen«[8] von antimikrobiellen Resistenzen. Gewehrkugeln und Granatsplitter befördern Krankheitserreger tief ins Gewebe, wo sie optimale Bedingungen vorfinden. In den Kriegen im Irak und in Afghanistan zu Beginn der 2000er-Jahre bekämpfte man das Bakterium *Acinetobacter baumannii*, das aber immerhin noch auf Carbapeneme ansprach, eine Gruppe von Breitband- und Reserveantibiotika, die vor allem gegen Krankenhauskeime eingesetzt werden. Heute sind viele Bakterien auch dagegen resistent. Schuld ist ein Enzym mit der Kurzbezeichnung »NDM-1«[9], das Carbapeneme wirkungslos machen kann. »Schnapp dir dieses eine Gen, und du bekommst Resistenz gegen die ganze Klasse von Antibiotika«, zitiert Stone einen Mikrobiologen des Walter Reed Army Institute of Research.[10]

In der Ukraine – wie in allen Ländern der ehemaligen Sowjetunion – hat der sorglose Umgang mit Antibiotika eine lange Geschichte. Man konnte sie einfach ohne ärztliche Verschreibung kaufen, was einer unsachgemäßen Verwendung Tür und Tor öffnete. Außerdem war es üblich, dass Ärzte sie in niedrigen Dosen über Wochen oder Monate verschrieben, eine geradezu fahrlässige Praxis, die Resistenzbildungen erleichtert, weil sie die Bakterien stresst, ohne sie zu töten.

Vor diesem Hintergrund war es nicht verwunderlich, dass die Fälle von Antibiotikaresistenzen in der Ukraine bereits seit 2014 anstiegen, nachdem russische Separatisten den Donbass im Osten des Landes angegriffen hatten. Schon 2020 wurde geschätzt, dass in einem Fünftel aller registrierten Krankenhausinfektionen in der Ukraine multiresistente Stämme involviert waren, allen voran *Klebsiella*. US-amerikanische und europäische Fachleute rieten Krankenhäusern in ganz Europa dringend, ukrainische Patientinnen und Patienten auf Resistenzen zu testen und die Erreger zu isolieren. Tatsächlich wurden in mehreren Ländern solche Fälle entdeckt, sogar im weit entfernten Japan.

Nun ist auch das berüchtigte NDM-1-Gen in *Klebsiella*-Bakterien angekommen, die bekanntermaßen versiert darin sind, Genmaterial mit anderen Bakterien auszutauschen.[11] Ukrainische Krankenhäuser sehen sich zunehmend mit Infektionen konfrontiert, die unbehandelbar sind. Das Walter Reed Army

Institute of Research hatte mit dem Fall eines Soldaten mit schweren Brandwunden zu tun, der letztlich an einer Blutvergiftung (Sepsis) verstarb, obwohl er mehrere Antibiotika eingenommen hatte. Aus seinem Blut und verschiedenen Geweben wurden sechs unterschiedliche extrem antibiotikaresistente Bakterienstämme isoliert, darunter *Klebsiella*-Zellen, die neben NDM-1 noch über 23 weitere Resistenzgene verfügten.

»Im Ausmaß der Arzneimittelresistenz, das wir derzeit in der Ukraine beobachten, zeichnet sich die Gefahr einer Post-Antibiotika-Ära ab«, mahnt Scott Pallett vom Royal Centre for Defence Medicine in Birmingham, der zentralen Einrichtung zur Behandlung von schwer verwundeten Militärangehörigen in Großbritannien. Wenn die Menschheit dieses Problem nicht in den Griff bekommt, »könnten wir in zehn oder zwanzig Jahren für viele Infektionen kein einziges Antibiotikum mehr haben«, sagt Pallett. »Und das hält mich in der Nacht wach.«[12]

Scott Pallett, Jason Bennett und Kristian Riesbeck stehen bei Weitem nicht allein da mit diesen Sorgen. Das Problem der Antibiotikaresistenz stellt sich heute in der Ukraine mit besonderer Dringlichkeit; es beunruhigt Mediziner rund um den Erdball aber schon seit Jahren, mit stark steigender Tendenz. Die aktuellen Berichte der Weltgesundheitsorganisation (WHO) und der »Antimicrobial Resistance Collaborators«, einer großen Gruppe von engagierten Wissenschaftlerinnen und Wissenschaftlern aus der ganzen Welt, machen mit erschreckenden Zahlen deutlich, womit wir es bereits jetzt zu tun haben und was da noch auf die Menschheit zukommen könnte.[13] Die wichtigsten uns zur Verfügung stehenden Waffen gegen krank machende Bakterien drohen stumpf zu werden. Laut WHO wurde 2023 eine von sechs bakteriellen Infektionen, die von Laboren bestätigt wurden, durch Erreger verursacht, die gegen ein oder mehrere Antibiotika resistent waren.[14] An derartigen Ansteckungen starben allein im Jahr 2019 weltweit etwa 1,27 Millionen Menschen. Für knapp drei Viertel dieser Todesfälle waren nur sechs Bakterienarten verantwortlich, darunter an erster Stelle *E. coli* und an dritter *Klebsiella pneumoniae.* Am Tod von insgesamt fast fünf Millionen Menschen waren solche Erreger beteiligt. Antibiotikaresistente Bakterien waren damit 2019 die dritthäufigste krankheitsbedingte Todesursache nach koronaren Herzkrankheiten und Schlaganfällen. Im Jahr 2050, befürchten die Fachleute, könnten zehnmal so viele Menschen an Resistenzen sterben, ganz zu schweigen von zahllosen Infektionen, die nicht zum Tod führen, aber mangels effektiver Behandlung einen deutlich schwereren Verlauf nehmen, als wir das heute kennen.[15]

In Deutschland kommt es nach Angaben des Bundesministeriums für Gesundheit zu 400 000 bis 600 000 Krankenhausinfektionen jährlich, 10 000 bis 15 000 Infizierte sterben daran.[16] Für das Jahr 2019 gibt das Robert Koch-Institut die Zahl der Todesfälle durch resistente Erreger mit etwa 9600 an.[17]

Antibiotikaresistenzen sind ein brisantes Thema, zweifellos. Sie stellen schon heute ein mindestens so großes Gesundheitsproblem dar wie AIDS oder Malaria – »und potenziell ein viel größeres«.[18] Aber was hat dieses Thema in einem Buch über schnelle biologische Evolution zu suchen?

Sicher ahnen Sie die Antwort: Weil die zunehmende Antibiotikaresistenz von immer mehr Bakterienarten ein Paradebeispiel für schnelle Evolution und *evolutionary rescue* ist, für eine Rettung durch evolutionären Wandel – für jenes hoffnungsvoll stimmende Phänomen also, dem dieses Buch seinen Titel verdankt.[19] Hoffnungsvoll? Fragt sich nur, für wen.

Ich vermute, Ihnen, liebe Leserinnen und Leser, erging es bisher so wie mir: Man fühlte mit den vermeintlich Schwächeren, den Herausgeforderten, den Bedrohten, denjenigen, die am Abgrund stehen, freute sich über das Weiterleben schnurrender Grillen auf Hawaii, der Finken auf Daphne Major und der Guppys in Trinidad, über die evolutionären Tricks von *Anolis* und Weißfußmäusen. Wir haben uns für die gegenwärtige Evolution von Elefanten und des Ostsee-Kabeljaus interessiert, weil wir verstehen wollten, wie es diese Arten fertigbringen, sich anzupassen und trotz extremer Herausforderungen zu überleben. Und natürlich drücken wir ihnen für die Zukunft die Daumen.

Evolution ist aber keine Geschichte vom Sieg der Guten über die Bösen. Sie betrifft ausnahmslos alle Lebewesen, auch die, an denen uns gar nicht gelegen ist, die wir am liebsten zum Teufel schicken würden und deshalb erbittert und mit sämtlichen uns zur Verfügung stehenden Mitteln bekämpfen, weil sie uns oder unsere Haus- und Nutztiere krank machen. Oder weil sie die Pflanzen attackieren, aus denen wir einen Großteil unserer Nahrung gewinnen. Spätestens seit dem ersten Drittel des 20. Jahrhunderts führen wir diesen Kampf vor allem mittels natürlich vorkommender oder künstlich synthetisierter chemischer Verbindungen, mit mehr oder weniger spezifisch wirkenden Giftstoffen also, mit Antibiotika gegen Bakterien, mit Fungiziden gegen Pilze, mit Insektiziden gegen Insekten, mit Akariziden gegen Milben, mit Molluskiziden gegen Schnecken, mit Algiziden gegen Algen, mit Herbiziden gegen Unkräuter und so weiter.

Damit kein Missverständnis entsteht: Wir haben mit dieser Strategie phänomenale Erfolge erzielt. Der Anstieg der durchschnittlichen Lebenserwartung, über den sich vor allem die Menschen in den reichen Ländern freuen dürfen, ist zu einem erheblichen Teil auf unseren Sieg über die von Bakterien verursachten Infektionskrankheiten zurückzuführen – den Antibiotika sei Dank. Und die enormen Ertragssteigerungen unserer Landwirtschaft sind natürlich auch das Ergebnis eines effektiveren Pflanzenschutzes.

Ob diese Erfolge allerdings von Dauer sein werden, ist noch lange nicht ausgemacht, denn wir haben die Rechnung ohne die Evolution gemacht. Die Bakterien tötende Wirkung des von Schimmelpilzen gebildeten Antibiotikums Penizillin wurde 1928 durch den britischen Mediziner und Bakteriologen Alexander Fleming (wieder-)entdeckt[20] – eine medizinisch-wissenschaftliche Großtat, die das Goldene Zeitalter der Antibiotika einleitete. Doch schon 1940, nur zwölf Jahre später, wurden die ersten penizillinresistenten Bakterien beschrieben.[21] Für Fleming kam das nicht überraschend. 1945, in seiner *nobel lecture* anlässlich der Verleihung des Medizinnobelpreises, sagte er: »Ich möchte eine Warnung aussprechen. (…) Es ist nicht schwer, Mikroben im Labor gegen Penizillin resistent zu machen, indem man sie Konzentrationen aussetzt, die nicht ausreichen, um sie abzutöten, und dasselbe geschieht gelegentlich auch im Körper.«[22]

Wir hätten also gewarnt sein können, nein, müssen.

Üblicherweise wird die zunehmende Antibiotikaresistenz mit unserem oft sorglosen, unsachgemäßen und verschwenderischen Umgang mit diesen hochwirksamen, potenziell lebensrettenden Substanzen erklärt. Kritisch wird angemahnt, nicht bei jedem Bagatellinfekt Antibiotika zu verschreiben, auch wenn die Patienten das fordern, und schon gar nicht, wenn die Erkrankung von Viren verursacht wird, gegen die diese Medikamente rein gar nichts ausrichten. In der Massentierhaltung, ob im Stall oder in der Aquakultur, gehören prophylaktische Antibiotikagaben zum Alltag. Ein großer Teil davon – laut

FAO schätzungsweise 90 Prozent[23] – landet unverändert über Stallabluft und Gülle in der Umwelt, gelangt in den Boden, ins Grundwasser und über Gemüse in die menschliche Nahrungskette.

Da Bakterien auch bei Pflanzen Krankheiten auslösen können, kommen Antibiotika ebenfalls in Feldwirtschaft und Gartenbau zur Anwendung, und wie eine britische Untersuchung kürzlich ergab, geschieht dies sogar in deutlich größeren Mengen als zuvor gedacht, und zwar in vielen Pflanzenkulturen, vor allem aber im Reisanbau. »In Costa Rica wird vermutet, dass die Mengen an Tetracyclin und Gentamicin, die in der Landwirtschaft eingesetzt werden, 200- bis 700-mal höher sein könnten als die in der Humanmedizin verwendeten Mengen.«[24] Auch dieser Einsatz erfolgt oft prophylaktisch.

All das führt dazu, dass viele Antibiotika nicht nur in den Organismen, für die sie eigentlich gedacht waren, sondern auch in der Umwelt viel weiter verbreitet sind, als sie es sein sollten, und durch diese niedrig dosierte Konfrontation mit den gegen sie gerichteten Giften werden resistente Bakterien regelrecht herangezüchtet, genauso wie Alexander Fleming es vor achtzig Jahren geschildert hat.

Man müsste also eigentlich erwarten, dass die Last durch diese Resistenzen dort am größten ist, wo eine Menge Antibiotika in Gebrauch und Versorgung und Nachschub kontinuierlich gewährleistet sind. Überraschenderweise waren die mit Abstand höchsten Todeszahlen durch Infektionen mit resistenten Erregern jedoch in Afrika südlich der Sahara und in Südasien zu verzeichnen. Wie viele Menschen daran sterben, hängt eben nicht nur vom Resistenzgrad der Bakterien ab, sondern auch von der Häufigkeit kritischer Infektionen, vor allem der unteren Atemwege, des Bauchraums sowie der Blutbahnen. Solche Entzündungen treten in Gebieten mit mangelhafter medizinischer Infrastruktur wesentlich öfter auf. Mikrobiologische Labore, die die Erreger näher charakterisieren könnten, was zu gezielterer Antibiotikagabe führen würde, sind nicht vorhanden oder unzureichend ausgestattet, die hygienischen Bedingungen vielerorts schlecht.[25]

Das passt zu den Ergebnissen einer Untersuchung ungereinigter Abwässer von 74 Städten in 60 Ländern, in denen nach bakteriellen Resistenzgenen gesucht wurde.[26] Die Unterschiede zwischen den Proben waren erheblich; die mit Abstand größten Vorkommen derartiger Gene fanden sich aber im Abwasser afrikanischer Städte, gefolgt von Städten in Südamerika und Asien. Sie korrelierten stark mit den jeweiligen Hygieneverhältnissen und dem Gesundheitszustand der Bevölkerung. Die meisten unterschiedlichen Resistenzgene fanden sich in Vietnam, Indien und Brasilien, die wenigsten in Australien, Neuseeland und Europa.

Generell gilt: Die Frequenz von Antibiotikaresistenzen ist in den Ländern mit der geringsten Überwachungsabdeckung am höchsten. Länder mit geringem Einkommensniveau und schwachem Gesundheitssystem sind überproportional betroffen.[27]

Als Erklärung für die Muster und Häufigkeiten von Resistenzen reicht all das aber nicht aus. Die Sache scheint komplizierter zu sein. Und sehr viel älter …

Mit Resistenzgenen ausgestattete Bakterien finden sich in verblüffender Vielfalt schon im Darm von gesunden Babys und Kindern (im Alter von einem Monat bis 19 Jahren).[28] Wissenschaftlerinnen und Wissenschaftler aus Seattle und St. Louis stießen in deren Darmmikrobiom auf alle bekannten Klassen von Resistenzgenen und sogar auf mehrere Gensequenzen, die nur geringe Ähnlichkeit mit irgendeinem der zahlreichen bekannten, in Datenbanken gespeicherten Bakteriengenome aufwiesen. Mit anderen Worten: Die Organismen, zu denen diese DNA-Sequenzen gehörten, waren bis dahin unbekannt. Noch nie kultivierte »kryptische« Darmbakterien scheinen somit eine wichtige Quelle von Resistenzgenen zu sein, die sogar nur selten verwendeten Antibiotika widerstehen. Einige Proben enthielten Resistenzen gegen ein Präparat, das zum Zeitpunkt der Probennahme noch gar nicht auf dem Markt war.

»Beunruhigend«, kommentierte die Forschergruppe.[29]

Bakterien verfügen über zahlreiche außergewöhnliche Fähigkeiten, das Hellsehen dürfte allerdings nicht dazugehören. Wie können sie Resistenzen gegen Stoffe ausbilden, die noch gar nicht zum Einsatz gekommen sind?

Mysteriöse übersinnliche Kräfte sind mit Sicherheit nicht am Werk. Um zu verstehen, was hier geschieht, müssen wir uns nur von der Vorstellung lösen, dass Resistenzphänomene ausschließlich als Reaktion auf das Verhalten von Menschen zustande kommen. Denn, das zeigen Entdeckungen der letzten Jahre unzweifelhaft, Resistenzen sind viel älter als die von Menschen produzierten Antibiotika und daher schon lange und in großer Vielfalt Teil des Genpools aller Bakterien.

Wie sahen diese »Urresistenzen« aus, und wie könnten sie entstanden sein? Weil von Menschen produzierte Antibiotika heute so weit verbreitet sind, ist es sehr schwierig, Mikrobengesellschaften zu finden, die noch nie modernen Medikamenten ausgesetzt waren. Tief in Permafrostböden und altem Höhleneis ist man dennoch fündig geworden.

In der rumänischen Scărișoara-Höhle befindet sich zum Beispiel ein etwa 100 000 Kubikmeter großer Eisblock, der etwa 13 000 Jahre alt ist – einer der größten und ältesten seiner Art.[30] Erst vor Kurzem wurde aus einer 5000 Jahre alten Eisschicht dieses Blocks ein lebensfähiges Bakterium[31] isoliert, das bemerkenswert kälte- und salztolerant ist. Sein gesamtes Genom wurde sequenziert und entpuppte sich als wahre Fundgrube. Diese jahrtausendealten extremophilen Bakterien enthalten mehr als einhundert Gene, die mit Antibiotikaresistenz zu tun haben, sind gegen zehn Antibiotika aus acht verschiedenen Stoffklassen resistent und selbst in der Lage, antimikrobiell wirksame Substanzen zu produzieren. Auch in arktischen und antarktischen Gebieten, in polaren marinen Ökosystemen und im Hochgebirge wurden Bakterien mit ungewöhnlichen Resistenzeigenschaften festgestellt.[32]

Teile eines Höhlensystems in New Mexico waren sogar mindestens vier Millionen Jahre lang weitgehend unberührt. Die Lechuguilla-Höhle ist ein riesiger unterirdischer Irrgarten, der seit seiner Entdeckung im Jahr 1986 nur von wenigen Forschergruppen betreten werden durfte. Er erstreckt sich über 200 Kilometer und reicht 500 Meter in die Tiefe. Und auch hier, an Orten, denen bisher, wenn überhaupt, nur sehr wenige Menschen nahe gekommen sind, fanden sich in von kanadischen Wissenschaftlerinnen und Wissenschaftlern gesammelten Proben Bakterienstämme, die gegen bis zu 14 von 26 getesteten Antibiotika resistent waren.[33] Es handelt sich nicht um Bakterien, die beim Menschen Krankheiten hervorrufen. Als Quelle und Überträger von Resistenzen kämen sie aber sehr wohl infrage. Das Forscherteam schlussfolgert: »Das Problem der Antibiotikaresistenz im klinischen Umfeld hat daher wahrscheinlich seinen Ursprung in der Umwelt.«[34]

Antimikrobielle Resistenzen von Bakterien sind demzufolge ein natürliches Phänomen, das viel älter ist als der Selektionsdruck, der vom medizinischen Einsatz moderner Antibiotika ausgeht.[35] Sie sind das Ergebnis eines Millionen Jahre langen evolutionären Wettrüstens mit anderen Organismen, vermutlich insbesondere mit Pilzen, die antibiotisch wirksame Stoffe entwickelten, um Bakterien als Konkurrenten oder Krankheitserreger abzuwehren. Auf den starken Selektionsdruck, der von diesen Substanzen ausging, antworteten die Bakterien ihrerseits mit Resistenzen und deren Weitergabe und Verbreitung mittels horizontaler Gentransfers. Diese alte Fähigkeit von Bakterien bildet gewissermaßen den Sockel, auf dem sich die Auseinandersetzung mit den modernen, von Menschen produzierten antimikrobiellen Substanzen abspielt. Zum Problem werden Resistenzen erst dann, wenn ein inflationärer Gebrauch von Antibiotika sie aus der Masse der bakteriellen Phänotypen herausselektioniert.

Seit der Jahrtausendwende hat die weltweite Antibiotikanutzung beim Menschen – gemessen anhand der Verkaufszahlen – um 36 Prozent zugenommen.[36] Gleichzeitig entwickelte sich die Zunahme von Antibiotikaresistenzen zu einem der größten Gesundheitsprobleme des 21. Jahrhunderts. Es ist offensichtlich, dass hier etwas in die falsche Richtung läuft.

Wenn wir nicht wollen, dass in zwanzig Jahren sogar Routineoperationen für ältere Menschen zum Wagnis und Chemotherapien gegen Krebs ohne Antibiotikagaben, die das angeschlagene Immunsystem unterstützen, riskanter werden,[37] müssen wir dieser Entwicklung auf vielen Ebenen entgegentreten. Notwendig sind Verbesserungen in der Ausbildung des Fachpersonals und in der Ausstattung der Kliniken und Labore. Wir brauchen eine genauere Diagnostik sowie eine sorgfältige Dokumentation der behandelten Fälle und der auftretenden Resistenzen, um Vorkommen und Verbreitung resistenter Bakterienstämme effizienter überwachen zu können.

Eine deutsch-schweizerische Gruppe von Forschenden der Fachgebiete Biologie und Medizin hat jedoch kürzlich in *The Lancet* darauf hingewiesen, dass, so wichtig alle diese Maßnahmen auch seien, oft vergessen werde, dass die der Resistenzbildung zugrunde liegende schnelle Anpassung von Krankheitserregern ein evolutionsbiologisches Phänomen sei und dass dies bei allen Strategien dagegen berücksichtigt werden sollte.[38]

Evolutionsbiologische Forschung, die sich einem derartigen System widmet, bekommt somit eine neue Stoßrichtung. Es geht nicht mehr nur um die Frage, wie genau Organismen es schaffen, durch Anpassung und evolutionären Wandel am Leben zu bleiben. In der Resistenzforschung interessiert vor allem, ob und wie das mithilfe solcher Studien gewonnene Wissen genutzt werden kann, um evolutionären Wandel abzumildern oder zu verlangsamen. Der Mensch als Evolutionsbremser – mehr wird wohl nicht möglich sein. Denn eine (vielleicht die wichtigste) Folgerung aus der Tatsache, dass wir es hier mit evolutionären Prozessen zu tun haben, ist die Erkenntnis, dass Resistenzen in gewissem Maße unvermeidlich sind. Und leider müssen wir in diesem Zusammenhang noch eine zweite schlechte Nachricht verdauen: Experimentelle Evolutionsstudien mit Bakterien haben ergeben, dass Resistenzen, sogar in hoher Frequenz, auch ohne jeden Kontakt mit antibiotisch wirksamen Substanzen entstehen können, gleichsam als Nebeneffekt von Anpassungen an ganz andere Herausforderungen, zum Beispiel an eine veränderte Zusammensetzung des Nährmediums. Auch das könnte erklären, wie Bakterien gegen Wirkstoffe resistent sein können, die noch nie eingesetzt wurden.[39]

Vielleicht haben diese Erkenntnisse aber auch etwas Erleichterndes oder Entlastendes für unser Gefühlsleben, denn sie bedeuten ja, dass Resistenzen nicht nur deshalb in der Welt sind, weil wir – salopp gesagt – mal wieder Mist bauen und auf dem besten Weg sind, das Kapital, das uns da in Gestalt lebensrettender Medikamente in den Schoß gefallen ist, gedankenlos zu verspielen. Wir tragen maßgeblich zu diesem Problem bei, das schon, aber egal, ob und wie wir Antibiotika einsetzen, Resistenzen sind schon lange vor uns da gewesen, und sie entstehen auch ganz ohne unser Zutun. Das heißt natürlich nicht, dass wir im Umgang mit ihnen nicht vieles falsch machen können. Es geht nur darum, uns ihre segensreiche Wirkung so lange wie möglich zu erhalten.

Resistenzen verbreiten sich heute in Windeseile um den ganzen Erdball, deshalb ist die Arbeit einer international agierenden Institution wie der WHO in diesem Zusammenhang von entscheidender Bedeutung. Sie bündelt die verfügbaren Informationen und sorgt für eine möglichst genaue Erfassung des Antibiotikaverbrauchs und der Resistenzsituation weltweit. Zu dem Zweck wurde das Überwachungssystem *»GLASS«* eingerichtet, das ***Gl****obal* ***A****ntimicrobial Resistance and Use* ***S****urveillance* ***S****ystem*, an dem sich mittlerweile 127 Länder beteiligen.[40]

Die Generalversammlung der Vereinten Nationen hat zudem 2024 eine politische Erklärung zu Antibiotikaresistenzen verabschiedet, in der sich die Weltgemeinschaft bis 2030 klare Ziele setzt. So soll die Zahl der Todesfälle durch resistente Bakterien um mindestens 10 Prozent reduziert werden. Mindestens 70 Prozent der Antibiotikanutzung sollen möglichst der 2017 von der WHO eingeführten »AWaRe-Klassifikation« folgen, die alle zwei Jahre aktualisiert wird.[41] Deren drei Kategorien lauten:

A*ccess* (»Zugang«): Darunter fallen jederzeit verfügbare Antibiotika, die als erste oder zweite Wahl für ein breites Spektrum häufiger Infektionen gelten.

Wa*tch* (»Beobachtung«): Dies betrifft Antibiotika mit höherem Resistenzpotenzial, deren Einsatz nach Möglichkeit auf wenige Fälle beschränkt werden sollte.

***Re**serve* (»Reserve«): Gemeint sind Antibiotika, deren Einsatz streng überwacht wird. Sie gelten als letzte Option für multiresistente Erreger und schwere Infektionen.

Zusammen ergeben die Anfangsbuchstaben den Ausdruck *be AWARE* (»pass auf« oder »sei wachsam«) – im Zusammenhang mit Antibiotika sicher kein schlechter Ratschlag.

Was beim Einsatz von Antibiotika oder Pflanzenschutzmitteln in der Natur vor sich geht, kann für Sie, die Sie nach der Lektüre der vorausgehenden Kapitel evolutionsbiologisch geschult sind, keine Überraschung sein: Wenn man, warum auch immer, ein mehr oder weniger spezifisches Gift gegen Lebewesen ausbringt, die in riesigen Zahlen vorkommen, ist davon auszugehen, dass ein paar dieser Kreaturen überleben werden, entweder weil sie über das biochemische Know-how verfügen, dieses Gift unschädlich zu machen, oder weil eine Mutation sie noch rechtzeitig vor ihrer Auslöschung (im Sinne von *evolutionary rescue*) mit einer solchen Fähigkeit ausgestattet hat. Die natürliche Auslese wird dazu führen, dass sich diese vor unserem Angriff geschützten Lebewesen rasch vermehren – bei Bakterien beträgt die Generationsdauer nur zwanzig bis dreißig Minuten, bei landwirtschaftlichen Schädlingen Wochen bis Monate – und bei anhaltendem Selektionsdruck bald die Mehrheit stellen werden. Zu allem Überfluss können Bakterien, anders als höher entwickelte Organismen, Resistenzgene durch den sogenannten horizontalen Gentransfer untereinander und über Artgrenzen hinweg an andere Bakterienzellen weitergeben. Und spätestens wenn das geschieht, braucht man ein neues oder modifiziertes Gift, bei dem es allerdings nach anfänglichen Erfolgen mehr oder weniger in dieselbe Richtung gehen wird. Und dann benötigt man wieder ein neues und noch eines und so weiter und so fort: ein ewiger Rüstungswettlauf (im Englischen, wie ich finde, zutreffender als *arms race* bezeichnet), an dem Bakterien seit Urzeiten teilnehmen und für den sie möglicherweise durch ihre ungeheure Zahl, die kurzen Generationszeiten und den horizontalen Gentransfer besser gerüstet sind als wir.

Wo und auf welche Weise kann in diese evolutionären Vorgänge eingegriffen werden, damit sich eine Resistenz deutlich später oder in schwächerer Form herausbildet?

Der wichtigste und effektivste Weg, Resistenzen zu verhindern, ist so einfach und wenig originell, dass man es kaum wagt, ihn zu erwähnen. Er besteht darin, den Einsatz von Antibiotika und ihre Verbreitung in der Umwelt so strikt wie nur möglich zu begrenzen. Es ist der von diesen Substanzen ausgehende starke Selektionsdruck, der das Problem schafft, deshalb müssen die Kontakte zwischen Erregern und Antibiotika auf das Nötigste beschränkt werden. Das heißt: Man sollte nicht alles auf ein Pferd, die Behandlung mit Antibiotika, setzen, sondern eine Vielzahl an Lösungsansätzen verfolgen, darunter vor allem solche, bei denen keine Resistenzen drohen, wie verbesserte sanitäre Einrichtungen und Hygiene, Impfungen, effektive Gesundheitssysteme und sogar ein geringerer Fleischkonsum, der die unsäglichen Antibiotikagaben zur Wachstumsförderung und zur Prophylaxe in der Massentierhaltung überflüssig machen würde.[42] Mittelfristig brauchen wir aber auch Forschung an neuen alternativen Behandlungsoptionen wie dem Einsatz von Bakteriophagen – das sind Viren, die bestimmte Bakterien befallen und töten –, von antimikrobiell wirksamen kleinen Eiweißmolekülen (Peptiden), von Gentherapien oder Kombinationen verschiedener Therapieansätze.[43]

Wenn ein Verzicht auf Antibiotika im konkreten Fall nicht möglich ist, gilt es, zumindest eine geschickte Auswahl zu treffen, wobei evolutionsbiologische Erkenntnisse und Überlegungen unbedingt zu berücksichtigen sind.

Antibiotika stellen keine eigene chemische Stoffklasse dar, sondern werden über ihre Wirkung definiert. Es sind natürlicherweise vorkommende oder von Menschen hergestellte Verbindungen, die auf Mikroorganismen hemmend oder tödlich wirken. Ihre chemische Struktur ist grundsätzlich sehr unterschiedlich; innerhalb einer bestimmten Klasse von Antibiotika gibt es aber meist mehrere bis viele verschiedene Mittel mit einem ähnlichen chemischen Aufbau und demselben Wirkmechanismus. Zum Beispiel stören alle Beta-Lactame, zu denen unter anderem das Penizillin gehört, die Bildung der bakteriellen Zellwand, Tetracycline hemmen dagegen die bakterielle Proteinbiosynthese.

Genauso wenig wie *das* Antibiotikum existiert, gibt es *die* Resistenz. Resistenzen können sich immer nur gegen einzelne oder Gruppen von chemisch ähnlich aufgebauten Antibiotika richten. Es kommt daher vor, dass ein Resistenzmechanismus gleich eine ganze Wirkstoffgruppe ausschaltet, wie etwa das NDM-1-Gen die Carbapeneme in der Ukraine, und dass es gegen ein einzelnes Antibiotikum unterschiedliche Resistenzen gibt, weil Bakterien mehrere Wege entdeckt haben, diesen Stoff zu zerstören oder seine Effektivität zu blockieren.

Bei der Antibiotikagabe sollte man es sich wenn möglich zunutze machen, dass es Wirkstoffe gibt, die Bakterien eher daran hindern, widerstandsfähig zu werden, und die deshalb niedrige Resistenzraten aufweisen.[44] Dies ist zum Beispiel der Fall, wenn mehrere unabhängige Mutationen erforderlich sind, um Resistenz zu erlangen, oder im Genom nur sehr wenige Stellen existieren, wo Mutationen die erforderliche Wirkung haben. Mitunter wird Resistenz von Bakterien auch mit einem »teuren« Handel (*trade-off*) erkauft: Sich gegen bestimmte Antibiotika zu schützen, ist für sie mit erheblichen Nachteilen in Bezug auf andere fitnessrelevante Eigenschaften verbunden.

Ein solches evolutionäres *trade-off* kann auch der Kombination verschiedener Antibiotika zugrunde liegen. Bei der sogenannten kollateralen Sensitivität zeigen Bakterien, die gegen ein bestimmtes Antibiotikum resistent sind, erhöhte Empfindlichkeit gegenüber anderen Wirkstoffen.[45] Auch die Kombinationsmöglicheiten von Antibiotika mit nichtantimikrobiell wirkenden Substanzen scheinen noch nicht ausgeschöpft.[46]

Früher hat man das Problem der Resistenzbildungen durch die Entwicklung immer neuer Wirkstoffe gelöst, und solange das funktionierte, machte man sich um Resistenzen keine großen Gedanken. Statt der alten wurden eben neue Präparate verwendet – das war auch gut fürs Geschäft. Doch diese Pipeline scheint mittlerweile weitgehend leer zu sein. Es werden nur noch selten neuartige Antibiotika zugelassen.

Deshalb brauchen wir dringend innovative Ansätze, fordern nicht nur Evolutionsbiologen, Konzepte, die einem umfassenderen Verständnis von Nachhaltigkeit folgen. Denn der Antibiotikaeinsatz beim Menschen, bei unseren Nutztieren und Pflanzen, das schrumpfende Mikrobiom in unseren Körpern, die Kontamination der Umwelt, all das ist im Zusammenhang zu sehen, wie es etwa das *One Health*-Konzept tut, das die Gesundheit von Mensch, Tier und Umwelt als Ganzes im Blick hat.[47]

Im Pflanzenschutz ist eine ganz ähnliche Situation entstanden wie bei der Abwehr von Krankheitserregern mithilfe von Antibiotika:[48] Auch der Verkauf von Herbiziden ist seit den 1990er-Jahren enorm gestiegen (um 70 Prozent)[49], während gleichzeitig eine immer größere Zahl von Resistenzen gemeldet werden und der Nachschub an neuen Pestiziden zu versiegen droht. Vor allem im Anbau von gentechnisch veränderten Pflanzen, die unempfindlich gegenüber dem heftig umstrittenen Unkrautvertilgungsmittel Glyphosat (»Roundup«) sind, haben Resistenzen bei Unkräutern zu einem weiteren 15-prozentigen Anstieg der Herbizidgaben geführt – ein Teufelskreis. Mittlerweile wachsen solche gentechnisch veränderten Mais-, Sojabohnen- und Baumwollpflanzen auf mehr als 30 Prozent der gesamten globalen Anbaufläche, in einigen der größten Produzentenländern sogar auf über 90 Prozent. Riesige Ackerflächen mit immer denselben Feldfrüchten, auf denen Jahr für Jahr das gleiche Herbizid gespritzt wird – das sind ideale Bedingungen für die Entstehung von resistenten Unkrautpflanzen. Und wie wir im vorangegangenen Kapitel gesehen haben, kann die Resistenz zudem von symbiontischen Bakterien ausgehen, die die Pestizide für ihre Pflanzenwirte entgiften.[50]

Auch hier hilft es, den Kontakt von Pflanzen mit Pestiziden zu verringern, etwa durch bewährte Methoden wie den Fruchtwechsel und den guten alten integrierten Pflanzenschutz, der auf eine Vielzahl von Bekämpfungsmethoden setzt, um den Einsatz chemischer Mittel zu minimieren.

Was Peter Søgaard Jørgensen von der Royal Swedish Academy of Sciences und dem Stockholm Resilience Centre mit seinen Kollegen für Antibiotika ausführt, gilt ebenso für Pestizide: »Jetzt ist ein bewusster Wandel hin zu einem verantwortungsvollen Umgang mit Mikroorganismen und zu einer langfristig nachhaltigen Verwendung von Antibiotika erforderlich. Wir glauben, dass die Zeit für einen solchen Wandel reif ist, aber es ist Eile geboten.«[51]

15
Wird das Leben einen Ausweg finden?

Denken Sie beim Wort »Evolution« immer noch zuerst an Dinosaurier, an Mammuts und Säbelzahntiger, an Ammoniten oder Trilobiten? Ich vermute zumindest, dass es vielen Leserinnen und Lesern dieses Buches vor Beginn ihrer Lektüre so oder so ähnlich ging: Sie assoziierten Evolution mit vor langer Zeit ausgestorbenen Tierarten, und daran ist ja auch grundsätzlich nichts falsch. Gerade in der Konfrontation der heutigen Flora und Fauna mit der spektakulären Andersartigkeit prähistorischer Lebensformen offenbart sich, welche Macht, welche ungeheuren Kräfte hier im Spiel gewesen sein müssen, um das eine im Verlauf von Jahrmillionen aus dem anderen entstehen zu lassen.

Die wenigsten werden bei dem Wort »Evolution« jedoch an die Lebewesen gedacht haben, die sie beim Blick aus dem Fenster sehen können, bei einem Spaziergang im Wald oder beim Besuch eines zoologischen Gartens – an die heute lebende Tier- und Pflanzenwelt.

Ich gehe voller Optimismus davon aus, dass das jetzt, nachdem Sie die vorangegangenen vierzehn mal spannenden, mal anstrengenden Kapitel zum Thema gelesen haben, anders ist. Vielleicht denken Sie mittlerweile ebenso an die Evolution der *Anolis* oder der Aga-Kröten in Australien, oder Ihnen sind die Weißfußmäuse der New Yorker Parks in Erinnerung geblieben, deren Verdauung sich auf schimmlige Nüsse und fettige Menschennahrung umgestellt hat. Möglicherweise wissen Sie aber auch nach den vielen genannten Beispielen gar nicht mehr, was oder wer Ihnen zuerst in den Sinn kommen soll, denn plötzlich scheinen mehr oder weniger alle Tiere und Pflanzen mit der gegenwärtigen Evolution zu tun zu haben. Wen immer wir näher betrachtet haben, ob größere Tiere wie Elefanten, Kabeljaue oder Schlangen, ob kleinere Wesen wie Echsen, Vögel, Insekten oder Bakterien, überall begegnete uns evolutionärer Wandel. Natürlich muss man schon genauer hinschauen. Dann aber wird Evolution zu einem Prozess, der sich im Hier und Jetzt und vor unser aller Augen abspielt, mit den nur scheinbar unveränderlichen heute lebenden Pflanzen und Tieren als Protagonisten.

Natürlich vollzog sich Evolution auch in der Zeit der Dinosaurier, genauso wie im Zeitalter der Mammuts und Säbelzahntiger – und der Menschen, die zu ihrem wichtigsten Treiber geworden sind. Evolution geschah und geschieht immer und überall, unvermeidlich, unaufhörlich, unerbittlich. Dank der Arbeit vieler Wissenschaftlerinnen und Wissenschaftler, von denen wir einige auf den vorangegangenen Seiten kennengelernt haben, erscheint sie jedoch bei Weitem nicht mehr so unergründlich und rätselhaft wie noch vor zweihundert oder hundert Jahren. In vielen Fällen, wenn sich die Umstände ähneln, ist ihr Ausgang sogar ziemlich vorhersehbar.

Manchmal, wenn man die aus heutiger Sicht fremdartig anmutenden Tiere früherer Erdzeitalter betrachtet, kommt es einem so vor, als hätte die Evolution damals mehr Kraft entfaltet und mehr Fantasie bewiesen – vielleicht weil das Leben jünger, irgendwie formbarer oder empfänglicher dafür war. Natürlich ist das Unsinn. Dass sich das Leben bisher nach jeder Krise wieder in neue und mitunter auch seltsame Höhen schwingen konnte, lag an den langen Zeiträumen, die zur Verfügung standen, und an den dramatischen Ereignissen, etwa gewaltigen Vulkanausbrüchen und Asteroideinschlägen, die zu den Krisen geführt hatten. Sie ließen jedes Mal eine derart leere Welt zurück, dass es für die Überlebenden beinahe einem kompletten Neubeginn gleichkam.

Die heutige Welt ist ganz anders strukturiert. Sie ist vergleichsweise voll besetzt, mit der größten Vielfalt an Lebewesen, die es je gab. Die letzte globale Großkatastrophe, der Einschlag des Asteroiden in Mexiko, liegt gut 66 Millionen Jahre zurück. Die Nischen sind belegt, die meisten Arten fügen sich optimal in ihre Umwelt ein.

Dazu kommt, dass im Holozän seit dem letzten Rückzug der eiszeitlichen Gletscher, also seit mehr als zehntausend Jahren, außerordentlich konstante klimatische Bedingungen herrschen. Die Arten verändern sich deshalb kaum noch. Warum sollten sie auch? Sie sind so gut angepasst, dass jede Abwandlung wahrscheinlich eine Verschlechterung mit sich bringen würde. Evolution findet zwar auch in solchen Zeiten statt, doch eher unmerklich. Sie wirkt stabilisierend, nicht innovativ. Die natürliche Selektion sortiert die Abweichler aus, nicht den Mainstream. Ausschläge in die eine oder andere Richtung werden bald wieder ausgeglichen; Merkmale, wie zum Beispiel die Schnabelgröße der Darwinfinken, oszillieren in Anpassung an das vorhandene Nahrungsangebot um einen Mittelwert – aber sie oszillieren, sie stehen nicht still. Die Evolution ist nur scheinbar eingeschlafen, in Wirklichkeit ist sie hellwach.

Dies zeigt sich vor allem dann, wenn das Gleichmaß gestört wird, wenn völlig neue Lebensräume entstehen, zum Beispiel die Städte, wenn neue Räuber oder Konkurrenten ins Land gelangen und sich ausbreiten, wie die Aga-Kröten in Australien, oder wenn bestimmte unerwünschte Arten mit neuen Giften bekämpft werden.

Evolution ist eine fundamentale Eigenschaft des Lebens, die sich zwangsläufig aus seiner Veränderbarkeit (»Mutabilität«, »Evolvierbarkeit«), Flexibilität und der Fähigkeit zur Vererbung ergibt – ein Prozess, der die Merkmale von Pflanzen und Tieren, ihre Phänotypen, mit dem Zustand und den Erfordernissen der Umwelt abgleicht und sofort Konsequenzen zieht, weil besser angepasste Individuen unter dem Strich mehr Nachkommen hinterlassen und sich dadurch die Allelhäufigkeiten von Generation zu Generation verschieben.

Das kann schnell gehen, viel schneller, als man es noch vor wenigen Jahrzehnten für möglich gehalten hätte. Wir kennen mittlerweile viele Beispiele, bei denen mess- oder sichtbare Veränderungen der Phänotypen innerhalb weniger Jahre auftraten – im Extremfall, wenn der Selektionsdruck stark genug ist, sogar innerhalb einer einzigen Generation. Das heißt: bei Elefanten innerhalb von zehn, zwanzig Jahren, bei kleinen Wirbeltieren von einem Jahr auf das nächste, bei Bakterien innerhalb von Stunden. Damit hat diese evolutionäre Dynamik Auswirkungen auf die ökologischen Beziehungen, in denen die betreffenden Arten leben, und muss bei allen ökosystemaren Prozessen mitgedacht werden. Wenn Evolution und phänotypische Plastizität mit ihrer Pufferwirkung nicht berücksichtigt werden, fallen Prognosen unter Umständen zu pessimistisch aus. Das ist für das Management von Wildtieren, zum Beispiel in der Fischerei, genauso wichtig wie für die Naturschutzbiologie und den Umgang mit Schädlingen.

Innerhalb kurzer Zeit wirksam können evolutionär bedingte Merkmalsveränderungen aber nur sein, wenn die entsprechenden Anlagen, die speziellen Allele, bereits in der Population vorhanden, also Teil des Genpools sind, so wie die Disposition für helle oder dunkle Fellfarben bei den Hirschmäusen in Rowan Barretts Großversuch in Nebraska (Kap. 8), für größere oder kleinere Hörner bei den Dickhornschafen (Kap. 9) oder kleinere oder größere Schnäbel bei den Mittel-Grundfinken auf Daphne Major (Kap. 6). Fehlt eine benötigte Veranlagung, gibt es nur zwei Möglichkeiten, wie neue Merkmalsvarianten in eine Population gelangen können: durch Zuwanderung oder durch Mutation. Und das kann dauern oder auch ganz ausbleiben. Mutationen lassen sich weder erzwingen noch steuern.

Die Mutation, die Birkenspannern schwärzliche Flügel verpasste, war einige Jahre vor der starken Verschmutzung durch Industrieabgase aufgetreten, also gerade noch rechtzeitig, um ihre Träger zu schützen, als es dann ernst und die Birkenrinde dunkel wurde. Auch stoßzahnlose Afrikanische Elefantenkühe hatte es infolge einer frühen Mutation immer mal wieder gegeben. Die Allele (vermutlich sind mehrere Gene beteiligt), die zum Verlust der Stoßzähne führen, waren offenbar schon seit Längerem Teil des Genpools, hatten ihren Trägerinnen aber keinen Vorteil (und auch keine allzu großen Nachteile) verschafft – bis die intensive Wilderei begann. Man kann sich fragen, wie es den Birkenspannern und Elefanten wohl ergangen wäre, wenn sie erst noch auf eine rettende Mutation hätten warten müssen.

Auf Hawaii scheint sich die *Flatwing*-Mutation bei den Grillen genau zum richtigen Zeitpunkt ereignet zu haben – ein echter Glückstreffer –, obwohl aus meiner Sicht nicht ausgeschlossen werden kann, dass es auch schon vor dem Eintreffen der Fliege vereinzelt stumme Grillenmännchen gegeben hat.[1]

Mitunter fällt es schwer, allein an den Zufall zu glauben, wenn das Ergebnis derart gut passt. Dass sich das Leben durch »blinden Versuch und Irrtum« anpasst, ist jedoch eine der Grundannahmen der Evolutionsbiologie.[2] Wer sie anzuzweifeln wagte, musste mit massivem Protest rechnen. Denn was wäre die Alternative? Mutationen, die von geheimnisvollen Kräften ins

Ziel gelenkt werden? Eine natürliche Selektion, die in die Zukunft schauen und planen kann?

Nein, sagen Michael Barnett und Paul Rainey. »Manchmal können evolutionäre Prozesse dazu führen, dass sich die Anpassungsfähigkeit selbst verändert« – die sogenannte Evolvierbarkeit. Lebewesen, die in der Lage seien, mehr oder schneller vorteilhafte Varianten hervorzubringen, seien gegenüber »weniger wandlungsfähigen« Artgenossen im Vorteil.[3]

Zusammen mit Lena Meister haben Barnett und Rainey im Max-Planck-Institut für Evolutionsbiologie am Ufer des idyllischen Schöhsees in Plön ein raffiniertes Experiment ersonnen und durchgeführt, das genau das beweist: Es gibt eine »Evolution der Evolvierbarkeit«.[4] Dazu setzten sie Bakterien der Art *Pseudomonas fluorescens* immer wieder zwei unterschiedlichen Umweltbedingungen aus und zwangen sie, sich durch Mutationen wiederholt anzupassen. Am Anfang scheiterten viele Populationen an diesem Wechsel, starben aus und wurden durch erfolgreichere Abstammungslinien ersetzt. Irgendwann aber traten an einer bestimmten Stelle des Bakteriengenoms »Mutationshotspots« auf, deren Mutationsrate um das Zehntausendfache erhöht war, sodass es den *Pseudomonas*-Zellen fortan mühelos gelang, den wechselnden Umweltbedingungen durch Mutationen zu folgen. Starker Selektionsdruck hatte nicht nur das Erscheinungsbild der Bakterien geprägt, sondern auch ihre Anpassungsfähigkeit oder Evolvierbarkeit.

Ob es vergleichbare Phänomene auch bei höheren Organismen gibt, ist noch nicht zu beantworten.

Der beste Schutz gegen Fehlanpassungen (»Maladaptationen«) in einer sich verändernden Umwelt bleibt daher ein reich gefüllter Genpool. Deshalb ist die Bewahrung der genetischen Vielfalt für den Erhalt der Biodiversität von so überragender Bedeutung, erst recht in Krisenzeiten, wie wir sie gerade erleben. Mit jedem Individuum, dessen Lebensraum man zerstört, das von Pestiziden vergiftet oder von eingeschleppten Räubern gefressen wird, können potenziell lebensrettende Allele aus der Population verschwinden und womöglich vollständig und unumkehrbar verloren gehen. Je kleiner die Populationen sind, desto größer wird diese Gefahr.

Vor den Arten sterben die Individuen, und dieser Prozess, die biologische Auslöschung oder Defaunation unseres Planeten, ist sogar bei ehemals häufigen Tieren in vollem Gange.[5] Diese fatale Erosion der genetischen Vielfalt muss gestoppt werden, damit Organismen nicht ihre Anpassungsfähigkeit verlieren, also die Option, sich gewissermaßen aus eigener Kraft, aus dem eigenen genetischen Fundus schöpfend, an zukünftige Veränderungen der Umwelt anzupassen.

Obwohl die vielen Beispiele schneller gegenwärtiger Evolution in der Fachwelt zu einem Umdenken, ja zu einem Paradigmenwechsel geführt haben, wurde dies in der Öffentlichkeit kaum zur Kenntnis genommen und nur selten mit dem Klimawandel und dem Verlust der biologischen Vielfalt in Verbindung gebracht. Die Möglichkeit, dass die Evolution Pflanzen- und Tierarten einen rettenden Weg aus den Krisen der nahen Zukunft weisen könnte, ist kaum je diskutiert worden. Aber warum eigentlich nicht? Wenn *Anolis*-Echsen und viele andere Tiere sich relativ rasch an die Hitzeglocken moderner Großstädte anpassen können, warum sollten sie sich dann nicht mit global steigenden Temperaturen arrangieren können?

Lebewesen reagieren bereits seit Jahren darauf.[6] Um weiterhin in den gewohnten Temperaturbereichen leben zu können, verschieben sie ihre Verbreitungsgebiete polwärts und bergauf. Und viele Tierarten zeigen schon jetzt eine ganze Reihe von Anpassungen an eine wärmere Welt. Am bekanntesten und in ihrem Ausmaß vielleicht überraschendsten sind die sogenannten *body shifts*. Bei diversen Tiergruppen wurde nachgewiesen, dass sich ihre Körpergröße und/oder Körperproportionen während der vergangenen Jahrzehnte verändert haben. Sie folgen dabei zwei Regeln, die bereits vor fast 180 beziehungsweise 150 Jahren aufgestellt wurden: der »Bergmannschen« und der »Allenschen Regel«.[7] Beide gelten für gleichwarme (homoiotherme) Tiere, also für Säugetiere und Vögel, die unabhängig von ihrer Umwelt eine gleichbleibende Körpertemperatur aufrechterhalten können.

Die Bergmannsche Regel besagt, dass die Körpergröße nah verwandter Arten zu den Polen hin ansteigt (Beispiele: Pinguine, Bären, Pumas), während nach der Allenschen Regel mit abnehmenden Temperaturen, also ebenfalls in Richtung der Pole, Körperanhänge wie Extremitäten, Schwänze oder Ohren relativ kürzer oder kleiner werden (Beispiel: die Ohrengröße von Wüstenfuchs, Rotfuchs, Polarfuchs). Hinter beiden Regeln steckt der Wärmeaustausch zwischen Körper und Umgebung. Lange Körperanhänge vergrößern die Körperoberfläche und führen bei Kälte zu einem Wärmeverlust, während sie in warmer Umgebung den Körper kühlen können. Je größer jedoch ein Körper selbst ist, desto weniger Wärme verliert er, weil das Verhältnis von der Körperoberfläche zum Volumen kleiner wird.

In einer wärmeren Welt sollte man also kleinere Körper und im Verhältnis längere Körperanhänge erwarten, und genau das wird bei immer mehr Tiergruppen tatsächlich auch gemessen.[8] Denn seit Jahrzehnten folgen die Umweltveränderungen einem klaren Trend: Die Temperatur steigt an. Und Ausschläge in Richtung Hitze werden nicht oder nicht in gleichem Maße durch Gegenbewegungen ausgeglichen. Als evolutionäre Reaktion auf den Trend der Umweltparameter bildet sich daher ein Trend der Merkmalsentwicklung im Sinne der beiden Regeln heraus.

Eine große Studie aus den USA zeigt, wie verbreitet das Phänomen ist.[9] Vermessen wurden zunächst mehr als 70 000 Zugvögel, die in Chicago im Verlauf von fast 40 Jahren bei Kollisionen mit Gebäudefassaden gestorben waren und dann aufgesammelt wurden. Fast alle der 52 Arten zeigten über die Jahrzehnte mit steigenden Temperaturen einen deutlichen Größenrückgang, 34 Arten besitzen heute gemäß der Allenschen Regel längere Flügel. Ähnliche Resultate lieferte ein weiterer Datensatz, der Tausende Kilometer entfernt an einer ganz anderen, nicht ziehenden Vogelgemeinschaft gewonnen wurde: an gut 15 000 Tieren, die mit feinen Netzen in Amazonien gefangen wurden. Auch hier zeigten fast alle der 77 Vogelarten im Verlauf von vier Jahrzehnten einen Größenverlust; gleichzeitig bildeten viele längere Flügel aus.

Das sind erstaunlich deutliche Reaktionen, aber handelt es sich bei diesen *body shifts* tatsächlich um Evolution? Wir haben gesehen, dass Lebewesen auf Umweltsignale wie zum Beispiel steigende Temperaturen in erstaunlichem Umfang körperlich reagieren können und dass beide Veränderungen, also der Wandel aufgrund von Evolution und der aufgrund von phänotypischer Plastizität, nur durch eingehende genetische Untersuchungen auseinanderzuhalten sind.

Sehen wir uns zwei Beispiele genauer an: zum einen eine Studie, die auf Daten aus dreißigjährigen Langzeituntersuchungen von drei niederländischen Kohlmeisenpopulationen (*Parus major*) basiert,[10] und zum anderen eine Arbeit über neuseeländische Rotschnabelmöwen (*Larus novaehollandiae scopulinus*), der Messdaten aus fast einem halben Jahrhundert zur Verfügung standen.[11] In beiden Fällen ist die Temperatur seit Beginn der Untersuchungen hochsignifikant gestiegen, während die

Vögel ebenso signifikant an Körpermasse verloren haben. Bei einer Kohlmeisenpopulation wurde auch gemäß der Allenschen Regel eine Verlängerung des Fußes festgestellt.[12]

Allerdings konnte weder für die Möwen noch für die Kohlmeisen ein Fitnessvorteil der kleiner werdenden Vögel belegt werden, und es wurden auch keine genetischen Gründe für ihre schrumpfende Körpermasse und die längeren Füße gefunden. Das Resümee der Kohlmeisen-Studie fiel daher klar und eindeutig aus: »Dieser Rückgang war nicht auf mikroevolutionäre Veränderungen zurückzuführen, sondern resultierte aus einer phänotypischen Anpassung (Plastizität).«[13]

Die Forscherinnen und Forscher mahnten darüber hinaus zur Vorsicht bei der Interpretation derartiger Datensätze. Denn die Kohlmeisen sind wahrscheinlich aus einem ganz anderen Grund kleiner geworden. Als Folge des Klimawandels fiel die Zeit der Kükenaufzucht immer weniger mit der des maximalen Angebots an Insektennahrung zusammen. Dieser sogenannte Mismatch, die Tatsache, dass früher zeitlich synchronisierte Abläufe in einer sich wandelnden Umwelt nicht mehr zusammenpassen, ist ein Problem, das eine steigende Zahl von Tierarten betrifft.[14] Während die Kohlmeisen den Moment ihrer Eiablage kaum veränderten, setzte die Vegetationsentwicklung im Verlauf der dreißig Untersuchungsjahre immer früher ein, und auch der Tag, an dem die meisten Schmetterlingsraupen registriert wurden, verlagerte sich weiter ins zeitige Frühjahr. Der Kohlmeisennachwuchs schlüpfte zunehmend zu spät, sodass er nur noch einen spärlich gedeckten Tisch vorfand.[15]

Bisher spricht vieles dafür, dass die Größenreduktion bei Vögeln und Säugetieren das Ergebnis phänotypischer Plastizität ist. Und möglicherweise sind die Veränderungen nicht einmal adaptiv – sie helfen den Tieren also wohl nicht dabei, mit den veränderten Temperaturen besser zurechtzukommen.

Offenbar verfügen Tierarten durch diese Plastizität über eine Art Puffer, mit dessen Hilfe sie Temperaturabweichungen nach oben (und vermutlich auch nach unten) abfangen können. Allerdings ist diese Fähigkeit begrenzt. Irgendwann ist das Band so weit gedehnt, dass es zu reißen droht. Niemand weiß bisher, wann dieser Punkt bei welcher Art erreicht ist. Fossilien – zum Beispiel vom Urpferdchen *Sifrhippus* – zeigen, dass in Warmphasen früherer Erdzeitalter eine weit drastischere Größenreduktion erfolgte, als wir das bisher erleben.[16] War auch diese Entwicklung das Ergebnis phänotypischer Plastizität? Egal, worauf die Reduktion basiert – wenn die Temperaturen weiter steigen und für längere Zeit auf diesem hohen Niveau bleiben, ist wohl das Ende des Schrumpfungsprozesses noch längst nicht erreicht.

Doch was den Urpferdchen half, muss nicht in gleichem Maße auch den Vögeln von Nutzen sein. In jedem Fall sollte uns die Gestaltwandlungsreaktion vieler Tierarten nicht vorschnell beruhigen, im Sinne von: »Ach, alles halb so schlimm – sie können sich ja anpassen.« Was wie Anpassung aussieht, könnte in Wirklichkeit ein Zeichen von Stress sein. Bei den Kohlmeisen war die reduzierte Körpergröße schlicht ein Effekt von Nahrungsknappheit.

Gut belegte Beispiele von Evolution infolge des Klimawandels liefern Tiere, die in nördlichen Breiten einen Farbpolymorphismus zeigen. Vom Waldkauz (*Strix aluco*) etwa gibt es eine graue und eine braune Farbvariante, die auf unterschiedliche Allele eines Gens zurückgehen und in einfacher mendelscher Weise vererbt werden, wobei Braun dominant gegenüber Grau ist. In Finnland wird seit Jahrzehnten eine beträchtliche Zunahme der ehemals selteneren braunen Farbvariante beobachtet.[17] Diese Tendenz, die sich besonders in jüngerer Zeit verstärkt hat, ist offenbar ein Resultat der auch in Finnland immer milder werdenden Winter und des nachlassenden Schneefalls. Auf einer dicken Schneedecke sind braune Waldkäuze gegenüber grauen, die ohnehin als robuster gelten, deutlich im Nachteil; auf dünneren, oft lückenhaften Schneedecken kehrt sich das Verhältnis um. Der Trend ist nicht mit einer Zuwanderung brauner Vögel zu erklären und ebenso wenig mit einer schlechter werdenden Leistungsfähigkeit der grauen Käuze. Es gibt zwischen den beiden Farbmorphen auch keine Unterschiede im Reproduktionserfolg. Braune Waldkäuze überleben einfach in milderen Wintern in erheblich größerer Zahl als in strengen mit viel Schnee und sind deshalb heute fast genauso häufig wie ihre grau gefiederten Artgenossen.

In letzter Zeit scheinen die beiden Farbmorphen in Finnland immer weiter auseinanderzudriften: Das Gefieder der grauen Waldkäuze wurde heller, während die Farbe der braunen Tiere noch intensiver geworden ist. Eine Reihe extrem strenger Winter in den Jahren von 2010 bis 2013 reduzierte die Anzahl von Waldkäuzen um 80 Prozent; anteilig gesehen traf es dabei die grauen am härtesten. Die Selektion wirkte in dieser Zeit sicherlich in Richtung besonders hellen Gefieders. Offenbar starben dabei aber so viele Vögel, dass der Population danach die genetische Variabilität fehlte, um wieder größere Pigmentmengen zu bilden. Als sich der langjährige Trend zu milden, schneeärmeren Wintern nach 2013 fortsetzte, blieben die Käuze so hell.[18]

Da erwartet wird, dass die Schneebedeckung in großen Teilen der nördlichen Hemisphäre infolge des Klimawandels »drastisch«[19] zurückgehen wird, werden alle Tierarten, die an kalte, schneereiche Winter angepasst sind, vor großen Herausforderungen stehen. Das gilt für mindestens 21 Vogel- und Säugetierarten im Besonderen, denn sie nehmen einen saisonalen

Fell- und Farbwechsel vor, darunter die Polarfüchse, die größten arktischen Raubtiere, deren Fell im Winter weiß wird. In den schneearmen nordischen Winterlandschaften der Zukunft dürfte es für weiße Füchse schwerer werden, Lemminge zu erbeuten, während die Gefahr zunimmt, selbst zur Beute von Steinadlern zu werden.

Allerdings legen sich nicht alle Polarfüchse ein weißes Winterfell zu. Neben Populationen, in denen sämtliche Tiere einen Fellwechsel vornehmen, und solchen, in denen keins der Tiere das tut, gibt es polymorphe Populationen, in denen Tiere mit weißem Winterfell neben sogenannten blauen Füchsen existieren, die ein relativ dunkles Fell besitzen, das in der kalten Jahreszeit nur wenig heller wird. Für beide Varianten gibt es gefährliche und weniger gefährliche Orte und Zeiten. Die Weißfüchse haben in begrenztem Maß die Möglichkeit, ihren Fellwechsel je nach Witterung mithilfe der phänotypischen Plastizität zu verschieben. Die Fachwelt ist sich aber sicher, dass das Pendel in Zukunft in Richtung der blauen Füchse ausschlagen wird. Studien zeigen, dass deren dunkles Fell auf weißem Untergrund keine entscheidenden Nachteile mit sich bringt. In Teilen Skandinaviens steigt die Zahl der Blaufüchse bereits. Weiße Polarfüchse werden in Zukunft wohl zu einer Seltenheit werden.[20]

Ein Teilaspekt der Krise der globalen biologischen Vielfalt ist das Insektensterben. Der Begriff war in Deutschland plötzlich in aller Munde, als 2013 erste Erkenntnisse einer Langzeituntersuchung von Fluginsekten durch ehrenamtlich arbeitende Mitglieder des Entomologischen Vereins Krefeld bekannt wurden. Als die Endergebnisse vier Jahre später, in Zusammenarbeit mit einer Wissenschaftlergruppe und nach der Erweiterung der Untersuchungsflächen, veröffentlicht wurden, war klar: Die Biomasse an Fluginsekten ist heutzutage in Deutschland vielerorts um etwa 75 Prozent geringer als vor 25 Jahren.[21] Mittlerweile haben zahlreiche Studien vor allem aus Europa, aber auch von anderen Kontinenten belegt, dass sich ähnliche Entwicklungen überall in der Welt abspielen.[22]

Ein derart drastischer Rückgang von Insekten hat in vielerlei Hinsicht kaum absehbare Folgen. So wird zum Beispiel auch der starke Rückgang von Vögeln in der Agrarlandschaft damit in Verbindung gebracht, dass viele Arten zur Aufzucht ihrer Jungen Insektennahrung benötigen.

Wir wollen uns hier auf einen Aspekt beschränken, der von besonderer Brisanz ist: Der Rückgang von Bestäubern hat nicht nur Konsequenzen für Landwirtschaft und Gartenbau und tangiert damit elementare und ökonomische Interessen der Menschen.[23] Er hat auch Auswirkungen auf natürliche Lebensgemeinschaften und beginnt dort bereits tiefe evolutionäre Spuren zu hinterlassen.

Schönheit, Vielgestaltigkeit und Diversität der gegenwärtigen Blütenpflanzen sind nicht zuletzt das Ergebnis einer intensiven und facettenreichen Wechselwirkung zwischen diesen Pflanzen und ihren Bestäubern – eine Beziehung, die vor etwa 100 Millionen Jahren begann und bis zum heutigen Tag andauert.[24] Sie hat zu komplexen beidseitigen Anpassungen und Abhängigkeiten geführt, die uns nicht selten in Erstaunen versetzen. Insofern kann es nicht verwundern, wenn Veränderungen aufseiten der Bestäubergemeinschaften zu schnellen Reaktionen der Pflanzen führen, zumal bei diesen ja ein sehr sensibler Bereich ihrer Existenz betroffen ist: die sexuelle Fortpflanzung und damit das Fortbestehen ihrer Art. Sie haben das Zusammenfinden der Geschlechter vollkommen andersartigen Lebewesen überantwortet und sich damit in eine gefährliche Abhängigkeit begeben. Es dürfte ihnen egal sein, dass darüber hinaus noch ein weiterer, für uns Menschen wesentlicher Aspekt ihrer Existenz auf dem Spiel steht: ihre Schönheit.

Denn weil die sie bestäubenden Insekten in der Natur seltener vorkommen und deren Beitrag zum Gelingen des Fortpflanzungsgeschäfts unberechenbarer und unzuverlässiger geworden ist, wird immer häufiger beobachtet, dass Pflanzen zur Selbstbefruchtung (englisch: *selfing*) übergehen. Wenn sie das tun – und schätzungsweise ein Fünftel aller Blütenpflanzen hat diesen Weg von der Fremd- zur Selbstbestäubung bereits beschritten[25] –, werden die auffälligen Farben, Zeichnungen, Muster und Düfte ihrer Blüten, die wir so lieben, überflüssig, denn all das sind für die Pflanzen kostspielige Investitionen, die sie nur tätigen, weil sie damit ihre Bestäuber anlocken. Ein Übergang zur Selbstbefruchtung führt zu einem ganzen Bündel von Veränderungen, die Blütenmorphologie, Duft und Nektarproduktion betreffen. (Nektarproduktion? Und was wird aus unserem Honig und den Bienen?) Die Fachleute sprechen vom »Selbstbefruchtungs-« oder »Selfing-Syndrom«. Die Blüten werden kleiner und unauffälliger, mit anderen Worten: unattraktiver.[26]

Wie eng die Beschaffenheit der Blüten mit der Art ihrer Bestäuber verknüpft ist, haben zwei Züricher Forscher schon vor zehn Jahren mit Evolutionsexperimenten am Rübsen (*Brassica rapa*) gezeigt.[27] Sie zogen Hunderte schnell wachsender Rübsensamen bis zur Blüte auf und ließen sie dann in Gewächshäusern über mehrere Generationen hinweg entweder nur von Hummeln oder nur von Schwebfliegen befruchten.[28]

Schon nach wenigen Generationen zeigten sich erstaunlich deutliche Unterschiede. Von Hummeln bestäubte Pflanzen wurden größer und entwickelten intensiver duftende Blüten, deren UV-Licht reflektierender Flächenanteil zugenommen hatte. Rübsen, der aus Samen solcher Pflanzen hervorging, wurde von Hummeln im Vergleich zu von Schwebfliegen befruchteten Pflanzen eindeutig favorisiert. Fast könnte man denken: Der Rübsen wirft sich für die pelzigen Brummer besonders in Schale. Vor allem, wenn man hört, was aus Pflanzen wird, die über mehrere Generationen hinweg von Schwebfliegen bestäubt wurden. Deren Effizienz als Pollentransferdienstleister ist gegenüber jener von Hummeln eher gering. Und der Rübsen reagiert unmissverständlich: Die Pflanzen bleiben klein, und die Blüten duften nur schwach, reflektieren weniger UV-Licht, produzieren aber im Vergleich zur Anfangspopulation der Experimente ein Vielfaches an Früchten, die aus Selbstbefruchtung hervorgegangen sind. Durch die Schwebfliegen sind aus überwiegend Fremdbestäubung betreibenden Pflanzen solche mit einem gemischten Fortpflanzungssystem geworden, in dem Selbstbefruchtung eine wichtige Rolle spielt.

Das ist faszinierend. Innerhalb weniger Generationen stellen sich Pflanzen auf die Bestäuber ein, die ihre Blüten besuchen. Für die effektivsten Pollentransporteure machen sie sich besonders attraktiv. Und da Hummeln die Nachkommen der von ihresgleichen bestäubten Pflanzen bevorzugen, züchten sie sich gewissermaßen ihre eigenen Lieblingsblüten heran. Wenn das Pollenaufkommen jedoch nicht reicht, ziehen die Pflanzen schnell die Notbremse, verzichten auf Insektendienste und erledigen die Befruchtung selbst.

Ich stelle mir eine üppig blühende Wiese vor, auf der dieser Prozess zwischen vielen verschiedenen Pflanzen und Insekten über Jahre hinweg stattfindet. Tausende von Blüten putzen sich für ihre bevorzugten Bestäuber heraus und strecken sich an einem warmen, sonnigen Tag den herumfliegenden Insekten entgegen. Was wie ein weitgehend chaotisches Geben und Nehmen anmutet, ist wahrscheinlich viel strukturierter, als wir denken. Vielleicht gibt es hinten rechts auf der Wiese eine Hummelecke, wo sich in einem mehrjährigen Wechselspiel mit den Pflanzen die für die Brummer leckersten Blüten herausgebildet haben. Die zentrale Wiesenfläche ist womöglich eher Bienenterritorium; viele Wildbienen sind ja hoch spezialisiert und besuchen nur ganz bestimmte Pflanzenarten. An anderen Stellen des Blütenmeers kommen eher Weichkäfer zum Zuge oder Fliegen, blütenbesuchende Wespen oder Schwebfliegen.

»Letztlich zeigt unsere Studie, dass Bestäuber wichtige Triebkräfte der Pflanzenevolution sind«, schreiben Daniel Gervasi und Florian Schiestl von der Universität Zürich, »und dass Veränderungen in Bestäubergemeinschaften tiefgreifende und äußerst rasche Auswirkungen auf die evolutionäre Entwicklung von Pflanzen haben können.«[29]

Sicher ist, dass am Selfing-Syndrom viele Gene, Merkmale und Mutationen beteiligt sind und dass es im Genom der betroffenen Pflanzen keinen Generalschalter gibt, der alle diese Gene auf einmal aktiviert oder ihre Aktivität steuert. Jedes Genom evolviert in der eigenen Geschwindigkeit und auf seine eigene Weise. Um diese Vorgänge im Einzelnen zu verstehen, ist noch viel molekularbiologische Grundlagenarbeit zu leisten.[30]

Was geschieht nun im Freiland, wenn die Bestäuber aufgrund des Insektensterbens seltener werden oder ganz ausbleiben? Betrachten wir beispielsweise die Situation vor den Toren der französischen Hauptstadt, in einem Lebensraum, der seit den 1970er-Jahren zunehmend an Bestäubern verarmt.[31] Pierre-Olivier Cheptou vom Centre National de la Recherche Scientifique, der uns schon im Zusammenhang mit den Pippau-Untersuchungen in Montpellier begegnet ist, hat vor zwanzig Jahren in Paris in vier verschiedenen natürlichen Vorkommen des Acker-Stiefmütterchens (*Viola arvensis*) dessen Samen gesammelt. Im Jahr 2021 hat sein Mitarbeiter Samson Acoca-Pidolle diese Prozedur an exakt denselben Standorten wiederholt und die gesammelten Samen, die alten und die neuen, in einem temperierten Gewächshaus zum Keimen gebracht und aufgezogen. Als sich die Pflänzchen in voller Blüte befanden, wurden sie von Hummeln bestäubt, dann wurden die resultierenden Samen wieder gesammelt und erneut zum Keimen gebracht.

Als die »alten« und »neuen« Acker-Stiefmütterchen in einem *Common-Garden*-Experiment zu blühen begannen, wurden sie nach allen Regeln der Kunst vermessen und abermals Hummeln präsentiert. Die hatten die Wahl, und ihre Entscheidung fiel eindeutig aus. Angesichts der Nachkommen der aus verschiedenen Populationen stammenden Stiefmütterchen landeten sie deutlich häufiger auf denen, die aus den alten Samen hervorgegangen waren – kein Wunder, denn deren Blüten waren, sogar aus menschlicher Sicht, zweifellos attraktiver. Das Selfing-Syndrom, das die modernen Pflanzen unabhängig voneinander an allen vier Standorten ausgeprägt hatten, äußerte sich in kleineren, unauffälligeren, duft- und nektararmen Blüten mit schwach ausgeprägten oder fehlenden Leitlinien. Das sind strichartige Markierungen auf einigen der Blütenblätter, die den Bestäubern den Weg zum Nektar weisen. Die enge Verbindung zwischen den Acker-Stiefmütterchen und ihren Bestäubern befand sich im Zustand der Auflösung; die Zahl der aus Selbstbefruchtung hervorgegangenen Samen war um 27 Prozent gestiegen.

Das Fatale ist: Diese Blüten, die sich zunehmend selbst befruchten, sind infolge evolutionärer Anpassung an das fortschreitende Ausbleiben der bestäubenden Insekten unattraktiver geworden und werden deshalb in Zukunft noch seltener besucht werden, was die Blüten noch unattraktiver werden lässt und zu einem weiteren Rückgang der Bestäuber beitragen wird …

Ein positiver *feedback loop* – eine »Rückkopplungsschleife«. Oder anders ausgedrückt: ein verdammter Teufelskreis. Das Resümee der französischen Forscher und Forscherinnen endet in einem Aufruf zum Handeln: »Es ist daher dringend erforderlich zu untersuchen, ob diese Ergebnisse symptomatisch für ein allgemeineres Muster bei den Angiospermen [Blütenpflanzen] und ihren Bestäubern sind, und, wenn ja, zu ergründen, ob es eine Möglichkeit gibt, diesen Prozess umzukehren und diesen ökoevolutionären positiven feedback loop zu durchbrechen.«[32]

Tier- und Pflanzenarten stemmen sich einem Abwärtstrend entgegen: Sie wandeln sich und schaffen es so (vielleicht), sich durch schnelle Evolution zu retten. Das heißt aber nicht, dass uns das Ergebnis gefallen muss. Geschrumpfte, verblasste, duftlose Blüten – in diesem Fall wäre es zumindest ein ästhetischer Verlust.

Werden Fachleute aus der Wissenschaft gefragt, ob diese gegenwärtige Evolution, mit deren erstaunlichen und unerwartet schnellen Anpassungsleistungen wir uns nun über zweihundert Seiten beschäftigt haben, Tier- und Pflanzenarten vor dem Untergang im Anthropozän bewahren wird, erntet man mit hoher Wahrscheinlichkeit bedauerndes Kopfschütteln: Einzelne Arten vielleicht schon, aber wie viele … Wer will das vorhersagen? Außerdem: Noch hängt das Ergebnis nicht zuletzt von uns ab, denn sowohl im Klima- als auch im Naturschutz bleiben uns durchaus viele Handlungsmöglichkeiten, obwohl der Trend momentan in die vollkommen falsche Richtung zu weisen scheint. Im Großen und Ganzen wird, wie gesagt, eher mit einem Kopfschütteln reagiert.

Lassen wir stellvertretend Andrew Hendry antworten, einen prominenten Evolutionsbiologen der McGill University im kanadischen Montreal, Leiter des dortigen *Eco-evolutionary Dynamics Lab* und Begründer der heute auf rund 8000 Einträge angewachsenen Datenbank PROCEED, die quer durch das Organismenreich wissenschaftlich belegte Beispiele von Veränderungen des Phänotyps dokumentiert, wobei sie sowohl Prozesse mit genetischer Grundlage als auch phänotypische Plastizität berücksichtigt.[33] Auf der Homepage seiner Arbeitsgruppe bietet Hendry zusammen mit Sarah Sanderson gerade einen neuen Kurs für Studierende an, der beginnen wird, wenn dieses Buch erscheint. Titel der Lehrveranstaltung: »*Rapid Evolution in the Anthropocene*«.[34] Andrew Hendry ist demnach genau der richtige Adressat für diese Frage.

Und seine Antwort? »Manche sehen darin das Allheilmittel«, sagt er. »Die Evolution wird es schon richten, die Biodiversität retten und damit auch uns. Aber die Wahrheit ist: So gut die schnelle Evolution neue Herausforderungen abfangen mag, mit den aktuellen Prozessen kann auch sie oft nicht mithalten.«[35] Also ebenfalls ein Kopfschütteln.

Ich kann verstehen, dass seriöse Wissenschaftler beiderlei Geschlechts keine Prognose abgeben wollen, schon gar keine positive, die allzu leicht in dem von Hendry angeführten Sinne missverstanden werden könnte. Die Hände in den Schoß zu legen und so weiterzumachen wie bisher, weil die Evolution die biologische Vielfalt schon retten wird, ist mit Sicherheit keine Option.

Zumal die Entwicklung schnell geht, zumindest für die größeren Tiere vermutlich zu schnell, um sich anzupassen. So deprimierend es klingt: Wenn wir das Ruder nicht bald gewaltig herumreißen, wird die Tier- und Pflanzenwelt der Erde in der Gestalt, wie wir sie heute kennen, keinen Bestand haben.

Und trotzdem komme ich alles in allem zu einer etwas optimistischeren Einschätzung. Das liegt daran, dass wir Evolution, jedenfalls im öffentlichen Diskurs, bislang überhaupt nicht auf der Rechnung hatten. Es wurde stets so getan, als wären Pflanzen und Tiere völlig wehrlos, als hätten sie überhaupt keine Möglichkeit, sich vor diesen Entwicklungen zu schützen oder ihnen aus dem Weg zu gehen. Als wären sie passive Blätter im Wind. Und das sind sie definitiv nicht.

Wer hätte es für möglich gehalten, dass Grillen lautlos werden, um sich vor einer parasitischen Fliege zu verbergen, die sehr gut hört – und dann statt zu zirpen zu schnurren anfangen? Dass Elefanten ausgerechnet *das* Körperattribut verlieren können, das Tausende und Abertausende von ihnen das Leben gekostet hat? Dass Kabeljaue und andere beliebte Speisefische so klein werden können, dass sie durch die groben Netzmaschen schlüpfen? Bakterien und Schädlinge diverser Arten haben es geschafft, am Leben zu bleiben und sogar gestärkt zurückzukommen, obwohl sie durch den Menschen seit Jahrzehnten immer wieder neuen Giften ausgesetzt sind.

Da es ohnehin niemanden gibt, der uns mit Gewissheit die Zukunft vorhersagen kann, habe ich beschlossen, aus all diesen erstaunlichen und faszinierenden Belegen für eine machtvolle und schnelle Evolution zu schlussfolgern, dass sich das Leben als resilienter erweisen könnte, als wir es uns bislang vorstellen können. Viele der Tier- und Pflanzenarten, die mit uns diesen Planeten bewohnen, besonders die kleineren, könnten dank der Evolution widerstandsfähiger sein, als wir befürchten. Und ich denke, es gibt durchaus gute Gründe für diese Annahme.

»Aufgrund solcher Studien habe ich keine Angst um das Leben auf der Erde im Zeitalter des Klimawandels«, sagt Thomas Cameron, Dozent für Tierökologie an der University of Essex, zu PROCEED, Andrew Hendrys stetig wachsender Datenbank der veränderten Phänotypen.[36] Jeder neue Eintrag beweist, dass Arten nicht starr und in Stein gemeißelt sind, sondern sich verändern können. »Die Natur wird weiterhin bestehen«, fährt Cameron fort, »aber es wird vielleicht nicht mehr dieselbe Welt sein, und einige Arten werden aussterben. Andere hingegen werden sich verändern und weiterentwickeln.«[37]

Beim Versuch, gegen Ende eine etwas zuversichtlichere Grundstimmung zu erzeugen – alles andere hilft uns sowieso nicht weiter –, kommt eine Meldung wie gerufen, die mich kurz vor Fertigstellung des Buches erreichte, so als hätte sie sich beeilt, um noch Eingang in das Manuskript zu finden. Sie stammt aus Australien und betrifft eine Tierart, die zuverlässig wie kaum eine andere ein Lächeln in das Gesicht jedes Tierfreundes zaubert: den Koala.

Vielleicht sind Ihnen noch die Bilder der verheerenden Brände vor Augen, die das Land vor wenigen Jahren heimsuchten. In Down Under gehören Buschbrände zur Normalität, die Ökosysteme sind daran angepasst, doch im Sommer 2019/2020, bei Trockenheit und Temperaturen um 45 Grad Celsius, nahm das Feuer apokalyptische Größenordnungen an. Die Regierung erklärte den Ausnahmezustand. Tausende von Häusern gingen in Flammen auf, Millionen von Wildtieren starben, darunter auch Tausende der baumbewohnenden Koalas. Fotos und Filme von Tieren mit verkohltem Fell, blutigen Nasen und schweren Verbrennungen an Pfoten und Körper gingen durch die Medien. In Einrichtungen wie dem Port Macquarie Koala Hospital versuchte man, wenigstens einigen von ihnen zu helfen. Nach Angaben des WWF soll allein die Koalapopulation im Bundesstaat New South Wales um 80 bis 85 Prozent dezimiert worden sein.[38]

Mit dem Tod so vieler Tiere ist unvermeidlich eine erhebliche genetische Verarmung verbunden, denn mit den Tieren gehen auch viele seltene Allele verloren. Wenn keine Zuwanderung von außerhalb erfolgt, erhöht ein derart dezimierter

Genpool das Aussterberisiko der betroffenen Population enorm. Die Fachleute sprechen von einem »genetischen Flaschenhals« (*genetic bottleneck*).

Doch eine solche Reduktion muss nicht notwendigerweise ein baldiges Aussterben zur Folge haben. Eine aktuelle Studie an Koalas zeigt, dass es auch ganz anders laufen kann.[39]

Die australischen Forscherinnen und Forscher ermittelten die DNA-Sequenz von mehr als 400 Tieren aus 27 verschiedenen Populationen in drei Bundesstaaten. Daraus rekonstruierten sie die wechselhafte demografische Geschichte dieser Koalas.

Es war keine Überraschung, dass etwa die Tiere in Victoria einen engen genetischen Flaschenhals durchschritten hatten. Allerdings waren daran im späten 18. Jahrhundert keine Buschbrände schuld, sondern menschliche Pelztierjäger, die die Koalas wie so viele andere Tiere fast ausgerottet hätten. In den 1890er-Jahren war die Situation so dramatisch, dass man nicht einmal mehr zehn Tiere einfangen konnte und diese auf zwei vorgelagerten Inseln vor den Jägern in Sicherheit brachte. Während des 20. Jahrhunderts wurde Victoria dann mit den Nachkommen dieser Tiere allmählich wieder bevölkert. Noch in den 1920er-Jahren gab es in dem Bundesstaat nur 500 bis 1000 Koalas – den putzigen Beuteltieren drohte nach wie vor das lokale Aussterben.

Doch was dann folgte, war kein weiteres Dahindümpeln oder gar Aussterben der Populationen, sondern im Gegenteil ein starkes Wachstum über vierzig Generationen hinweg. Im Gegensatz zu der weiterhin angespannten Situation in den angrenzenden Bundesstaaten New South Wales und South Australia sind Koalas in Victoria mittlerweile so häufig geworden – ihre Zahl wird auf eine halbe Million geschätzt –, dass das Management der Behörden vor allem darin besteht, die

Menge der Tiere konstant zu halten. Die enorme Populationszunahme bot die Gelegenheit zu vielen Mutationen, und mit jeder weiteren Generation kam es zu einer ordentlichen erneuten Durchmischung (Rekombination) der Erbanlagen, was nach Ansicht der Autorinnen und Autoren der Studie eine Schlüsselrolle bei der Erholung der Koalabestände und deren überraschender genetischer Vielfalt spielte.

Ein ganz ähnliches Phänomen beobachtet man bei biologischen Invasionen. Auch in diesen Fällen beginnt die Massenvermehrung, zum Beispiel der Wasserhyazinthen in Indien oder der Waschbären in Deutschland, mit einer kleinen Zahl von Tieren oder Pflanzen, die in ein neues Gebiet gelangen. Und doch kann sich aus diesem kleinen Anfangsgenpool im Laufe der Zeit eine genetisch vielfältige Population entwickeln. »Eine geringe genetische Diversität impliziert nicht immer ein limitiertes evolutionäres Potenzial«, schlussfolgern die australischen Fachleute.[40]

Wenn das keine gute Nachricht ist! Wir dürfen bei derartigen Geschichten also durchaus auch einen erfreulichen Ausgang in Betracht ziehen, ohne als naive Optimisten dazustehen, als Menschen, die bittere Tatsachen nicht wahrhaben wollen. Und vielleicht lernen wir daraus sogar, was wir tun könnten, um solche positiven Entwicklungen zu befördern.

Caitlin Curry, eine junge Populationsgenetikerin der San Diego Zoo Wildlife Alliance, die unter anderem über afrikanische Löwen forscht und für die eine gewisse Zuversicht bei ihrer Arbeit im Rahmen des Artenschutzes sicher von großer Bedeutung ist, sagte – angesprochen auf die Koala-Studie – der Zeitschrift *Scientific American*:

»Derzeit beobachten wir viele durch den Menschen verursachte Bestandsrückgänge, und ich glaube, dass die Forschungsergebnisse diesen Populationen eine gewisse Hoffnung geben.

Wenn wir ihnen die richtigen Ressourcen und Mittel zur Verfügung stellen, um eine rasche Ausbreitung zu ermöglichen, könnte dies vielleicht auch ihr evolutionäres Potenzial wiederherstellen.«[41]

Und was ist mit dem modernen Menschen? Unterliegen auch wir der Evolution, oder haben wir uns völlig davon abgekoppelt und sind nur noch ihr Treiber, sodass sich die anderen Lebewesen unserem Einfluss anpassen müssen? Um ein Haar wäre dieses Buch in Druck gegangen, ohne eine befriedigende Antwort auf diese Frage liefern zu können. Die Datenlage war schlecht, und die notgedrungen spekulative Antwort wäre wohl eher negativ ausgefallen. Hinweise auf die menschliche Evolution waren rar.

Das stellt sich nun ganz anders dar. Am 15. April 2026 veröffentlichte die Zeitschrift *Nature* online eine umfangreiche Studie aus dem Labor von David Reich, Professor an der Harvard Medical School. Mithilfe neuester, vom Erstautor Ali Akbari entwickelter Computertechniken gibt die Untersuchung eine eindeutige Antwort: Ja, auch der Mensch war in der jüngeren Vergangenheit der Evolution unterworfen – sogar in viel höherem Maß, als wir gedacht haben.[42]

Die Datengrundlage der Studie ist gewaltig und über viele Jahre zusammengetragen worden. Sie kann sich auf Genomsequenzen von 16 000 Menschen stützen, die während und nach der letzten Eiszeit in Europa und Teilen des Nahen Ostens gelebt haben – das sind so viele, dass für die Häufigkeit von Genvarianten regelrechte Zeitreihen aufgestellt werden konnten. Dazu kamen zu Vergleichszwecken fast 6500 Genome moderner Menschen aus demselben geografischen Gebiet.

Auf diese Weise konnte erstmals nachgewiesen werden, dass in den letzten 18 000 Jahren keineswegs nur wenige – bisher wusste man von gut zwanzig –, sondern erstaunlich viele menschliche Gene einer starken gerichteten Selektion unterlagen. Es sind fast 500, und dazu kommen weitere 7600 Positionen (Loci) im Genom, bei denen es immerhin eine Fifty-fifty-Chance dafür gibt. Gerichtete Selektion bedeutet: In all diesen Fällen haben die Träger bestimmter Allele mehr Nachkommen erzeugt als Artgenossen mit einer anderen, weniger erfolgreichen genetischen Ausstattung, sodass diese Genvarianten in der Population mit der Zeit häufiger wurden.[43] Dieser Prozess hat sich sogar noch beschleunigt, nachdem die Menschen von einem Leben als Jäger und Sammler zu einer sesshaften Lebensweise übergegangen waren und Landwirtschaft betrieben.

Um welche Gene handelt es sich dabei? Viele von ihnen weisen bekannte Verbindungen zu komplexen physischen, psychischen oder sozialen Merkmalen auf, zum Beispiel dem Risiko, an Typ-2-Diabetes oder Schizophrenie zu erkranken. Manche sorgen für ein geringeres Risiko hinsichtlich rheumatischer Arthritis oder Alkoholismus. Mehrere Allele, die zur Entwicklung heller Haut oder roter Haare beitragen, sind deutlich häufiger geworden.

An Letzteren zeigt sich ein grundsätzliches Problem: Dass Allele heute rote Haare produzieren, heißt nicht automatisch, dass dieses Merkmal auch zu jener Zeit, als es sich durchzusetzen begann, von Bedeutung war. Vielleicht waren rote Haare einst aus irgendeinem Grund von Vorteil, vielleicht waren sie aber auch nur ein Nebeneffekt, und das Allel sorgte darüber hinaus für etwas ganz anderes, das wir heute nicht mehr nachvollziehen können. Bestimmte Gene korrelieren etwa mit dem Haushaltseinkommen oder der Zahl der Schuljahre – was in der Steinzeit keine Rolle gespielt haben dürfte.

Es ist wie so oft in der Wissenschaft: Eine Frage wurde beantwortet – ja, auch wir, die Menschen, evolvieren –, und daraus ergeben sich viele, viele neue. Aber ein Anfang ist gemacht, und es besteht die begründete Hoffnung, dass wir auch über die jüngere Evolution des Menschen bald mehr erfahren werden.

Anmerkungen

Thompson 2013, S. 3.
Losos 2017, S. XIV.

1. Einleitung

1 Forschungsgruppe Weltanschauungen in Deutschland: »Akzeptanz von Evolution, 2019/2020«, 18. Dezember 2020; https://fowid.de/meldung/akzeptanz-evolution-20192020
2 Erzählt hat Endler dieses Erlebnis Jonathan B. Losos, der davon in einer Fußnote berichtet: Losos 2017, S. 208 f.
3 Leonard Darwin über seinen Vater, nach: Schilthuizen 2018, S. 31.
4 Darwin 1863, S. 97: https://www.gutenberg.org/cache/epub/69172/pg69172-images.html#Viertes_Kapitel
5 Dirzo u. a. 2014; Kegel 2021.
6 Schilthuizen 2018 (Umschlag).

2. Die Grille und die Fliege

1 Zhang u. a. 2024.
2 Robert, Miles & Hoy 1996.
3 Zuk, Rotenberry & Tinghitella 2006; Zuk, Rotenberry & Simmons 1998; Zuk 2013.
4 Zuk 2013, S. 70.
5 Zuk, Rotenberry & Tinghitella 2006.
6 Zuk 2013, S. 70.
7 McDermott 2019, S. 12117.
8 Ebd.
9 Zuk 2013, S. 71.
10 Zuk, Rotenberry & Tinghitella 2006.
11 *Evolutionary rescue* ist ein Konzept aus der Theoretischen Biologie, das auf einer Arbeit von Gomulkiewicz & Holt (1995) basiert. Es geht von ganz bestimmten eng gefassten Bedingungen aus, die in ein mathematisches Modell münden, mit dessen Hilfe sich der Einfluss verschiedener

Parameter auf die Überlebenswahrscheinlichkeit einer betroffenen Art untersuchen lässt. Im Freiland sind diese Bedingungen kaum je erfüllt. Obwohl *evolutionary rescue* für mich den Anstoß zu diesem Buch gab, weshalb der Begriff in leicht abgewandelter Form im Titel enthalten ist, nehme ich mir die Freiheit, ihn weiter zu fassen und auf Fälle anzuwenden, in denen schlecht angepasste Arten durch evolutionäre Neuerungen vor dem Niedergang oder sogar dem Aussterben bewahrt werden.

12 Siehe Hall & Robinson 2021 und die darin zitierte Literatur.

13 Rayner u. a. 2019.

14 Robin Tinghitella, zitiert in: »Evolution at work: Crickets on Molokai are now … purring«, *Hawaii News Now*, 2. November 2018; https://www.hawaiinewsnow.com/2018/11/01/evolution-work-crickets-molokai-are-now-purring/

15 Tinghitella u. a. 2018, S. 773.

16 Gallagher u. a. 2022.

17 Wikle u. a. 2023.

18 Gallagher u. a. 2024.

19 Gallagher u. a. 2022, 2023, 2024.

20 Tinghitella u. a. 2021.

21 Shane Campbell-Staton, zitiert in: Katarina Zimmer: »Humans Are Forcing the Rapid Evolution of Wildlife. Can Animals Change Fast Enough?«, *National Wildlife Federation* (NWF), 18. Dezember 2024; https://www.nwf.org/Magazines/National-Wildlife/2025/Winter/Conservation/Rapid-Evolution

22 Darwin 1861, S. 425; https://darwin-online.org.uk/converted/pdf/1861_OriginNY_F382.pdf

3. Evolution

1 Zitate von Robert Chambers und Adam Sedgwick nach: Zimmer 2001, S. 39.

2 Endler 1986, S. 3.

3 Ebd., S. 23.

4 Ein Bruder von Julian Huxley war Aldous Huxley, der Autor des berühmten Romans *Schöne neue Welt* (1932).

5 Das Hershey-Chase-Experiment mit Bakteriophagen ergab 1952, dass genetische Information in der DNA enthalten ist, nachdem Versuche mit Pneumokokken durch Oswald T. Avery, Colin M. MacLeod und Maclyn McCarty bereits 1944 auf die DNA als Träger der Erbinformation hingedeutet hatten.

6 Siehe z. B. Waples & Gaggiotti 2006.

7 Goldmann u. a. 2016; Goriely 2016.

4. Gepfeffert oder geschwärzt

1 Vgl. Zimmer 2001.
2 Carroll u. a. 2007.
3 Mallet 2022; Cook 2003.
4 Clarke, Mani & Wynne 1985.
5 Die Darstellung folgt Schilthuizen 2018, Cook 2003, Cook & Saccheri 2013.
6 Kettlewell forschte am International Locust Control Centre der Universität Kapstadt.
7 Kettlewell 1955, S. 341.
8 Ebd., S. 342.
9 Ebd., S. 341.
10 Majerus 1998.
11 Coyne 1998, S. 36.
12 Ebd., S. 35.
13 Birkenspanner suchen ihre Ruheplätze nachts auf, Kettlewell hatte sie aber morgens freigesetzt.
14 John D. Morris: »What About The Peppered Moth?«, Institute for Creation Research, vom 1. April 1999 (www.icr.org/article/what-about-peppered-moth), zitiert nach: Schilthuizen 2018, S. 118.
15 Hooper 2002.
16 Cook u. a. 2012.
17 Ebd.
18 Schilthuizen 2018, S. 119.
19 Majerus 2008.
20 Cook u. a. 2012, S. 611.
21 Etwa mit der Markierung-Wiederfang-Methode und reiner Beobachtung.
22 Van't Hof & Saccheri 2010.
23 Van't Hof u. a. 2016.
24 Walton & Stevens 2018.

5. Der Echsen-Mann

1 In Deutschland wurden 1965 13 Folgen unter dem Titel *Erwachsen müßte man sein* im ZDF gezeigt.
2 Pennisi 2020; Losos 2017.
3 Losos 2017.
4 Losos, Warheitt & Schoener 1997.
5 Hernández, Arelis R., Schmidt, Samantha & Achenbach, Joel: »Study: Hurricane Maria and its aftermath caused a spike in Puerto Rico deaths, with nearly 3,000 more than normal«, *The Washington Post*, 28. August 2018.

6 Donihue u. a. 2018; *Evolution Earth: Extreme Hurricanes Are Forcing Lizards to Evolve*, PBS: https://www.youtube.com/watch?v=X_gBpKnmcPA.
7 *Evolution Earth*-Video, a. a. O.
8 Ebd.
9 Donihue u. a. 2020.
10 Martha Muñoz, zitiert nach: Pennisi 2020.
11 Losos 2017.
12 Weiner 1994.
13 Losos 2017, S. 139.
14 Ebd.
15 Weiner 1994.
16 Flussabwärts sind es insgesamt sechs unterschiedliche Fressfeinde, die den Guppys nach dem Leben trachten; die Buntbarsche sind die mit Abstand gefährlichsten. Vgl. Weiner 1994.
17 Weiner 1994, S. 140.
18 Ebd., S. 144.
19 Endler 1986.
20 Losos 2017, S. 136.
21 Ebd., S. 138.
22 Endler 1986.
23 Losos 2017, S. 140.

6. Zeiten des Überflusses, Zeiten des Hungers

1 Weiner 2014.
2 Weiner 1994.
3 Weiner 2014.
4 Sulloway 1982.
5 Ich habe dieses Versäumnis des großen Forschers – niemand ist unfehlbar – im Prolog meines Galapagos-Romans *Abgrund* (Kegel 2017) fiktionalisiert. Im zweiten Teil der Geschichte spielen auch die Grants eine wichtige Rolle, allerdings unter anderem Namen.
6 Heute werden die Darwinfinken in mehrere Gattungen eingeteilt. Die von John Gould eingeführte Gattung *Geospiza* enthält nur noch die samenfressenden Grundfinken. Überhaupt hat sich an der Sicht der Systematiker auf die Darwinfinken Entscheidendes geändert. Ungeachtet ihres Namens wurden sie schon lange nicht mehr zu den Finken (Fam. Fringillidae), sondern zu den Ammern (Fam. Emberizidae) gezählt, bis genetische Untersuchungen ergaben, dass sie weder das eine noch das andere sind. Heute werden sie den Tangaren (Fam. Thraupidae) zugeordnet, einer nah verwandten Vogelfamilie, die nur

in Nord- und Südamerika lebt. Wir bleiben im Buch trotzdem, wie im Deutschen üblich, bei der Bezeichnung Finken, um keine Verwirrung zu stiften. Die Molekularbiologie hat alles durcheinandergewürfelt und tut es noch. Auch über die Einteilung der Darwinfinken in Arten scheint das letzte Wort noch nicht gesprochen zu sein (siehe Zink & Vázquez-Miranda 2019). Die *IOC World Bird List v.15.1* führt heute 18 Arten auf (https://www.worldbirdnames.org/bow/tanagers/).

7 Weiner 2014.

8 Grant & Grant 2014, S. 317.

9 Weiner 2014.

10 Weiner 1994, S. 24.

11 Interessierte verweise ich auf Grant & Grant 2014, Weiner 1994, 2014, die auch meiner Darstellung zugrunde liegen.

12 Grant & Grant 2014.

13 Peter Grant und Dolph Schluter, zitiert nach: Weiner 1994, S. 77 f.

14 Lack 1947.

15 David Lack, zitiert nach: Weiner 1994, S. 75.

16 Weiner 1994. Er bezieht sich dabei auf Untersuchungen von James Smith auf der Insel Mandarte.

17 Grant & Grant 2014, S. 14.

18 Die Prozentzahl bezieht sich auf die Durchschnittswerte aller Messungen der Schnabelgröße in diesen Jahren.

19 Grant & Grant 2014, S. 67.

20 In der Fachsprache ist dies ein Fall von »Merkmalsverschiebung« (engl. *character displacement*).

21 Jonathan Weiner im Vorwort zu: Grant 1999, S. XII.

7. Das flüssige Dutzend

1 Zum genauen Prozedere des Experiments, das natürlich mehr umfasste als nur die Übertragung in neues Kulturmedium, siehe Barrick u. a. 2023.

2 Fox & Lenski 2015, S. 4.

3 Pennisi 2013.

4 Zitate von Richard Lenski nach: Fox & Lenski 2015, S. 2, 4.

5 Jeden Tag werden 0,1 Milliliter des alten Mediums in frisches Medium überführt. Darin befinden sich immerhin fünf Millionen Bakterienzellen.

6 Lenski u. a. 1991.

7 Lenski & Travisano 1994.

8 Richard Lenski, zitiert nach: Pennisi 2013, S. 793.

9 Lenski & Travisano 1994.

10 Sniegowski, Gerrish & Lenski 1997.

11 Lenski 2011, S. 32.

12 Jonathan Losos (Losos 2017) schildert diese Episode und die Ursachenforschung, die sich daran anschloss, sehr ausführlich.
13 Blount, Borland & Lenski 2008.
14 Ebd.; Blount 2016.
15 Siehe Pennisi 2013.
16 Blount 2016.
17 Blount, Borland & Lenski 2008.
18 Wahrscheinlich kam später noch eine zweite Mutation dazu.
19 Blount 2016, S. 90.
20 Blount 2016.
21 Richard Lenski im Interview mit David Sloan Wilson: »Evolutionary Biology's Master Craftsman: An Interview with Richard Lenski«, *Pro-Social World*, 30. Mai 2016; https://www.prosocial.world/posts/evolutionary-biologys-master-craftsman-an-interview-with-richard-lenski

8. »Experimente auf Steroiden«

1 Losos 2017, S. 194; dort auch das Überschrift-Zitat.
2 Barrett u. a. 2011.
3 Ebd., S. 233.
4 Die Darstellung des Sand-Hills-Versuchs folgt Yong 2019, Losos 2017, Barrett u. a. 2019.
5 Rowan Barrett, zitiert nach: Yong 2019.
6 Es gibt mehr als 60 Arten. Hier geht es aber nur um eine davon: die Eigentlichen Hirschmäuse (*Peromyscus maniculatus*).
7 Hopi Hoekstra, zitiert nach: Yong 2019.
8 Ebd.
9 Rowan Barrett, zitiert nach: ebd.
10 Losos 2017.
11 Rowan Barrett, zitiert nach: Yong 2019.
12 Hopi Hoekstra, zitiert nach: ebd.
13 Rowan Barrett, zitiert nach: ebd.
14 Pfeifer u. a. 2018.
15 »The Guppy Project«: https://theguppyproject.weebly.com/; Dakos u. a. 2019.
16 Reznick, Losos & Travis 2019.
17 Ebd., S. 8.

9. Jagd

1 Kurt, Hartl & Tiedemann 1995.
2 Ebd., S. 140.
3 Joyce Poole, zitiert nach: Rachel Nuwer, »Disturbing Answers to the

Mystery of Tuskless Female Elephants«, *Scientific American*, 21. Oktober 2021; https://www.scientificamerican.com/article/disturbing-answers-to-the-mystery-of-tuskless-female-elephants/

4 D'Ammando u. a. 2023.

5 Dokumentarserie *Human Footprint*, PBS; https://www.pbs.org/show/human-footprint/

6 Campbell-Staton u. a. 2021.

7 Jachmann, Berry & Imae 1995.

8 Campbell-Staton u. a. 2021; darauf stützen sich auch die folgenden Ausführungen.

9 Fanie Pelletier, zitiert nach: Rachel Nuwer: »Disturbing Answers to the Mystery of Tuskless Female Elephants«, a. a. O.

10 Shane Campbell-Staton, zitiert nach: Elizabeth Preston: »Tuskless Elephants Escape Poachers, but May Evolve New Problems«, *The New York Times*, 21. Oktober 2021; https://www.nytimes.com/2021/10/21/science/tuskless-elephants-evolution.html

11 Tanya Dewey & Liz Ballenger: »Ovis canadensis« (On-line), *Animal Diversity Web*, 1999; https://animaldiversity.org/accounts/Ovis_canadensis/

12 Coltman u. a. 2003, S. 656.

13 Ebd., S. 657.

14 Festa-Bianchet u. a. 2014.

15 Deakin u. a. 2022.

16 Festa-Bianchet u. a. 2014; Coltman u. a. 2003.

17 Siehe z. B. Kegel 2021.

18 Darimont u. a. 2009, S. 952.

19 Otto 2018, S. 3.

20 Wilson u. a. 2022.

21 Heino & Dieckmann 2009, S. 5 f.

22 Otto 2018, S. 3.

23 Siehe z. B. Heino & Dieckmann 2009.

24 Emily Anthes: »Honey, We Shrunk the Cod«, *The New York Times*, 27. Juni 2025; https://www.nytimes.com/2025/06/27/science/evolution-cod-rodents-anthropocene.html

25 So GEOMAR-Biologe Thorsten Reusch in einer persönlichen Mitteilung vom 13. November 2025.

26 Möllmann u. a. 2021; Birgersson, Söderström & Belhaj 2022.

27 Han u. a. 2025.

28 Leser von *Mit Pflanzen die Welt retten* werden sich vielleicht erinnern: Thorsten Reusch forscht auch über Seegräser und deren Wiederanpflanzung in der Ostsee. Eigentlich ist er aber Evolutionsbiologe.

29 Kwi Young Han, zitiert nach: Emily Anthes: »Honey, We Shrunk the Cod«, a. a. O.

30 Ebd.

31 Yengo u. a. 2022.

32 Möllmann u. a. 2021.

10. Invasionen

1 Siehe Simberloff 2013; Kegel 2013a.

2 Vor allem im deutschsprachigen Raum spricht man in Bezug auf Tiere bzw. Pflanzen, die nach 1492 ins Land gelangten, von »Neozoen« bzw. »Neophyten«.

3 Bis 1937 gab es auf Druck der Zuckerrohrfarmer weitere Freisetzungen.

4 Shine 2010.

5 Richard Shine, zitiert nach: *Darwin Express – Evolution in Rekordzeit*, ein Film von Elena Sender. © Arte France / Capa Presse / TF1 Produktion, 2025.

6 Carroll u. a. 2005.

7 Shine 2012.

8 Rick Shine, zitiert nach: *Darwin Express – Evolution in Rekordzeit*, a. a. O.

9 Rick Shine, zitiert nach: ebd.

10 Rick Shine, zitiert nach: ebd.

11 Hudson u. a. 2016.

12 Shine 2012, S. 109.

13 Hill, Thomas & Blakeley 1999.

14 Shine 2012; Hudson u. a. 2016.

15 Jolly, Shine & Greenlees 2016.

16 Ward-Fear u. a. 2024.

17 Phillips & Shine 2004, 2006.

18 Vgl. *The Reptile Database*: https://reptile-database.reptarium.cz

19 Stuart u. a. 2014.

20 Siehe Kegel 2013a.

21 Matthew K. Chew & Scott P. Carroll: »Opinion: The Invasive Ideology. Biologists and conservationists are too eager to demonize non-native species«, *The Scientist*, 7. September 2011.

22 Etwa in der *Global Invasive Species Database*: https://www.iucngisd.org/gisd/speciesname/Cardiospermum+grandiflorum

23 Carroll u. a. 2005.

24 Es gibt auch Pflanzen mit zu großen Früchten. Da passt dieses Bild natürlich nicht. Siehe unten.

25 Carroll & Boyd 1992.

26 Carroll u. a. 2005, S. 944.

27 Carroll u. a. 2005.
28 Carroll & Fox 2007.
29 DeVore u. a. 2021.
30 Rick Shine, zitiert nach: *Darwin Express – Evolution in Rekordzeit*, a. a. O.
31 DeVore u. a. 2021.
32 Ebd., S. 1.
33 Ebd.
34 Rick Shine, zitiert nach: *Darwin Express – Evolution in Rekordzeit*, a. a. O.
35 Rick Shine, zitiert nach: Elisabeth Marie: »Using cane toads to destroy cane toads: how ›Peter Pan‹ tadpoles are keeping these pests from ever growing up«, *Australian Geographic*, 28. November 2024; https://www.australiangeographic.com.au/nature-wildlife/biodiversity/2024/11/peter-pan-cane-toads/
36 Ebd.
37 *Cane Toads In Oz*: https://www.canetoadsinoz.com/PeterPan.html
38 Ebd.
39 Ebd.
40 Ebd.

11. Evolutionsküche Stadt

1 Kristin Winchell im Interview mit Shane Campbell-Staton in dessen PBS-Dokumentarvideo *Human Footprint: Why Are These Urban Lizards Evolving In Overdrive?*; https://www.youtube.com/watch?v=kPAg7WBeE3M [ab Min. 9:50].
2 Johnson & Munshi-South 2017, S. 1.
3 Ich habe an anderer Stelle ausführlich beschrieben, was moderne Städte für viele Lebewesen so attraktiv macht, welche Arten davon profitieren und wie sich diese Situation historisch entwickelt hat. Vgl. Kegel 2013b, siehe auch Schilthuizen 2018. Die Angaben zu den Artenzahlen stammen vom NABU Berlin: https://berlin.nabu.de/stadt-und-natur/naturschutz-berlin/artenschutz-biodiversitaet/index.html
4 Zitate aus: Diamond & Martin 2021, S. 523; siehe auch Johnson & Munshi-South 2017.
5 Harris & Baker 2001.
6 Schilthuizen 2018, S. 88.
7 Es handelt sich überwiegend um *Anolis cristatellus*, »Kammanolis«.
8 Winchell u. a. 2018.
9 Winchell u. a. 2023, S. 1.
10 Kegel 2013b.

11 Campbell-Staton u. a. 2020.
12 Shane Campbell-Staton: *Human Footprint: Why Are These Urban Lizards Evolving In Overdrive?*, a. a. O.
13 Schilthuizen 2018, S. 132.
14 Cheptou u. a. 2008.
15 Ebd.
16 Munshi-South & Kharchenko 2010.
17 Ebd.; Munshi-South & Nagy 2014; Harris & Munshi-South 2017; Harris u. a. 2013.
18 Jason Munshi-South, zitiert nach: Schilthuizen 2018, S. 146.
19 Harris u. a. 2013; Harris & Munshi-South 2017.
20 Alle mRNAs einer Zelle zusammen werden als »Transkriptom« bezeichnet, so wie die Gesamtheit aller genetischen Anlagen »Genom« genannt wird. Genomik ist die Lehre von den Genomen. Manche sprechen heute vom »Zeitalter der -omiks«. Die Nachsilbe kommt aus dem Griechischen und bedeutet »alles«. Gemeint ist immer die Gesamtheit aller Stoffe einer bestimmten Art bzw. die Lehre davon. So bezeichnet das »Proteom« die Gesamtheit aller Proteine einer Zelle, »Proteomik« ist die Wissenschaft, die sich mit dem Proteom beschäftigt.
21 Harris & Munshi-South 2017.
22 Schilthuizen 2018.
23 Ebd., S. 223 f.
24 Dammhahn u. a. 2020.
25 Symonds u. a. 2016.
26 Schilthuizen 2018, S. 225 [Hervorhebung durch M. Schilthuizen].
27 Johnson & Munshi-South 2017 (Supplementary Materials, Table S1).
28 Kegel 2013b.
29 Evans u. a. 2009.
30 Siehe Schilthuizen 2018 und die darin zitierte Literatur.
31 Ebd., S.266.
32 Ebd.
33 Haba u. a. 2025.
34 Burdick 2001, S. 86.
35 Haba & McBride 2022, S. R237.
36 Haba & McBride 2022; Haba u. a. 2025.
37 Haba u. a. 2025.
38 Ebd.
39 Alberti u. a. 2017.
40 Alberti u. a.2020.
41 Wittig & Becker 2010.
42 Schilthuizen 2018, S. 284.

12. Evolution – oder nicht?

1 Wikipedia-Artikel »Evolution«: https://de.wikipedia.org/wiki/Evolution

2 Sommer 2020.

3 Gilbert & Epel 2009, S. 32.

4 Moczek & Emlen 2000.

5 Phänotypische Plastizität ist ein faszinierendes, weitverbreitetes und sehr vielgestaltiges Phänomen, das hier nur angerissen werden kann. Einen sehr empfehlenswerten Überblick bieten: Whitman & Agrawal 2009. Daraus stammen auch die oben genannten Beispiele.

6 Übrigens: Beide, sowohl die Schnecken als auch die Krebse, sind aus Nordamerika eingeschleppt worden. Es sind alte Bekannte, die hier in der südfranzösischen Fremde wieder aufeinandertreffen.

7 Siehe Tariel, Plénet & Luquet 2020; Beaty u. a. 2016.

8 Der entsprechende Fachbegriff lautet *within-generation phenotypic plasticity*.

9 Dejeux u. a. 2025.

10 Van Buskirk & Schmidt 2000.

11 Rozenberg u. a. 2015; Whitman & Agrawal 2009.

12 Der entsprechende Fachbegriff lautet *transgenerational phenotypic plasticity*.

13 Beaty u. a. 2016; Tariel, Plénet & Luquet 2020.

14 Es gibt allerdings verschiedene bekannte Mechanismen, zum Beispiel die Weitergabe von epigenetischen Informationen, von mütterlichen oder väterlichen miRNAs oder anderen nicht codierenden RNAs, von Hormonen und Proteinen in den Keimzellen, die dafür infrage kommen würden. Siehe Dejeux u. a. 2025.

15 Ebd.

16 Whitman & Agrawal 2009, S. 20.

17 Dejeux u. a. 2025.

18 Beaty u. a. 2016.

19 Siehe Laland u. a. 2014 vs. Wray u. a. 2014.

20 Laland u. a. 2015.

21 Zum Beispiel die epigenetische Vererbung, die kulturelle Vererbung, die Weitergabe durch Verhalten oder Mikroorganismen.

22 Pigliucci & Müller 2010; Lala u. a. 2024.

23 Kevin Lala hieß früher Laland; den ursprünglichen Familiennamen Lala hatten seine Eltern anglisiert, um ihre Kinder vor Rassismus zu schützen. Auf seiner Website (https://lalandlab.wp.st-andrews.ac.uk/) teilt Lala mit, dass er stolz auf seine parsisch-indische Herkunft sei und deshalb wieder seinen alten Familiennamen angenommen habe.

24 Laland u. a. 2014, S. 161.
25 Zitate von Pigliucci und Nijhout nach: Pigliucci 2010, S. 359.
26 West-Eberhard 2003.
27 Siehe Kap. 8 in: Lala u. a. 2024, S. 100–118.
28 Wray u. a. 2014, S. 164.

13. Kleine Helfer

1 Wilkinson & Hodgson 1999.
2 Joachim Müller-Jung: »Schockreaktion der Korallentiere«, *Frankfurter Allgemeine Zeitung*, 14. Juni 1999; https://fazarchiv.faz.net/faz-portal/document?uid=FAZ__FD21999061481921
3 Graham Readfearn: »Global heating pushes coral reefs towards worst planet-wide mass bleaching on record«, *The Guardian*, 15. April 2024; https://www.theguardian.com/environment/2024/apr/15/great-barrier-reef-coral-bleaching-global-heating. Nähere und aktuelle Informationen finden Sie unter: https://coralreefwatch.noaa.gov
4 Baker u. a. 2004.
5 Lala u. a. 2024, S. 9.
6 Kegel 2015.
7 Van Oppen & Medina 2020.
8 Baker u. a. 2004.
9 Darüber hinaus gibt es zahlreiche auch regional unterschiedliche Subtypen. Seit 2018 werden alle Kladen bis auf *Symbiodinium* Klade A als eigene Gattungen angesehen. So heißt Klade C jetzt *Cladocopium*, Klade D *Durusdinium*. Ich bleibe hier bei der alten Bezeichnung.
10 Berkelmans & van Oppen 2006.
11 Ebd.
12 Buerger u. a. 2020; Chan u. a. 2023; Kegel 2021.
13 Kolodny & Schulenburg 2020; Week u. a. 2025.
14 Siehe Literatur in Kolodny & Schulenburg 2020.
15 Pettay u. a. 2015.
16 Kikuchi, Hosokawa & Fukatsu 2011.
17 Itoh u. a. 2018.
18 Ohbayashi u. a. 2015.
19 Itoh u. a. 2018.
20 Siehe Moeller & Sanders 2020 und die darin zitierten Originalarbeiten.
21 Kolodny & Schulenburg 2020, S. 7.
22 Moeller & Sanders 2020.

14. Resistent

1 Artikel »Klebsiella« auf der Website des Helmholtz-Zentrums für In-

fektionsforschung (HZI): https://www.helmholtz-hzi.de/wissen/wissensportal/klebsiella/

2 Dieses und alle folgenden Zitate von Kristian Riesbeck stammen aus einer Pressemitteilung der Universität Lund: »Alarming antibiotic resistence discovered war-torn Ukraine« vom 29. Juni 2023; https://www.lunduniversity.lu.se/article/alarming-antibiotic-resistance-discovered-war-torn-ukraine

3 Ljungquist u. a. 2023.

4 Ebd.

5 Uren u. a. 2025.

6 Zitate aus: Uren u. a. 2025, S. e201; Stone 2024.

7 Stone 2024. Darauf stützt sich auch die folgende Darstellung inklusive des Zitats von Jason Bennett (S. 1085).

8 Ebd.

9 NDM-1 = New Delhi metallo-beta-lactamase 1.

10 WRAIR-Mikrobiologe Patrick McGann, zitiert nach: Stone 2024, S. 1086.

11 Ausgetauscht bzw. übertragen wird genau genommen nicht das eigentliche Bakterienchromosom (oder Teile davon), sondern die sogenannten Plasmide, ringförmige DNA-Moleküle, die Resistenzgene enthalten können.

12 Scott Pallett, zitiert nach: Stone 2024, S. 1086.

13 WHO 2025; Antimicrobial Resistance Collaborators 2022.

14 WHO 2025.

15 Antimicrobial Resistance Collaborators 2022.

16 Bundesministerium für Gesundheit 2015.

17 Robert Koch-Institut: »Neue Daten zu Todesfällen durch antibiotikaresistente Erreger in Deutschland«, 19. August 2025; https://www.rki.de/DE/Aktuelles/Neuigkeiten-und-Presse/Meldungen/Archiv/2025-08-19_AMR.html

18 Antimicrobial Resistance Collaborators 2022, S. 631.

19 Bitte beachten Sie die Anmerkung 11 in Kap. 2.

20 Tatsächlich wurde diese Eigenschaft des Schimmelpilzes *Penicillium* schon 1874 von dem deutsch-österreichischen Mediziner Theodor Billroth erkannt.

21 Abraham & Chain 1940. Diese Resistenz war allerdings ein natürliches Phänomen und sicher nicht die Folge einer zu sorglosen Verwendung des Präparats durch Ärztinnen und Ärzte, denn der erste Patient, der britische Polizist Albert Alexander, bei dem sich ein Kratzer im Gesicht entzündet hatte, wurde erst 1941 mit Penizillin behandelt. Schon bei dieser ersten Anwendung zeigte sich allerdings ein anderes Problem: Die Entzündung und das Fieber gingen zwar zurück, da aber nicht ge-

nug Penizillin zur Verfügung stand, wurde die Behandlung nach nur fünf Tagen beendet, deutlich zu früh. Die Entzündung flammte wieder auf, und Alexander starb etwa einen Monat nach der ersten Penizillingabe. Siehe: https://www.deutschlandfunk.de/erste-penicillin-behandlung-vor-80-jahren-der-lange-weg-zum-100.html

22 Alexander Fleming, zitiert nach: Jørgensen u. a. 2017, S. 66.

23 Taylor & Reeder 2020.

24 Ebd.

25 Antimicrobial Resistance Collaborators 2022.

26 Hendriksen u. a. 2019. Es handelt sich um eine Untersuchung des Metagenoms, also der gesamten in den Abwässern enthaltenen DNA (siehe auch Kegel 2015). Die Ergebnisse wurden dann mit großen Datenbanken abgeglichen, um aus der Masse der Daten einzelne bakterielle Resistenzgene herausfischen und zuordnen zu können.

27 WHO 2025.

28 Moore u. a. 2013.

29 Ebd., S. 7.

30 Paun u. a. 2026.

31 Es handelt sich um *Psychrobacter* sp. SC65A.3.

32 Siehe Paun u. a. 2026 und die darin zitierten Arbeiten.

33 Bhullar u. a. 2012.

34 Ebd., S. 6.

35 D'Costa u. a. 2011.

36 Jørgensen u. a. 2020.

37 Jørgensen u. a. 2017.

38 Nurjadi u. a. 2025.

39 Knöppel, Näsvall & Andersson 2017.

40 WHO 2025. Natürlich gibt es auch ein europäisches Pendant, das »EARS-Net« (*__E__uropean __A__ntimicrobial __R__esistance __S__urveillance __Net__work*). In Deutschland existiert für die Humanmedizin seit 2007 das Überwachungssystem »ARS« (Antibiotika-Resistenz-Surveillance). Seit 2008 sorgt die interministerielle Arbeitsgruppe »Antibiotika-Resistenz« für die »ressortübergreifende Koordination, Anpassung und Erweiterung der nationalen Aktivitäten« (Bundesministerium für Gesundheit 2015, S. 10). 2008 hat die Bundesregierung auch die Deutsche Antibiotika-Resistenzstrategie (DART) beschlossen, die mithilfe einer Fülle von Maßnahmen »die weitere Entwicklung und Ausbreitung von Antibiotika-Resistenzen« reduzieren soll (ebd., S. 3).

41 WHO 2025.

42 Jørgensen u. a. 2020.

43 Ho u. a. 2024.

44 Nurjadi u. a. 2025.
45 Sanz-García u. a. 2023.
46 Nurjadi u. a. 2025.
47 Sanz-García u. a. 2023; Carroll u. a. 2014; Jørgensen u. a. 2017, 2020.
48 Jørgensen u. a. 2020.
49 Bezogen auf die Fläche.
50 Van den Bosch & Welte 2016.
51 Jørgensen u. a. 2017, S. 72.

15. Wird das Leben einen Ausweg finden?

1 Das Folgende ist eine Spekulation meinerseits: Es gibt mittlerweile Dutzende von Studien über diesen Fall, eine kleine Bibliothek, und ich gestehe, ich habe einige, aber nicht alle gelesen. Nirgendwo ist dabei die Frage gestellt, geschweige denn beantwortet worden, ob die *Flatwing*-Mutation nicht vielleicht auch älteren Datums sein könnte und möglicherweise schon länger in der hawaiianischen Grillenpopulation präsent war. Lautlose Männchen wären sicherlich selten gewesen, solange es die Fliege noch nicht gab, da zirpende Männchen von den Weibchen eindeutig bevorzugt werden. Wie wir gehört haben, kommen aber gelegentlich auch stumme Männchen zum Zug, und so könnte sich eine kleine Zahl von ihnen über längere Zeit gehalten haben, unbemerkt von Marlene Zuk und ihren Mitarbeitern, die in Nächten, die damals noch von Grillengezirpe erfüllten waren, vermutlich nie auf die Idee gekommen wären, dass es auch Grillenmännchen geben könnte, die sich ohne zu zirpen fortpflanzen. Die Alternative wäre tatsächlich ein Volltreffer des Zufalls irgendwann in den Jahren 2001 bis 2003, der natürlich möglich ist, an den ich aber nicht so recht glauben kann, zumal er ja mehrmals unabhängig voneinander hätte auftreten müssen.
2 Barnett & Rainey 2025, S. 29.
3 Zitate von Barnett und Rainey nach: ebd.
4 Barnett, Meister & Rainey 2025.
5 Dirzo u. a. 2014; WWF 2020.
6 Siehe etwa Kegel 2021; Hannah 2021.
7 Aufgestellt von dem deutschen Anatom Carl Bergmann (1814–1865) und dem US-amerikanischen Zoologen Joel Asaph Allen (1838–1921).
8 Siehe z. B. Parmesan 2006.
9 Zimova u. a. 2023.
10 Husby, Hille & Visser 2011.
11 Teplitsky u. a. 2008.
12 Genauer gesagt: des Tarsus.
13 Husby, Hille & Visser 2011, S. 209.

14 Kegel 2021.
15 Husby, Hille & Visser 2011 und die darin zitierte Literatur.
16 Gemeint sind Fossilfunde aus dem Bighorn Basin in Wyoming, die aus dem sogenannten PETM stammen, dem Paläozän/Eozän-Temperaturmaximum vor 56 Millionen Jahren. In meinem Buch *Die Natur der Zukunft. Tier- und Pflanzenwelt in Zeiten des Klimawandels* (Kegel 2021) gehe ich ausführlich auf diese spannende kurze Warmphase ein. Die Urpferdchen büßten damals fast ein Drittel ihrer Körpermasse ein, um dann nach dem Ende der Warmphase wieder kräftig zuzulegen.
17 Karell u. a. 2011.
18 Passarotto u. a. 2026.
19 Zimova u. a. 2022.
20 Ebd.
21 Hallmann u. a. 2017.
22 Siehe z. B. den *Insektenatlas 2020*, der kostenlos über das Internet zu beziehen ist: Heinrich-Böll-Stiftung u. a. 2020.
23 Ebd.
24 Benton, Wilf & Sauquet 2022.
25 Kofler u. a. 2024.
26 Tsuchimatsu & Fujii 2022; Acoca-Pidolle u. a. 2024.
27 Vom Rübsen stammt eine ganze Reihe von beliebten Gemüsekohlsorten ab, wie Pak Choy, Chinakohl, Weiße Rübe u. a. Raps (*Brassica napus*) ist eine Hybride aus Rübsen (*Brassica rapa*) und Gemüsekohl (*Brassica oleracea*).
28 Gervasi & Schiestl 2017.
29 Ebd., S. 5.
30 Tsuchimatsu & Fujii 2022; Kofler u. a. 2024.
31 Acoca-Pidolle u. a. 2024.
32 Ebd., S. 725.
33 PROCEED: *Phenotypic Rates of Change Evolutionary and Ecological Database*; https://proceeddatabase.weebly.com; vgl. Sanderson u. a. 2022.
34 Website von Andrew Hendry / *Eco-evolutionary Dynamics*: https://www.andrew-hendry.ca
35 Andrew Hendry, zitiert nach: *Darwin Express – Evolution in Rekordzeit*, Dokumentarfilm von Elena Sender, © ARTE France / Capa Presse / TF1 Produktion, 2025.
36 Sanderson u. a. 2022.
37 Thomas Cameron, zitiert nach: Amit Katwala: »A New Database Reveals How Much Humans Are Messing With Evolution«, *Wired*, 4. Februar 2022; https://www.wired.com/story/database-humans-messing-with-evolution/

38 »Zurück auf den Eukalyptusbaum«, SPIEGEL, 23. April 2020; https://www.spiegel.de/panorama/australien-durch-buschfeuer-verletzte-koalas-kehren-zurueck-auf-eukalyptusbaeume-a-4ff3aabd-e544-462e-a7b9-2edc60102f71

39 Ahrens u. a. 2026.

40 Ebd., S. 1014.

41 Caitlin Curry, zitiert nach: Meghan Bartels: »Koalas show how species can bounce back from genetic bottlenecks«, *Scientific American*, 5. März 2026; https://www.scientificamerican.com/article/koala-genetics-show-how-species-can-bounce-back-from-bottlenecks/

42 Akbari u. a. 2026 (https://doi.org/10.1038/s41586-026-10358-1 bzw. https://reich.hms.harvard.edu/sites/reich.hms.harvard.edu/files/inline-files/2026_Akbari_Nature_selection_0.pdf); siehe auch: Stephanie Dutchen: »Massive Ancient-DNA Study Reveals Natural Selection Has Accelerated in Recent Human Evolution«, Harvard Medical School, 15. April 2026; https://hms.harvard.edu/news/massive-ancient-dna-study-reveals-natural-selection-has-accelerated-recent-human-evolution

43 Auch den umgekehrten Fall gibt es: Träger dieser Varianten hatten weniger Nachkommen als ihre Artgenossen und wurden deshalb immer seltener. In einigen Fällen kam es auch zu einer Zunahme und einer anschließenden Abnahme oder umgekehrt.

Literatur

Abraham, E. P. & Chain, E.: An Enzyme from Bacteria able to Destroy Penicillin. *Nature* 146, 837 (1940).
Acoca-Pidolle, S. u. a.: Ongoing convergent evolution of a selfing syndrome threatens plant–pollinator interactions. *New Phytologist* **242**, 717–726 (2024).
Ahrens, C. W. u. a.: Escaping bottlenecks: The demographic path to genetic recovery in koalas (*Phascolarctos cinereus*). *Science* **391**, 1010–1014 (2026).
Akbari, A. u. a.: Ancient DNA reveals pervasive directional selection across West Eurasia. *Nature* (2026).
Alberti, M. u. a.: Global urban signatures of phenotypic change in animal and plant populations. *PNAS* **114**, 8951–8956 (2017).
Alberti, M. u. a.: The Complexity of Urban Eco-evolutionary Dynamics. *BioScience* **70**, 772–793 (2020).
Andersson, D. I. u. a.: Antibiotic resistance: turning evolutionary principles into clinical reality. *FEMS Microbiology Reviews* **44**, 171–188 (2020).
Antimicrobial Resistance Collaborators [Murray, C. u. a.]: Global burden of bacterial antimicrobial resistance in 2019: a systematic analysis. *The Lancet* **399**, 629–655 (2022).
Baker, A. C. u. a.: Corals' adaptive response to climate change. *Nature* **430**, 741 (2004).
Barnett, M., Meister, L. & Rainey, P. B.: Experimental evolution of evolvability. *Science* **387**, eadr2756 (2025).
Barnett, M. & Rainey, P. B.: Beschleunigte Evolution. *Spektrum der Wissenschaft* **7/25**, 29–31 (2025).
Barrett, R. D. H. & Hendry, A. P.: Evolutionary rescue under environmental change? In: Candolin, U. & Wong, B. (Hrsg.): *Behavioural Responses to a Changing World: Mechanisms and Consequences*, Oxford: Oxford University Press, 2012, 216–233.
Barrett, R. D. H. u. a.: Rapid evolution of cold tolerance in stickleback. *Proceedings of the Royal Society of London Series B* **278**, 233–238 (2011).

Barrett, R. D. H. u. a.: Linking a mutation to survival in wild mice. *Science* **363**, 499–504 (2019).
Barrick, J. E. u. a.: Daily Transfers, Archiving Populations, and Measuring Fitness in the Long-Term Evolution Experiment with *Escherichia coli*. *Journal of Visualized Experiments* **198**, e65342 (2023).
Beaty, L. E. u. a.: Shaped by the past, acting in the present: Transgenerational plasticity of anti-predatory traits. *Oikos* **125**, 1570–1576 (2016).
Bell, G.: Evolutionary Rescue. *Annual Review of Ecology, Evolution, and Systematics* **48**, 605–627 (2017).
Benton, M. J., Wilf, P. & Sauquet, H.: The angiosperm terrestrial revolution and the origins of modern biodiversity. *New Phytologist* **233**, 2017–2035 (2022).
Berkelmans, R. & van Oppen, M. J. H.: The role of zooxanthellae in the thermal tolerance of corals: a ›nugget of hope‹ for coral reefs in an era of climate change. *Proceedings, Biological Sciences* **273**, 2305–2312 (2006).
Bhullar, K. u. a.: Antibiotic resistance is prevalent in an isolated cave microbiome. *PLoS One* 7, e34953 (2012).
Birgersson, L., Söderström, S. & Belhaj, M.: *The Decline of Cod in the Baltic Sea. A review of biology, fisheries and management, including recommendations for cod recovery*, Stockholm: The Fisheries Secretariat, 2022.
Blount, Z. D.: A case study in evolutionary contingency. *Studies in History and Philosophy of Biological and Biomedical Sciences* **58**, 82–92 (2016).
Blount, Z. D., Borland, C. Z. & Lenski, R. E.: Historical contingency and the evolution of a key innovation in an experimental population of *Escherichia coli*. *PNAS* **105**, 7899–7906 (2008).
Buerger, P. u. a.: Heat-evolved microalgal symbionts increase coral bleaching tolerance. *Science Advances* **6**, eaba2498 (2020).
Bundesministerium für Gesundheit: *DART 2020 – Antibiotika-Resistenzen bekämpfen zum Wohl von Mensch und Tier.* Berlin 2015.
Burdick, A.: Insect from the Underground: The London Tube is home to several novel species of mosquitoes. *Natural History* **110**, 86–87 (2001).
Campbell-Staton, S. C. u. a.: Parallel selection on thermal physiology facilitates repeated adaptation of city lizards to urban heat islands. *Nature Ecology & Evolution* **4**, 652–658 (2020).
Campbell-Staton, S. C. u. a.: Ivory poaching and the rapid evolution of tusklessness in African elephants. *Science* **374**, 483–487 (2021).
Carroll, S. P. & Boyd, C.: Host race radiation in the soapberry bug: Natural history with the history. *Evolution* **46**, 1052–1069 (1992).
Carroll, S. P. & Fox, C. W.: Dissecting the evolutionary impacts of plant invasions: bugs and beetles as native guides. *Global Change Biology* **13**, 1644–1657 (2007).

Carroll, S. P. u. a.: And the beak shall inherit – evolution in response to invasion. *Ecology Letters* **8**, 944–951 (2005).
Carroll, S. P., u. a.: Evolution on ecological time-scales. *Functional Ecology* **21**, 387–393 (2007).
Carroll, S. P., u. a.: Applying evolutionary biology to address global challenges. *Science* **346**, 1245993 (2014).
Chan, W. Y. u. a.: Heat-evolved algal symbionts enhance bleaching tolerance of adult corals without trade-off against growth. *Global Change Biology* **29**, 6945–6968 (2023).
Cheptou, P.-O. u. a.: Rapid evolution of seed dispersal in an urban environment in the weed *Crepis sancta*. *PNAS* **105**, 3796–3799 (2008).
Cheptou, P.-O.: Does the evolution of self-fertilization rescue populations or increase the risk of extinction? *Annals of Botany* **123**, 337–345 (2019).
Clarke, C. A., Mani, G. S. & Wynne, G.: Evolution in reverse: clean air and the peppered moth. *Biological Journal of the Linnean Society* **26**, 189–199 (1985).
Coltman, D. W. u. a.: Undesirable evolutionary consequences of trophy hunting. *Nature* **426**, 655–658 (2003).
Cook, L. M.: The Rise and Fall of the *Carbonaria* Form of the Peppered Moth. *The Quarterly Review of Biology* **78**, 399–417 (2003).
Cook, L. M. & Saccheri, I. J.: The peppered moth and industrial melanism: evolution of a natural selection case study. *Heredity (Edinb)* **110**, 207–212 (2013).
Cook, L. M. u. a.: Selective bird predation on the peppered moth: the last experiment of Michael Majerus. *Biology Letters* **8**, 609–612 (2012).
Coyne, J. A.: Not black and white. Review of *Melanism: Evolution in Action* by M E N Majerus. *Nature* **396**, 35–36 (1998).
D'Ammando, G. u. a.: A possible case of congenital tusklessness in a male African elephant (*Loxodonta africana*). *Pachyderm* **64**, 112–119 (2023).
Dakos, V. u. a.: Ecosystem tipping points in an evolving world. *Nature Ecology & Evolution* **3**, 355–362 (2019).
Dammhahn, M. u. a.: Of city and village mice: behavioural adjustments of striped field mice to urban environments. *Scientific Reports* **10**, 13056 (2020).
Darimont, C. T. u. a.: Human predators outpace other agents of trait change in the wild. *PNAS* **106**, 952–954 (2009).
Darwin, C.: *On the Origin of Species*, New York: D. Appleton and Company, 1861.
Darwin, C.: *Über die Entstehung der Arten im Thier- und Pflanzen-Reich durch natürliche Züchtung*, ins Deutsche von H. G. Bronn, Stuttgart: Schweizerbart'sche Verlagshandlung 1863.

D'Costa, V. M. u. a.: Antibiotic resistance is ancient. *Nature* **477**, 457–461 (2011).
Deakin, S. u. a.: Ewe are what ewe wear: bigger horns, better ewes and the potential consequence of trophy hunting on female fitness in bighorn sheep. *Proceedings, Biological Sciences* **289**, 20212534 (2022).
Dejeux, L. u. a.: Transcriptomic basis of within- and trans-generational predator-induced plasticity in the freshwater snail *Physa acuta. Heredity (Edinb)* **134**, 439–449 (2025).
DeVore, J. L. u. a.: The evolution of targeted cannibalism and cannibal-induced defenses in invasive populations of cane toads. *PNAS* **118**, e2100765118 (2021).
Diamond, S. E. & Martin, R. A.: Evolution in Cities. *Annual Review Ecology, Evolution, and Systematics* **52**, 519–540 (2021).
Dirzo, R. u. a.: Defaunation in the Anthropocene. *Science* **345**, 401–406 (2014).
Donelson, J. M. u. a.: Transgenerational plasticity and climate change experiments: Where do we go from here? *Global Change Biology* **24**, 13–34 (2018).
Donihue, C. M. u. a.: Hurricane-induced selection on the morphology of an island lizard. *Nature* **560**, 88–91 (2018).
Donihue, C. M. u. a.: Hurricane effects on Neotropical lizards span geographic and phylogenetic scales. *PNAS* **117**, 10429–10434 (2020).
Endler, J. A.: *Natural Selection in the Wild*, Princeton, NJ: Princeton University Press, 1986.
Evans, K. L. u. a.: Independent colonization of multiple urban centres by a formerly forest specialist bird species. *Proceedings, Biological Sciences* **276**, 2403–2410 (2009).
Festa-Bianchet, M.: When does selective hunting select, how can we tell, and what should we do about it? *Mammal Review* **47**, 76–81 (2017).
Festa-Bianchet, M. u. a.: Decrease in horn size and increase in age of trophy sheep in Alberta over 37 years. *The Journal of Wildlife Management* **78**, 133–141 (2014).
Fox, J. W. & Lenski, R. E.: From Here to Eternity – The Theory and Practice of a Really Long Experiment. *PLoS Biol* **13**, e1002185 (2015).
Gallagher, J. H. u. a.: Decoupling of sexual signals and their underlying morphology facilitates rapid phenotypic diversification. *Evolution Letters* **6**, 474–489 (2022).
Gallagher, J. H. u. a.: A novel cricket morph has diverged in song and wing morphology across island populations. *Journal of Evolutionary Biology* **36**, 1609–1617 (2023).
Gallagher, J. H. u. a.: Surviving the serenade: how conflicting selection

pressures shape the early stages of sexual signal diversification. *Evolution* 78, 835–848 (2024).
Gervasi, D. L. & Schiestl, F. P.: Real-time divergent evolution in plants driven by pollinators. *Nature Communications* 8, 14691 (2017).
Gilbert, S. F. & Epel, D.: *Ecological Developmental Biology. Intergrating Epigenetics, Medicine, and Evolution*, Sunderland, MA: Sinauer, 2009.
Goldmann, J. M. u. a.: Parent-of-origin-specific signatures of de novo mutations. *Nature Genetics* 48, 935–939 (2016).
Gomulkiewicz, R. & Holt, R. D.: When does evolution by natural selection prevent extinction? *Evolution* 49, 201–207 (1995).
Goriely, A.: Decoding germline *de novo* point mutations. *Nature Genetics* 48, 823–824 (2016).
Grant, P. R.: *Ecology and Evolution of Darwin's Finches. With a new foreword by Jonathan Weiner*, Princeton, NJ: Princeton University Press, 1999.
Grant, P. R. & Grant, B. R.: *40 Years of Evolution. Darwin's Finches on Daphne Major Island*, Princeton, NJ: Princeton University Press, 2014.
Haba, Y. u. a.: Ancient origin of an urban underground mosquito. *Science* 390, eady4515 (2025).
Haba, Y. & McBride, L.: Origin and status of *Culex pipiens* mosquito ecotypes. *Current Biology* 32, R237–R246 (2022).
Hall, M. & Robinson, D. J.: Acoustic signalling in Orthoptera. In: Jurenka, R. (Hrsg.): *Advances in Insect Physiology: Sound Communication in Insects*, London: Academic Press, 2021, 1–99.
Hallmann, C. A. u. a.: More than 75 percent decline over 27 years in total flying insect biomass in protected areas. *PLoS One* 12, e0185809 (2017).
Han, K. Y. u. a.: Genomic evidence for fisheries-induced evolution in Eastern Baltic cod. *Science Advances* 11, eadr9889 (2025).
Hannah, L.: *Climate Change Biology*, 3. Aufl., London u. a.: Academic Press, 2021.
Harris, S. & Baker, P.: *Urban Foxes*, Stansted: Whittet Books Ltd, 2001.
Harris, S. E. u. a.: Signatures of rapid evolution in urban and rural transcriptomes of white-footed mice (*Peromyscus leucopus*) in the New York metropolitan area. *PLoS One* 8, e74938 (2013).
Harris, S. E. & Munshi-South, J.: Signatures of positive selection and local adaptation to urbanization in white-footed mice (*Peromyscus leucopus*). *Molecular Ecology* 26, 6336–6350 (2017).
Heino, M. & Dieckmann, U.: Fisheries-induced Evolution. *Encyclopedia of Life Sciences* (2009).
Heinrich-Böll-Stiftung, BUND & Le Monde Diplomatique (Hrsg.): *Insektenatlas 2020. Daten und Fakten über Nütz- und Schädlinge in der Landwirtschaft*, 2. Aufl., Berlin: Heinrich-Böll-Stiftung/BUND, 2020.

Hendriksen, R. S. u. a.: Global monitoring of antimicrobial resistance based on metagenomics analyses of urban sewage. *Nature Communications* **10**, 1124 (2019).
Hill, J. K., Thomas, C. D. & Blakeley, D. S.: Evolution of flight morphology in a butterfly that has recently expanded its geographic range. *Oecologia* **121**, 165–170 (1999).
Ho, C. S. u. a.: Antimicrobial resistance: a concise update. *The Lancet Microbe* **6** (suppl. 2), 100947 (2024).
Hooper, J.: *Of Moths and Men. Intrigue, Tragedy & the Peppered Moth*, London: Fourth Estate, 2002.
Hudson, C. M. u. a.: Constructing an Invasion Machine: The Rapid Evolution of a Dispersal-Enhancing Phenotype During the Cane Toad Invasion of Australia. *PLoS One* **11**, e0156950 (2016).
Husby, A., Hille, S. M. & Visser, M. E.: Testing mechanisms of Bergmann's rule: phenotypic decline but no genetic change in body size in three passerine bird populations. *The American Naturalist* **178**, 202–213 (2011).
Itoh, H. u. a.: Infection dynamics of insecticide-degrading symbionts from soil to insects in response to insecticide spraying. *The ISME Journal* **12**, 909–920 (2018).
Jachmann, H., Berry, P. S. M. & Imae, H.: Tusklessness in African elephants: a future trend. *African Journal of Ecology* **33**, 230–235 (1995).
Johnson, M. T. J. & Munshi-South, J.: Evolution of life in urban environments. *Science* **358**, eaam8327 (2017).
Jolly, C. J., Shine, R. & Greenlees, M. J.: The impacts of a toxic invasive prey species (the cane toad, *Rhinella marina*) on a vulnerable predator (the lace monitor, *Varanus varius*). *Biological Invasions* **18**, 1499–1509 (2016).
Jørgensen, P. S. u. a.: Changing antibiotic resistance: sustainability transformation to a pro-microbial planet. *Current Opinion in Environmental Sustainability* **25**, 66–76 (2017).
Jørgensen, P. S. u. a.: Coevolutionary Governance of Antibiotic and Pesticide Resistance. *Trends in Ecology & Evolution* **35**, 484–494 (2020).
Karell, P. u. a.: Climate change drives microevolution in a wild bird. *Nature Communications* **2**, 208 (2011).
Kegel, B.: *Epigenetik. Wie Erfahrungen vererbt werden*, Köln: DuMont, 2009.
Kegel, B.: *Die Ameise als Tramp. Von biologischen Invasionen. Aktualisierte u. erweiterte Neuausgabe*, Köln: DuMont, 2013a.
Kegel, B.: *Tiere in der Stadt. Eine Naturgeschichte*, Köln: DuMont, 2013b.
Kegel, B.: *Die Herrscher der Welt. Wie Mikroben unser Leben bestimmen*, Köln: DuMont, 2015.
Kegel, B.: *Abgrund*, Hamburg: mareverlag, 2017.

Kegel, B.: *Die Natur der Zukunft. Tier- und Pflanzenwelt in Zeiten des Klimawandels*, Köln: DuMont 2021.

Kettlewell, H. B. D.: Selection experiments on industrial melanism in the *Lepidoptera. Heredity (Edinb)* **9**, 323–342 (1955).

Kikuchi, Y., Hosokawa, T. & Fukatsu, T.: An ancient but promiscuous host–symbiont association between *Burkholderia* gut symbionts and their heteropteran hosts. *The ISME Journal* **5**, 446–460 (2011).

Knöppel, A., Näsvall, J. & Andersson, D. I.: Evolution of Antibiotic Resistance without Antibiotic Exposure. *Antimicrobial Agents and Chemotherapy* **61**, e01495–17 (2017).

Kofler, X. V. u. a.: Uncovering genes involved in pollinator-driven mating system shifts and selfing syndrome evolution in *Brassica rapa*. *New Phytologist* **243**, 1220–1230 (2024).

Kolodny, O. & Schulenburg, H.: Microbiome-mediated plasticity directs host evolution along several distinct time scales. *Philosophical Transactions R Soc Lond B Biol Sci* **375**, 20190589 (2020).

Kurt, F., Hartl, G. B. & Tiedemann, R.: Tuskless bulls in Asian elephant *Elephas maximus*. History and population genetics of a man-made phenomenon. *Acta Theriologica* **3** (suppl.), 125–143 (1995).

Lack, D.: *Darwin's Finches*, Cambridge, MA: Cambridge University Press, 1947.

Lala, K. N. u. a.: *Evolution Evolving. The Developmental Origins of Adaptation and Biodiversity*, Princeton, NJ: Princeton University Press, 2024.

Laland, K. N. u. a.: Does evolutionary theory need a rethink? Yes, urgently. *Nature* **514**, 161–164 (2014).

Laland, K. N. u. a.: The extended evolutionary synthesis: its structure, assumptions and predictions. *Proceedings, Biological Sciences* **282**, 20151019 (2015).

Lenski, R. E.: Evolution in Action: a 50,000-Generation Salute to Charles Darwin. *Microbe* **6**, 30–33 (2011).

Lenski, R. E. u. a.: Long-Term Experimental Evolution in *Escherichia coli*. I. Adaptation and Divergence During 2,000 Generations. *The American Naturalist* **138**, 1315–1341 (1991).

Lenski, R. E. & Travisano, M.: Dynamics of adaptation and diversification: a 10,000-generation experiment with bacterial populations. *PNAS* **91**, 6808–6814 (1994).

Ljungquist, O. u. a.: Highly multidrug-resistant Gram-negative bacterial infections in war victims in Ukraine, 2022. *The Lancet Infectious Diseases* **23**, 784–786 (2023).

Losos, J. B.: *Improbable Destinies. How Predictable is Evolution?*, London: Allen Lane, 2017.

Losos, J. B. & Lenski, R. E.: *How Evolution Shapes Our Lives. Essays on Biology and Society*, Princeton, NJ: Princeton University Press, 2016.

Losos, J. B., Warheitt, K. I. & Schoener, T. W.: Adaptive differentiation following experimental island colonization in *Anolis* lizards. *Nature* **387**, 70–73 (1997).

Majerus, M. E. N.: *Melanism: Evolution in Action*, Oxford: Oxford University Press, 1998.

Majerus, M. E. N.: Non-morph specific predation of peppered moths (*Biston betularia*) by bats. *Ecological Entomology* **33**, 679–683 (2008).

Mallet, J.: The making of a moth man. *Evolution* **76**, 1362–1365 (2022).

McDermott, A.: Probing the limits of »evolutionary rescue«. *PNAS* **116**, 12116–12120 (2019).

Moczek, A. P. & Emlen, D. J.: Male horn dimorphism in the scarab beetle, *Onthophagus taurus*: do alternative reproductive tactics favour alternative phenotypes? *Animal Behaviour* **59**, 459–466 (2000).

Moeller, A. H. & Sanders, J. G.: Roles of the gut microbiota in the adaptive evolution of mammalian species. *Philosophical Transactions R Soc Lond B Biol Sci* **375**, 20190597 (2020).

Moffat, J. J. u. a.: Symbiont genotype influences holobiont response to increased temperature. *Scientific Reports* **12**, 18394 (2022).

Möllmann, C. u. a.: Tipping point realized in cod fishery. *Scientific Reports* **11**, 14259 (2021).

Moore, A. M. u. a.: Pediatric fecal microbiota harbor diverse and novel antibiotic resistance genes. *PLoS One* **8**, e78822 (2013).

Muñoz, M. M. u. a.: Evolution of a Model System: New Insights from the Study of *Anolis* Lizards. *Annual Review of Ecology, Evolution, and Systematics.* **54**, 475–503 (2023).

Munshi-South, J. & Kharchenko, K.: Rapid, pervasive genetic differentiation of urban white-footed mouse (*Peromyscus leucopus*) populations in New York City. *Molecular Ecology* **19**, 4242–4254 (2010).

Munshi-South, J. & Nagy, C.: Urban park characteristics, genetic variation, and historical demography of white-footed mouse (*Peromyscus leucopus*) populations in New York City. *PeerJ* **2**, e310 (2014).

Nurjadi, D. u. a.: Are we overlooking the obvious? Bacterial evolution is at the heart of antimicrobial resistance. *The Lancet Microbe* **6**, 101069 (2025).

OECD: *Stemming the Superbug Tide: Just A Few Dollars More*, OECD Health Policy Studies, Paris: OECD Publishing, 2018.

OECD: *Embracing a One Health Framework to Fight Antimicrobial Resistance*, OECD Health Policy Studies, Paris: OECD Publishing, 2023.

Ohbayashi, T. u. a.: Insect's intestinal organ for symbiont sorting. *PNAS* **112**, E5179–5188 (2015).

Otto, S. P.: Adaptation, speciation and extinction in the Anthropocene. *Proceedings, Biological Sciences* **285**, 20182047 (2018).
Parmesan, C.: Ecological and evolutionary responses to recent climate change. *Annual Review of Ecology, Evolution, and Systematics* **37**, 637–669 (2006).
Passarotto, A. u. a.: Morph-specific selection drives phenotypic divergence in color polymorphic tawny owls (*Strix aluco*) in Northern Europe. *Communications Biology* **9**, 95 (2026).
Paun, V. I. u. a.: First genome sequence and functional profiling of *Psychrobacter* SC65A.3 preserved in 5,000-year-old cave ice: insights into ancient resistome, antimicrobial potential, and enzymatic activities. *Frontiers in Microbiology* **16**, 1713017 (2026).
Pennisi, E.: The Man Who Bottled Evolution. *Science* **342**, 790–793 (2013).
Pennisi, E.: Lizard man. *Science* **369**, 496–499 (2020).
Pettay, D. T. u. a.: Microbial invasion of the Caribbean by an Indo-Pacific coral zooxanthella. *PNAS* **112**, 7513–7518 (2015).
Pfeifer, S. P. u. a.: The Evolutionary History of Nebraska Deer Mice: Local Adaptation in the Face of Strong Gene Flow. *Molecular Biology and Evolution* **35**, 792–806 (2018).
Phillips, B. L. & Shine, R.: Adapting to an invasive species: toxic cane toads induce morphological change in Australian snakes. *PNAS* **101**, 17150–17155 (2004).
Phillips, B. L. & Shine, R.: An invasive species induces rapid adaptive change in a native predator: cane toads and black snakes in Australia. *Proceedings, Biological Sciences* **273**, 1545–1550 (2006).
Pigliucci, M.: Phenotypic Plasticity. In: Pigliucci, M. & Müller, G. B. (Hrsg.): *Evolution. The Extended Synthesis*, Cambridge, MA: MIT Press, 2010, 355–378.
Pigliucci, M. & Müller, G. B.: *Evolution. The Extended Synthesis.* Cambridge, MA: MIT Press, 2010.
Radchuk, V. u. a.: Changes in phenology mediate vertebrate population responses to temperature globally. *Nature Communications* **17**, 479 (2026).
Rayner, J. G. u. a.: A silent orchestra: convergent song loss in Hawaiian crickets is repeated, morphologically varied, and widespread. *Ecology* **100**, e02694 (2019).
Reznick, D. N., Losos, J. & Travis, J.: From low to high gear: there has been a paradigm shift in our understanding of evolution. *Ecology Letters* **22**, 233–244 (2019).
Robert, D., Miles, R. N. & Hoy, R. R.: Directional hearing by mechanical coupling in the parasitoid fly *Ormia ochracea*. *Journal of Comparative Physiology A* **179**, 29–44 (1996).

Rowland, H. M., Saccheri, I. J. & Skelhorn, J.: The peppered moth *Biston betularia*. *Current Biology* **32**, R447–R448 (2022).
Rozenberg, A. u. a.: Transcriptional profiling of predator-induced phenotypic plasticity in *Daphnia pulex*. *Frontiers in Zoology* **12**, 18 (2015).
Sanderson, S. u. a.: The pace of modern life, revisited. *Molecular Ecology* **31**, 1028–1043 (2022).
Santangelo, J. S. u. a.: Global urban environmental change drives adaptation in white clover. *Science* **375**, 1275–1281 (2022).
Sanz-García, F. u. a.: Translating eco-evolutionary biology into therapy to tackle antibiotic resistance. *Nature Reviews Microbiology* **21**, 671–685 (2023).
Schilthuizen, M.: *Darwin in der Stadt. Die rasante Evolution der Tiere im Großstadtdschungel*, aus dem Englischen von Kurt Neff und Cornelia Stoll, München: dtv, 2018.
Shine, R.: The ecological impact of invasive cane toads (*Bufo marinus*) in Australia. *Quarterly Review of Biology* **85**, 253–291 (2010).
Shine, R.: Invasive species as drivers of evolutionary change: cane toads in tropical Australia. *Evolutionary Applications* **5**, 107–116 (2012).
Simberloff, D.: *Invasive Species. What everyone needs to know*, Oxford: Oxford University Press, 2013.
Sniegowski, P. D., Gerrish, P. J. & Lenski, R. E.: Evolution of high mutation rates in experimental populations of *E. coli*. *Nature* **387**, 703–705 (1997).
Sommer, R. J.: Phenotypic Plasticity: From Theory and Genetics to Current and Future Challenges. *Genetics* **215**, 1–13 (2020).
Stone, R.: War-torn Ukraine is breeding drug-resistant bacterial strains. *Science* **386**, 1085–1086 (2024).
Stuart, Y. E. u. a.: Rapid evolution of a native species following invasion by a congener. *Science* **346**, 463–466 (2014).
Stukalyuk, S. u. a.: Urban *Lasius niger* ants more readily accept low concentration sucrose solution than rural ants. *Urban Ecosystems* **29**, 43 (2026).
Sulloway, F. J.: Darwin and His Finches: The Evolution of a Legend. *Journal of the History of Biology* **15**, 1–53 (1982).
Symonds, M. R. E. u. a.: Time Since Urbanization but Not Encephalisation Is Associated with Increased Tolerance of Human Proximity in Birds. *Frontiers in Ecology and Evolution* **4**, 117 (2016).
Tariel, J., Plénet, S. & Luquet, É.: Transgenerational plasticity of inducible defences: Combined effects of grand-parental, parental and current environments. *Ecology and Evolution* **10**, 2367–2376 (2020).
Taylor, P. & Reeder, R.: Antibiotic use on crops in low and middle-income countries based on recommendations made by agricultural advisors. *CABI Agriculture and Bioscience* **1**, 1 (2020).

Teplitsky, C. u. a.: Bergmann's rule and climate change revisited: Disentangling environmental and genetic responses in a wild bird population. *PNAS* **105**, 13492–13496 (2008).
Teplitsky, C. & Millien, V.: Climate warming and Bergmann's rule through time: is there any evidence? *Evolutionary Applications* **7**, 156–168 (2014).
Thompson, J. N.: *Relentless Evolution*, Chicago/London: University of Chicago Press, 2013.
Tinghitella, R. M. u. a.: Purring Crickets: The Evolution of a Novel Sexual Signal. *The American Naturalist* **192**, 773–782 (2018).
Tinghitella, R. M. u. a.: Responses of intended and unintended receivers to a novel sexual signal suggest clandestine communication. *Nature Communications* **12**, 797 (2021).
Tsuchimatsu, T. & Fujii, S.: The selfing syndrome and beyond: diverse evolutionary consequences of mating system transitions in plants. *Philosophical Transactions R. Soc. B* **377**, 20200510 (2022).
Uren, H.: Cumulative antibiogram results of over 6800 diagnostic isolates from the First Lviv Territorial Medical Union, Ukraine. *The Lancet Infectious Diseases* **25**, e200–e201 (2025).
Van Buskirk, J. & Schmidt, B. R.: Predator-induced phenotypic plasticity in larval newts: trade-offs, selection, and variation in nature. *Ecology* **81**, 3009–3028 (2000).
Van den Bosch, T. J. M. & Welte, C. U.: Detoxifying symbionts in agriculturally important pest insects. *Microbial Biotechnology* **10**, 531–540 (2016).
Van Oppen, M. J. H. & Medina, M.: Coral evolutionary responses to microbial symbioses. *Philosophical Transactions R Soc Lond B Biol Sci* **375**, 20190591 (2020).
Van't Hof, A. E. u. a.: The industrial melanism mutation in British peppered moths is a transposable element. *Nature* **534**, 102–105 (2016).
Van't Hof, A. E. & Saccheri, I. J.: Industrial melanism in the peppered moth is not associated with genetic variation in canonical melanisation gene candidates. *PLoS One* **5**, e10889 (2010).
Walton, O. C. & Stevens, M.: Avian vision models and field experiments determine the survival value of peppered moth camouflage. *Communications Biology* 1, **118** (2018).
Waples, R. S. & Gaggiotti, O.: What is a population? An empirical evaluation of some genetic methods for identifying the number of gene pools and their degree of connectivity. *Molecular Ecology* **15**, 1419–1439 (2006).
Ward-Fear, G. u. a.: Teacher toads: Buffering apex predators from toxic invaders in a remote tropical landscape. *Conservation Letters* **17**, e13012 (2024).
Week, B. u. a.: Applying evolutionary theory to understand host-microbiome evolution. *Nature Ecology & Evolution* **9**, 1769–1780 (2025).

Weiner, J.: *Der Schnabel des Finken oder Der kurze Atem der Evolution. Was Darwin noch nicht wußte*, aus dem Englischen von Matthias Reiss, München: Droemer Knaur, 1994.
Weiner, J.: In Darwin's Footsteps. *New York Times* (2014).
West-Eberhard, M. J.: *Developmental Plasticity and Evolution*, Oxford: Oxford University Press, 2003.
Whitman, D. W. & Agrawal, A.: What is Phenotypic Plasticity and Why is it Important? In: Whitman, D. W. & Ananthakrishna, T. N. (Hrsg.): *Phenotypic Plasticity of Insects: Mechanisms and Consequences*, Boca Raton, FL: CRC Press, 2009, 1–63.
WHO: *The WHO AWaRe (Access, Watch, Reserve) antibiotic book*, Genf: World Health Organization, 2022.
WHO: *Global antibiotic resistance surveillance report 2025: WHO Global Antimicrobial Resistance and Use Surveillance System (GLASS)*, Genf: World Health Organization, 2025.
Wikle, A. W. u. a.: A rapidly evolving cricket produces percussive vibrations: how, who, when, and why. *Behavioral Ecology* **34**, 631–641 (2023).
Wilkinson, C. & Hodgson, G.: Coral reefs and the 1997–1998 mass bleaching and mortality. *Nature & Resources* **35**, 16–25 (1999).
Wilson, O. E. u. a.: Image-based analyses from an online repository provide rich information on long-term changes in morphology and human perceptions of rhinos. *People and Nature* **4**, 1560–1574 (2022).
Winchell, K. M. u. a.: Linking locomotor performance to morphological shifts in urban lizards. *Proceedings, Biological Sciences* **285**, 20180229 (2018).
Winchell, K. M. u. a.: Genome-wide parallelism underlies contemporary adaptation in urban lizards. *PNAS* **120**, e2216789120 (2023).
Wittig, R. & Becker, U.: The spontaneous flora around street trees in cities – A striking example for the worldwide homogenization of the flora of urban habitats. *Flora – Morphology, Distribution, Functional Ecology of Plants* **205**, 704–709 (2010).
Wray, G. u. a.: Does evolutionary theory need a rethink? No, all is well. *Nature* **514**, 161–164 (2014).
WWF: *Living Planet Report 2020 – Bending the curve of biodiversity loss*, hrsg. v. R. E. A. Almond, M. Grooten & T. Petersen, Gland: WWF, 2020.
Yengo, L. u. a.: A saturated map of common genetic variants associated with human height. *Nature* **610**, 704–712 (2022).
Yong, E.: The Wild Experiment That Showed Evolution in Real Time. *The Atlantic* (2019).
Zhang, X. u. a.: Temporal genomics in Hawaiian crickets reveals compensatory intragenomic coadaptation during adaptive evolution. *Nature Communications* **15**, 5001 (2024).

Zheng, S. u. a.: Increases in intraspecific body size variation are common among North American mammals and birds between 1880 and 2020. *Nature Ecology & Evolution* 7, 347–354 (2023).
Zimmer, C.: *Evolution. The Triumph of an Idea*, New York: HarperCollins, 2001.
Zimova, M. u. a.: Colour moult phenology and camouflage mismatch in polymorphic populations of Arctic foxes. *Biology Letters* **18**, 20220334 (2022).
Zimova, M. u. a.: Body size predicts the rate of contemporary morphological change in birds. *PNAS* **120**, e2206971120 (2023).
Zink, R. M. & Vázquez-Miranda, H.: Species Limits and Phylogenomic Relationships of Darwin's Finches Remain Unresolved: Potential Consequences of a Volatile Ecological Setting. *Systematic Biology* **68**, 347–357 (2019).
Zuk, M.: *Paleofantasy. What Evolution Really Tells Us About Sex, Diet, and How We Live*, New York: W.W. Norton & Company, 2013.
Zuk, M., Rotenberry, J. T. & Simmons, L. W.: Calling songs of field crickets (*Teleogryllus oceanicus*) with and without phonotactic parasitoid infection. *Evolution*, **52**, 166–171 (1998).
Zuk, M., Rotenberry, J. T. & Tinghitella, R. M.: Silent night: adaptive disappearance of a sexual signal in a parasitized population of field crickets. *Biology Letters* **2**, 521–524 (2006).
Zuk, M., Simmons, L. W. & Cupp, L.: Calling characteristics of parasitized and unparasitized populations of the field cricket *Teleogryllus oceanicus*. *Behavioral Ecology and Sociobiology* **33**, 339–343 (1993).

Index